职业教育"十三五"规划教材
畜牧兽医类专业教材系列

# 猪 生 产

张 涛 刘 强 主编
李 刚 主审

科学出版社
北 京

# 内 容 简 介

本书按照猪生产的工艺流程，由 4 个项目 23 个典型工作任务组成，主要内容包括：认知现代化养猪场，饲养管理育肥猪，饲养管理种猪，管理现代化养猪场。全书按照职业院校学生认知规律，由易到难，由简入繁，并设有知识目标、技能目标和课后自测题，便于学生明确学习重点，巩固所学知识。

本书可作为职业院校畜牧兽医类专业的教学用书，还可作为畜牧兽医行业技术人员参考书。

**图书在版编目（CIP）数据**

猪生产/张涛，刘强主编. —北京：科学出版社，2019.6
职业教育"十三五"规划教材·畜牧兽医类专业教材系列
ISBN 978-7-03-061094-2

Ⅰ. ①猪… Ⅱ. ①张…②刘… Ⅲ. ①养猪学-职业教育-教材
Ⅳ. ①S828

中国版本图书馆 CIP 数据核字（2019）第 079200 号

责任编辑：沈力匀 / 责任校对：王万红
责任印制：吕春珉 / 封面设计：耕者设计工作室

科 学 出 版 社 出版
北京东黄城根北街 16 号
邮政编码：100717
http://www.sciencep.com
铭浩彩色印装有限公司 印刷

科学出版社发行　　各地新华书店经销
\*

2019 年 6 月第 一 版　　开本：787×1092　1/16
2019 年 6 月第一次印刷　　印张：13 1/2
字数：400 000

**定价：40.00 元**
（如有印装质量问题，我社负责调换〈铭浩〉）
销售部电话 010-62136230　编辑部电话 010-62135235

# 前　言

　　本书由经验丰富的行业专家、一线技术人员和职业院校教师在广泛调研的基础上共同编写而成。全书以职业能力培养为主线，以工作过程为导向，以典型工作任务和生产项目为载体，融合国际先进的教育理念，遵循职业院校学生认知规律及技能养成规律，按照知识由浅入深、工作岗位由初级（饲养员）到高级（场长）设计内容，包含认知现代化猪场、饲养管理育肥猪、饲养管理种猪、管理现代化猪场 4 个项目，猪场选址与布局等 23 个典型工作任务。学生通过学习，可以了解在现代化猪场中如何运用现有的优良品种，在良好的饲养条件和环境下，提高种猪年生产力、育肥猪生产力的理论知识和技术措施，并逐渐掌握养猪生产中的各项基本操作技能，为今后从事本专业及相关专业的工作奠定基础。本书可作为职业院校学生的教材，也适用于各类相关专业的培训。

　　本书项目 1、项目 2 由辽宁职业学院张涛编写，项目 3、项目 4 中任务 4.1 由辽宁职业学院刘强编写，项目 4 中任务 4.2、任务 4.3 由辽宁唐人神曙光农牧集团有限公司王业刚、辽宁大北农牧业科技有限责任公司闻昌菊编写。

　　在编写过程中，参阅了同行大量的出版物，并得到了辽宁唐人神曙光农牧集团有限公司智能化原种猪场、辽宁大北农牧业科技有限责任公司等企业的大力支持，在此一并表示感谢！

　　有关猪生产课程教学资源，可参考"中国大学 MOOC 网站"的猪生产项目，网址为：https://www.icourse163.org/。

　　由于时间及编者水平有限，书中难免有不妥之处，真诚希望同行与广大读者多提宝贵意见。

# 目　　录

# 项目 1

## 认知现代化猪场

### 情景描述

毕业生李涛来到旭日牧业猪场实习，李场长带他参观了猪场，对猪场的布局、组织结构、岗位职责和生产工艺；猪的品种、猪舍和设备等进行了介绍，以便他更好地适应将来具体的工作。

### 学习目标

**能力目标：** 能够判定猪场的选址是否合理并提出建议，能根据生产需要确定生产工艺类型，能够识别常见的优良猪种。

**知识目标：** 掌握猪场选址和布局的原则，了解猪场组织结构、岗位职责和现代化养猪的工艺类型，了解常见优秀猪只的外貌特征和生产性能。

**素质目标：** 热爱养猪行业，做事严谨认真，具有大局观。

# 任务 1.1 猪场的选址与布局

**【任务描述】**

养猪生产的效果不仅取决于猪只本身的遗传潜力，还与猪只所处的环境条件密切相关。只有通过正确地选择场址、饲养工艺流程和猪舍类型，合理地规划布局猪场建筑，科学地设计建造猪舍，完善猪场（舍）环境，处理与利用废弃物，为猪只的生存和生产创造适宜的环境条件，保证猪群健康高产，才能提高猪场的经济效益、社会效益和环境效益。

**【任务目标】**

（1）掌握猪场设计、规划的基本原则。

（2）了解各种猪舍类型的优缺点。

（3）了解猪舍环境控制及废弃物处理的原则。

（4）能实地选择猪场场址，并根据实际场址进行规划布局。

 知 识

## 一、猪场场址的选择

猪场场址选择的正确与否，与猪群的健康状况、生产性能以及生产效率等有着密切的关系。因此，选择场址应根据猪场的性质、规模和任务，对供选场地的地形地势、水文地质、气候，与周围工厂、居民点及其他畜牧场的距离，当地农业生产状况，猪场饲料与能源供应、交通运输、产品销售，猪场粪尿、污水处理和防疫灭病等自然和社会条件进行全面调查、综合分析后再做决策。

（一）土地的使用

猪场用地应符合国家土地利用发展规划和村镇建设发展规划，满足建设工程需要的水文和地质条件。猪场应节约用地，不占或少占耕地，在丘陵、山地建场时，应尽量选择阳坡，坡度不超过20°。

（二）猪场的地势条件

猪场地势应高燥、平坦，土壤要求透气性好，易渗水，热容量大，以沙壤土为宜。土壤一旦被污染则会持续一段时间具有危害性，选择场址时应避免在旧猪场或其他养殖场地上重建或改建。

（三）水源、电力及交通条件

猪场的水源要求水量充足，水质良好，便于取用和进行卫生防护，并易于净化和消毒。水源的建设还要为猪场今后的持续发展留有余地。一个万头猪场日用水量达 150～250t，

猪只需水量参考值见表 1-1，供选择水源时参考。

表 1-1　猪只需水量参考值

| 类别 | 总需水量/[L/（头·天）] | 饮用量/[L/（头·天）] |
|------|------|------|
| 种公猪 | 40 | 10 |
| 空怀母猪及妊娠母猪 | 40 | 12 |
| 带仔母猪 | 75 | 20 |
| 断奶仔猪 | 5 | 2 |
| 育成猪 | 15 | 6 |
| 育肥猪 | 25 | 6 |

机械化猪场应配置成套的机电设备，包括供水、保温、通风、饲料加工、饲料输送、清洁、消毒等设备，且用电量较大，加上生活用电，一个万头猪场装机容量（除饲料加工外）可达 70～100kW。当电网不能稳定供电时，猪场应自备小型发电机组，应对临时停电。

猪场的饲料、产品、粪污、废弃物等运输量也很大。为了减少运输成本，在防疫条件允许的情况下，场址应保证便利的交通条件，并保证饲料的就近供应、产品的就近销售及粪污和废弃物的就地利用和处理，以降低生产成本和防止污染周围环境。

（四）卫生防疫条件

为了保持良好的卫生防疫和安静的环境，猪场应远离居民区、兽医机构、屠宰场、公路、铁路干线（1000m 以上），并根据当地常年主导风向，使猪场位于居民点的下风向和地势较低处。与其他养殖场所应保持足够距离，一般养殖场所间应不少于 150～300m，大型养殖场所间应不少于 1000～1500m。另外，猪场会产生大量的粪便及污水，如果能把养猪与养鱼、种菜（水果或其他农作物）结合起来，则会变废为宝，使粪便及污水能综合利用，以保持生态平衡，保护环境。

（五）面积要求

猪场生产区总面积一般可按繁殖母猪每头 45～50m² 或商品育肥猪每头 3～4m² 估算。猪场生活区、行政管理区、隔离区可另行考虑，并须留有发展余地。一般一个年出栏 1 万头育肥猪的大型商品猪场，占地面积 30 000m² 为宜。

## 二、猪场的规划与布局

猪场科学合理的规划与布局，可以减少建场投资，方便生产管理，利于卫生防疫，降低生产运行成本。

（一）猪场规划与布局的基本原则

（1）场内总体布局应体现建场方针、任务，在满足生产要求的前提下，做到节约用地。

（2）大规模猪场应划分区域。

（3）按风向由上到下，各类猪舍的排列顺序依次为种公猪舍、空怀母猪舍、妊娠母猪舍、分娩哺乳舍、保育舍、生长舍、育肥舍和隔离舍等。

（4）场内清洁（净）道和污道必须严格分开，不得交叉。

（5）猪舍朝向和间距必须满足日照、通风、防火和排污的要求，猪舍长轴朝向以南向或南向偏东或偏西 30° 以内为宜；相邻两猪舍纵墙间距控制在 7～12m 为宜，相邻两猪舍端墙间距以不少于 15m 为宜。

（6）建筑布局要紧凑，在满足当前生产的同时，应适当考虑未来的技术提高和改扩建的可能性。

（二）猪场场地规划

猪场场地规划要考虑的因素较多，主要应有利于卫生防疫和饲养管理。猪场场地主要包括生活区、生产管理区、生产区、隔离区、场内道路和排水、绿化区等。为便于防疫和安全生产，应根据当地全年主风向和场址地势，有序安排以上各区。

（1）生活区。生活区包括文化娱乐室、职工宿舍、食堂等。此区应设在猪场大门外面，上风向或偏风向和地势较高的地方，同时其位置应便于与外界联系。

（2）生产管理区。生产管理区也叫生产辅助区，包括行政和技术办公室、接待室、饲料加工调配车间、饲料储存库、水电供应设施、车库、杂品库、消毒池、更衣室等。该区与日常饲养工作关系密切，距生产区不宜过远。

（3）生产区。生产区包括各类猪舍和生产设施，也是猪场最主要的区域，严禁外来车辆进入和生产区车辆外出。

生产区应独立和隔离，可用围墙或铁丝网封闭起来，围墙外最好用鱼塘、水沟或果林绿化带与生活区和管理区隔离。为了严禁来往人员、车辆、物料等未经消毒、净化进入生产区，应注意以下几点。

① 生产区最好只设一个大门，并设车辆消毒池、人员消毒室和值班室等。

② 若饲料厂与生产区相连，则只允许饲料厂的成品仓库一端与生产区相通，以便于区内自用饲料车运料。若饲料厂不在生产区，可在生产区围墙边设饲料储存库，外来饲料车在生产区外将饲料卸到饲料储存库，再由生产区自用饲料车将饲料从饲料储存库送至各栋猪舍。

（4）隔离区。隔离区包括兽医室和隔离舍、尸体剖检和处理设施、粪污处理及储存设施等。该区应尽量远离生产猪舍，设在整个猪场的下风或偏风方向、地势较低处，以避免疫病传播和环境污染，该区是卫生防疫和环境保护的重点。

（5）场内道路和排水。场内道路应分设净道、污道，互不交叉。净道专用于运送饲料、健康猪及饲养员行走等，污道则专运粪污、病猪、死猪等。生产区不宜设直通场外的道路，以利于卫生防疫，而生产管理区和隔离区应分别设置通向场外的道路。

猪场内排水应设置明道与暗道，注意把雨水和污水严格分开，尽量减少污水处理量，保持污水处理工程正常运转。如果有足够面积，应充分考虑远期发展规划。

（6）绿化区。绿化可以美化环境，更重要的是，它可以吸尘灭菌、降低噪声、防疫隔离、防暑防寒。

（三）场区布局

猪场建筑物布局时需考虑各建筑物间的功能关系、卫生防疫、通风、采光、防火、节约占地等因素。

生活区和生产管理区与场外联系密切，为保障猪群防疫，宜设在猪场大门附近，门口应分别设置行人、车辆消毒池，两侧设值班室和更衣室。生产区各猪舍的位置需考虑配种、转群等工作衔接方便，并应注意卫生防疫。种猪舍、仔猪舍应置于上风向和地势较高处。分娩哺乳舍要靠近育肥舍，可设在下风向，置于离场门或靠近围墙处。出猪台和集粪池应设置在围墙边，外来运猪、运粪车不必进入生产区即可操作。

病猪隔离舍和粪污处理区应置于全场最下风向和地势最低处，与生产区宜保持至少50m 的距离。

炎热地区，应根据当地夏季主导风向安排猪舍朝向，以加强通风效果，避免太阳辐射。寒冷地区，应根据当地冬季主导风向确定猪舍朝向，以减少冷风渗透量，增加热辐射，一般以冬季或夏季主风向与猪舍长轴有 30°～60°夹角为宜，应避免主风向与猪舍长轴垂直或平行。

 **技　能**

（1）参观当地猪场，对其选址和布局做出评价。

（2）绘制科学的猪场规划和布局图。

**【任务总结】**

任务总结如表 1-2 所示。

表 1-2　任务总结表

| | 内容 | 要点 |
|---|---|---|
| 知识 | 猪场场址的选择 | 1. 土地的使用<br>2. 猪场的地势条件<br>3. 水源、电力及交通条件<br>4. 卫生防疫条件<br>5. 面积要求 |
| | 猪场的规划与布局 | 1. 猪场规划与布局的基本原则<br>2. 猪场场地规划<br>3. 场区布局 |
| 技能 | 参观当地猪场，对其选址与布局做出评价 | 选址、布局的合理性 |
| | 绘制科学的猪场规划和布局图 | 符合选址、布局要求 |

**课后自测**

**一、填空题**

1. 一个万头猪场装机容量（除饲料加工外）应达到（　　）kW。

2. 猪场场地主要包括生活区、（　　）、（　　）、隔离区、场内道路及排水、绿化区等。

3. 猪场地势应高燥、平坦，土壤要求透气性好，易渗水，热容量大，以（　　）

为宜。

4. 一个万头猪场日用水量会达到（　　　）t。

5. 猪场生产区总面积一般可按繁殖母猪每头（　　　）m² 或上市育肥猪每头（　　　）m² 考虑。

6. 一般一个年出栏 1 万头育肥猪的大型商品猪场，占地面积（　　　）m² 为宜。

## 二、选择题

1. 大型养殖场与居民点之间的距离应保持在（　　　）。

A. 200～300m　　　　B. 500m 以上　　C. 1000m 以上　　D. 2000m 以上

2. 隔离区应设在全场地势（　　　）处。

A. 最高　　　　　　B. 最低　　　　　C. 中央　　　　　D. 任意

## 三、判断题

（　　　）1. 场内清洁（净）道和污道必须严格分开，不得交叉。

（　　　）2. 按风向由上到下，各类猪舍的排列顺序依次是种公猪舍、空怀母猪舍、妊娠母猪舍、分娩哺乳舍、保育舍、生长舍、育肥舍、隔离舍等。

（　　　）3. 外来车辆可以随意进入场区。

（　　　）4. 生产区最好只设一个大门，并设车辆消毒池、人员更衣室和值班室等。

（　　　）5. 出猪台和集粪池应设置在围墙边，外来运猪、运粪车不必进入生产区即可操作。

（　　　）6. 病猪隔离舍和粪污处理区应置于全场最下风向和地势最低处，与生产区宜保持至少 50m 的距离。

## 四、简答题

猪场规划与布局的基本原则是什么？

# 任务 1.2　　了解猪场的组织结构与岗位职责

**【任务描述】**

初到一个猪场，需了解猪场的岗位设置、岗位职责，才能在未来的工作中确定自己适合什么岗位。

**【任务目标】**

（1）了解猪场组织结构及岗位职责。

（2）能够根据生产实际情况设定猪场岗位，并制定相应的岗位职责。

## 知　识

## 一、规模猪场岗位定编及岗位职责

猪场场长下设生产线主管、财务主管和后勤主管；生产线主管下设配种妊娠组组长、分娩保育组组长、生长育肥组组长。

（一）岗位定编

**1. 管理人员定编**

猪场场长 1 人，生产线主管 1 人，账务主管 1 人，后勤主管 1 人，配种妊娠组组长 1 人，分娩保育组组长 1 人，生长育肥组组长 1 人。

**2. 饲养员定编**

配种妊娠组 4 人（含组长）、分娩组 4 人（含组长），保育组 2 人，生长育肥组 6 人（含组长）、夜班人员 1 人。

**3. 后勤人员定编**

后勤人员按实际岗位需要设置人数，如后勤主管、会计、出纳、司机、维修工、保安门卫、炊事员、勤杂工等。

（二）岗位职责

以层层管理、分工明确、场长负责制为工作原则。具体工作专人负责；既有分工，又有合作；下级服从上级；重点工作协作进行，重要事情需通过场领导班子研究解决。

**1. 场长的职责**

（1）负责猪场的全面工作。
（2）负责制定和完善本场的各项管理制度、技术操作规程。
（3）负责后勤保障工作的管理，及时协调各部门之间的工作关系。
（4）负责制定具体的实施措施，落实和完成公司各项任务。
（5）负责监控本场的生产情况、员工工作情况和卫生防疫，及时解决出现的问题。
（6）负责编排全场的经营生产计划、物资需求计划。
（7）负责全场的生产报表，并督促做好月结工作、周上报工作。
（8）做好全场员工的思想工作，及时了解员工的思想动态，出现问题及时解决，及时向上反映员工的意见和建议。
（9）负责全场直接成本费用的监控与管理。
（10）负责落实和完成公司下达的全场经济指标。
（11）直接管辖生产线主管，通过生产线主管管理生产线员工。
（12）负责全场生产线员工的技术培训工作，每周或每月主持召开生产例会。

**2. 生产线主管职责**

（1）负责生产线日常工作。
（2）协助场长做好其他工作。

（3）负责执行饲养管理技术操作规程、卫生防疫制度和有关生产线的管理制度，并组织实施。

（4）负责生产线报表工作，随时做好统计分析，以便及时发现问题并解决问题。

（5）负责猪病防治及免疫注射工作。

（6）负责生产线饲料、药物等直接成本费用的监控与管理。

（7）负责落实和完成场长下达的各项任务。

（8）直接管辖组长，通过组长管理生产线员工。

3. 配种妊娠组组长职责

（1）负责组织本组人员严格按《饲养管理技术操作规程》和每周工作日程进行生产。

（2）及时反映本组中出现的生产和工作问题。

（3）负责整理和统计本组的生产日报表和周报表。

（4）本组人员休息时主动替班。

（5）负责本组定期全面消毒、清洁和绿化工作。

（6）负责本组饲料、药品、工具的使用计划、领取及盘点工作。

（7）服从生产线主管的领导，完成生产线主管下达的各项生产任务。

（8）负责本生产线配种工作，保证生产线按生产流程运行。

（9）负责本组种猪转群、调整工作。

（10）负责本组公猪、后备猪、空怀母猪、妊娠母猪的预防注射工作。

4. 分娩保育组组长职责

（1）负责组织本组人员严格按《饲养管理技术操作规程》和每周工作日程进行生产。

（2）及时反映本组中出现的生产和工作问题。

（3）负责整理和统计本组的生产日报表和周报表。

（4）本组人员休息时主动替班。

（5）负责本组定期全面消毒、清洁和绿化工作。

（6）负责本组饲料、药品、工具的使用计划、领取及盘点工作。

（7）服从生产线主管的领导，完成生产线主管下达的各项生产任务。

（8）负责本组空栏猪舍的冲洗、消毒工作。

（9）负责本组母猪、仔猪转群、调整工作。

（10）负责哺乳母猪、仔猪的预防注射工作。

5. 生长育肥组组长职责

（1）负责组织本组人员严格按《饲养管理技术操作规程》和每周工作日程进行生产。

（2）及时反映本组中出现的生产和工作问题。

（3）负责整理和统计本组的生产日报表和周报表。

（4）本组人员休息时主动替班。

（5）负责本组定期全面消毒、清洁和绿化工作。

（6）负责本组饲料、药品、工具的使用计划、领取及盘点工作。

（7）服从生产线主管的领导，完成生产线主管下达的各项生产任务。

（8）负责育肥猪的出栏工作，保证出栏猪的质量。

（9）负责生长育肥猪的周转、调整工作。

（10）负责本组空栏猪舍的冲洗、消毒工作。

（11）负责生长育肥猪的预防注射工作。

### 6. 辅配饲养员职责

（1）协助组长做好配种、种猪转栏、调整工作。

（2）协助组长做好公猪、空怀母猪、后备猪的预防注射工作。

（3）负责大栏内公猪、空怀母猪、后备猪的饲养管理工作。

### 7. 妊娠母猪饲养员职责

（1）协助组长做好妊娠母猪转群、调整工作。

（2）协助组长做好妊娠母猪预防注射工作。

（3）负责限位栏内妊娠母猪的饲养管理工作。

### 8. 哺乳母猪、仔猪饲养员职责

（1）协助组长做好临产母猪转入、断奶母猪及仔猪转出工作。

（2）协助组长做好哺乳母猪、仔猪的预防注射工作。

（3）负责大约 40 个产栏哺乳母猪、仔猪的饲养管理工作。

### 9. 保育猪饲养员职责

（1）协助组长做好保育猪转群、调整工作。

（2）协助组长做好保育猪的预防注射工作。

（3）负责大约 400 头保育猪的饲养管理工作。

### 10. 生长育肥猪饲养员职责

（1）协助组长做好生长育肥猪转群、调整工作。

（2）协助组长做好生长育肥猪的预防注射工作。

（3）负责 500～600 头生长育肥猪的饲养管理工作。

### 11. 夜班人员职责

（1）负责本区猪群防寒、保温、防暑、通风的工作，天气冷、风大时负责放帐幕。

（2）负责本区防火、防盗等安全工作。

（3）重点负责分娩舍接产、仔猪护理工作。

（4）负责哺乳仔猪夜间补料工作。

（5）做好值班记录。

（三）生产例会制度

（1）该会由场长主持。

（2）时间安排。每周日 19:00～21:00 为生产例会和技术培训时间，生产例会 1h，技术培训 1h。特殊情况下灵活安排。

（3）内容安排。总结检查上周工作，安排布置下周工作；按生产进度或实际生产情况进行有目的、有计划的技术培训。

（4）程序安排。组长汇报工作，提出问题；生产线主管汇报、总结工作，提出问题；主持人全面总结上周工作，解答问题，统一布置下周的重要工作。生产例会结束后进行技术培训。

（5）会前组长、生产线主管和主持人要做好充分准备，重要问题要准备好书面材料。

（6）对于生产例会上提出的一般性技术问题，要当场研究解决，涉及其他问题或较为复杂的技术问题，要在会后及时上报、讨论研究，并在下周的生产例会上予以解决。

## 二、规模猪场饲养管理技术操作规程

（一）隔离舍（后备猪）饲养管理技术操作规程

1. 工作目标

保证后备母猪使用前合格率在 90% 以上，后备公猪使用前合格率 80% 以上。

2. 操作规程

（1）按进猪日龄，分批次做好免疫计划、限饲优饲计划、驱虫计划并予以实施。后备母猪配种前应驱体内外寄生虫一次，进行乙脑、细小病毒等疫苗的注射。

（2）日喂料 2 次。后备母猪 6 月龄以前宜自由采食，7 月龄适当限制自由采食，配种使用前 1 个月或半个月采取优饲。限饲时喂料量控制在 2kg 以下，优饲时喂料量可达 2.5kg 以上或自由采食。

（3）做好后备猪发情记录，并将该记录移交配种舍人员。后备母猪发情记录从 6 月龄时开始，仔细观察初次发情期，以便在第二次或第三次发情时及时配种。

（4）后备公猪单栏饲养，圈舍不够时可 2～3 头一栏。后备母猪小群饲养时，可 5～8 头一栏。

（5）引入后备猪第一周时，饲料中应适当添加维生素 C 等多种维生素、矿物质等。

（6）外引猪的有效隔离期为 6 周（40 天），即引入的后备猪至少应在隔离舍饲养 40 天。若能周转开，最好饲养到配种前 1 个月，即至母猪 7 月龄、公猪 8 月龄。转入生产线前最好与本场老母猪或老公猪混养 2 周以上。

（7）后备猪每天每头喂料为 2.0～2.5kg，根据不同体况、配种计划可适当增减喂料量。后备母猪在第一个发情期开始时，要安排喂催情料，一般比常规喂料量多 1/3；配种后料量可减至 1.8～2.2kg。

（8）进入配种区的后备母猪每天可用公猪试情检查。以下方法可以刺激母猪发情：调圈，和不同的公猪接触，尽量放在靠近发情的母猪旁边，进行适当的运动，限饲与优饲，应用激素。

（9）凡进入配种区后超过 60 天不发情的小母猪应淘汰。对患有气喘病、胃肠炎、肢蹄病的后备母猪，应隔离单独饲养在一栏内；此栏应位于猪舍的后端。观察治疗 1 个疗程仍未见有好转的，应及时淘汰。

（10）后备猪应每天分批次赶到室外运动 1～2h。

（11）后备母猪应在 6～7 月龄转入配种舍，小群饲养（每栏 5～6 头）。后备母猪的配种月龄须达到 8 月龄，体重要达到 110kg 以上。后备公猪应单栏饲养，配种月龄须达到 9 月龄，体重要达到 130kg 以上。

（二）种公猪舍和妊娠母猪舍饲养管理技术操作规程

1. 工作目标

（1）按计划完成每周配种任务，保证全年均衡生产。
（2）保证配种分娩率在 85% 以上。
（3）保证每窝平均产活仔数在 10 头以上。
（4）保证后备母猪合格率在 90% 以上（转入基础群为准）。

2. 操作规程

（1）发情鉴定。发情鉴定最佳时间是在母猪喂料后 0.5h 表现平静时进行。每天可进行 2 次发情鉴定，上午、下午各 1 次，检查采用人工查情与公猪试情相结合的方法。配种员 1/3 的工作时间应放在母猪发情鉴定上。

母猪的发情表现：阴门红肿，阴道内有黏液性分泌物；在圈内来回走动，频频排尿；神经质，食欲差；压背静立不动；互相爬跨，接受公猪爬跨。

母猪也有发情不明显的，最有效的检查方法是每日用试情公猪对待配母猪进行试情。

（2）配种。

配种程序：先配断奶母猪和返情母猪，然后根据满负荷配种计划有选择地配后备母猪。后备母猪和返情母猪需配够 3 次。目前采用"1＋2"的配种方式，即第一次本交，第二、三次人工授精，条件成熟时可推广"全人工授精"的配种方式。

不同阶段母猪的配种间隔时间如下。

经产母猪：上午发情，下午配第一次，次日上午、下午配第二、三次；下午发情，次日早配第一次，第三日上午、下午配第二、三次。经产母猪应 2 天内配完。断奶后发情较迟（7 天以上）的母猪及复发情的母猪，要早配（发情即配）。

初产母猪：当日发情，次日起配第一次，随后每间隔 8～12h 配第二、三次，一般来说，2 天内配完；个别的 3 天内配完（一、二次配种情况不稳定时，其后配种间隔时间可拉长）。超期发情（8.5 月龄以上）的后备母猪，要早配（发情即配）。

（三）分娩哺乳舍饲养管理技术操作规程

1. 工作目标

（1）按计划完成母猪分娩产仔任务。

（2）哺乳期成活率 95% 以上。

（3）仔猪 3 周龄断奶平均体重不少于 6.0kg，4 周龄断奶平均体重不少于 7.0kg。

2. 操作规程

产前准备：

（1）空栏应彻底清洗，检修产房设备，之后用消毒水连续消毒 2 次，晾干后备用。第二次消毒最好采用火焰消毒或熏蒸消毒。

（2）产房温度最好控制在 25℃ 左右，相对湿度为 65%～75%，产栏应安装滴水装置，夏季可采用头颈部滴水降温。

（3）确定预产期，母猪的妊娠期平均为 114 天。

（4）产前产后 3 天母猪应减料，以后自由采食，产前 3 天开始投喂小苏打或芒硝，连喂 1 周。分娩前应检查母猪乳房是否有乳汁流出，以便做好接产准备。

（5）准备好 5% 碘酊、0.1% 高锰酸钾消毒水、抗生素、催产素、保温灯等药品和工具。

（6）分娩前用 0.1% 高锰酸钾消毒水清洗临产母猪的外阴和乳房。

（7）临产母猪应提前 1 周上产床，上产床前应清洗、消毒，驱体内外寄生虫 1 次。

判断分娩：

（1）阴道红肿，频频排尿。

（2）乳房有光泽，两侧乳房外涨，用手挤压有乳汁排出，初乳出现后 12～24h 内分娩。

接产：

（1）要求有专人看管，接产时每次离开时间不得超过 0.5h。

（2）仔猪出生后，应立即将其口鼻黏液清除、擦净，用抹布将猪体抹干。发现假死猪应及时抢救。产后检查胎衣是否全部排出，如胎衣不下或胎衣不全可肌注催产素。

（3）断脐用 5% 碘酊消毒。

（4）把初生仔猪放入保温箱，保持箱内温度在 30℃ 以上。

（5）帮助仔猪吃上初乳，固定乳头，初生重低的猪放在前面，高的猪放在后面。仔猪吃初乳前，每个乳头的最初几滴奶要挤掉。

（6）有羊水排出、强烈努责后 1h 仍无仔猪排出或产仔间隔超过 1h，即视为难产，需要人工助产。

（四）人工授精岗位操作规程

猪的人工授精是指用器械采取公猪的精液，经过检查、处理和保存，再用器械将精液输入到发情母猪的生殖道内以代替自然交配的一种配种方法。

1. 采精公猪的调教

（1）先调教性欲旺盛的公猪，其他公猪可隔栏观察、学习。

（2）清洗公猪的腹部及包皮部，挤出包皮积尿，按摩公猪的包皮部。

（3）诱发爬跨。用发情母猪的尿或阴道分泌物涂在假台猪上，同时模仿母猪叫声，也可以用其他公猪的尿或口水涂在假台猪上，目的都是诱发公猪的爬跨欲。

（4）上述方法都不奏效时，可赶来一头发情母猪，让公猪空爬几次，在公猪很兴奋时赶走发情母猪。

（5）公猪爬上假台猪后即可进行采精。

（6）调教成功的公猪在 1 周内每隔 1 天采精 1 次，巩固其记忆，以形成条件反射。对于难以调教的公猪，可实行多次短暂训练，每周 4～5 次，每次至多 15～20min。如果公猪表现厌烦、受挫或失去兴趣，应该立即停止调教训练。后备公猪一般在 8 月龄开始采精调教。

注意：在公猪很兴奋时，要注意公猪和采精员自己的安全，采精栏必须设有安全角。

无论哪种调教方法，公猪爬跨后一定要进行采精，不然，公猪很容易对爬跨假台猪失去兴趣。调教时，不能让两头或两头以上公猪同时在一起，以免引起公猪打架等，影响调教的进行和造成不必要的经济损失。

2. 采精

（1）采精杯的制备。先在保温杯内衬一只一次性食品袋，再在杯口覆四层脱脂纱布，用橡皮筋固定，要松一些，使其能沉入 2cm 左右。制好后放在 37℃恒温箱备用。

（2）在采精之前先剪去公猪包皮上的被毛，防止干扰采精及细菌污染。

（3）将待采精公猪赶至采精栏，用 0.1%高锰酸钾溶液清洗其腹部及包皮，再用清水洗净，抹干。

（4）挤出包皮积尿，按摩公猪的包皮部，待公猪爬上假台猪后，用温暖、清洁的手（有无手套皆可）握紧伸出的龟头，顺公猪前冲时将阴茎的"S"状弯曲拉直，握紧阴茎螺旋部的第一褶和第二褶，在公猪前冲时允许阴茎自然伸展，不必强拉。充分伸展后，阴茎将停止推进，达到强直、锁定状态，开始射精。射精过程中不要松手，否则压力减轻将导致射精中断。

（5）收集浓份精液，直至公猪射精完毕时才放手。

（6）注意在采精过程中不要碰阴茎体，否则阴茎将迅速缩回。

（7）下班之前彻底清洗采精栏。

（8）采精频率。成年公猪每周 2 次，青年公猪（1 岁左右）每周 1 次，最好能固定每头公猪的采精频率。

3. 精液品质检查

本交公猪的精检原则如下。

（1）所有在用的公猪每月必须普查精液品质 1 次。

（2）精检不合格的公猪绝对不可以使用。公猪不够用时，可采用人工授精。

（3）关于不合格公猪的复检工作，请按"五周四次精检法"进行复检。

"五周四次精检法"：首次精检不合格的公猪，7 天后复检，复检不合格的公猪，10 天后采精，作废，再隔 4 天后采精检查，仍不合格者，10 天后再采精，作废，再隔 4 天后做第四次检查。经过连续 5 周 4 次精检，一直不合格的公猪建议做淘汰处理，若中途检查合格，视精液品状况酌情使用。

公猪全份精液品质检查暂行标准如下。

优：精液量 250mL 以上且密度 3.0 亿个/mL 以上，活力 0.8 以上，畸形率 5%以下，感官正常。

良：精液量 150mL 以上且密度 2.0 亿个/mL 以上，活力 0.7 以上，畸形率 10%以下，感官正常。

合格：精液量 100mL 以上且密度 0.8 亿个/mL 以上，活力 0.6 以上，畸形率 18%以下（夏季定为 20%），感官正常。

不合格：精液量 100mL 以下且密度 0.8 亿个/mL 以下，活力 0.6 以下，畸形率 18%以上（夏季定为 20%），感官不正常。以上 4 个条件只要有一个条件符合即评为不合格。

4. 输精

刚开始用人工授精的猪场多采用一次本交、两次人工授精的做法，逐渐过渡到全部人工授精。输精前必须检查精子活力，活力低于 0.6 的精液坚决倒掉。生产线的具体操作程序如下。

（1）准备好输精栏、0.1%高锰酸钾消毒水、清水、抹布、精液、剪刀、针头、干燥清洁的毛巾等。

（2）先用消毒水清洁母猪外阴周围、尾根，再用温清水洗去消毒水，抹干外阴。

（3）将试情公猪赶至待配母猪栏前（注：发情鉴定后，公猪、母猪不再见面，直至输精），使母猪在输精时与公猪有口鼻接触，输完几头母猪更换一头公猪以提高公猪、母猪的兴奋度。

（4）从密封袋中取出无污染的一次性输精管（手不准触其前 2/3 部），在前端涂上对精子无毒的润滑油。

（5）将输精管斜向上插入母猪生殖道内，当感觉到有阻力时再稍用力，直到感觉其前端被子宫颈锁定为止（轻轻回拉不动）。

（6）从储存箱中取出精液，确认标签正确。

（7）小心混匀精液，剪去瓶嘴，将精液瓶接上输精管，开始输精。

（8）轻压输精瓶，确认精液能流出，用针头在瓶底扎一小孔，按摩母猪乳房、外阴或压背，使子宫产生负压将精液吸入，绝不允许将精液挤入母猪的生殖道内。

（9）通过调节输精瓶的高低来控制输精时间，一般 3～5min 输精完成，最快不要低于 3min，防止吸得快，倒流得也快。

（10）输精完成后在防止空气进入母猪生殖道的情况下，将输精管后端折起塞入输精瓶中，让其留在生殖道内，慢慢滑落。于下班前收集好输精管，冲洗输精栏。

（11）一头母猪输精完成后，应立即登记配种记录，如实评分。

补充说明：

（1）精液从 17℃冰箱取出后不需升温，直接用于输精。

（2）输精管的选择。经产母猪用海绵头输精管，后备母猪用尖头输精管，输精前需检查海绵头是否松动。

（3）两次输精的时间间隔为 8～12h。

（4）输精过程中出现排尿情况要及时更换一条输精管，排粪后不准再向生殖道内推进输精管。

（5）3 次输精后 12h 仍出现稳定发情的个别母猪，可增加一次人工授精。

（6）全人工授精的做法。母猪出现"站立反应"后 8～12h，用 20IU 催产素一次肌注，在 3～5min 后实施第一次输精，间隔 8～12h 进行第二次和第三次输精。

（五）保育舍饲养管理技术操作规程

1. 工作目标

（1）保育期猪成活率应在 97% 以上。

（2）60 日龄猪转出体重应在 20kg 以上。

2. 操作规程

（1）转入猪前，空栏要彻底冲洗消毒，空栏时间不少于 3 天。

（2）每周有一批次的猪群转入、转出，猪栏内的猪群批次应有详细记录。

（3）刚转入小猪的猪栏里，要用木屑或棉花将饮水器橡胶乳头撑开，使其有小量流水，诱导仔猪饮水和吃料。经常检查饮水器。

（4）进栏的猪前 2 天应注意限料，以防消化不良引起下痢。以后可以自由采食，勤添少添，每天添料 3～4 次。

（5）及时调整猪群，按强弱、大小分群，保持合理的密度，病猪、僵猪及时隔离饲养。注意链球菌病的防治。

（6）保持圈舍卫生，加强猪群调教，训练猪群吃料、睡觉、排便"三定位"。尽可能不用水冲洗有猪的猪栏（炎热季节除外）。注意舍内湿度。

（7）转入第一周，饲料中添加维生素 C 等多种维生素、矿物质等以减小应激。1 周后驱体内外寄生虫 1 次。

（8）清洁猪舍时应注意观察猪群排粪情况；喂料时应观察猪的食欲情况；休息时应检查猪的呼吸情况。发现病猪，应及时对症治疗。严重的病猪应隔离饲养，统一用药。

（9）猪舍根据季节温度的变化，做好通风换气、防暑降温及防寒保温的工作，并注意舍内有害气体的浓度。

（10）猪分群合群时，为了减少相互咬架而产生应激，应遵守"留弱不留强""拆多不拆少""夜并昼不并"的原则，可对并群的猪喷洒药液（如来苏儿），清除气味差异，并群后饲养人员要多加观察（此条也适合于其他猪群）。

（11）每周消毒 2 次，每周消毒水更换 1 次。

（六）生长舍和育肥舍饲养管理技术操作规程

**1. 工作目标**

（1）育成阶段猪成活率应≥99%。

（2）饲料转化率（15～90kg 阶段）≤2.7∶1。

（3）猪日增重（15～90kg 阶段）≥650g。

（4）生长育肥猪（15～95kg 阶段）饲养日龄≤119 天。

**2. 操作规程**

（1）转入猪前，空栏要彻底冲洗消毒，空栏时间不少于 3 天。

（2）转入、转出猪群每周一批次，猪栏内的猪群批次应有详细记录。

（3）及时调整猪群，按强弱、大小、公母分群，保持合理的密度，病猪应及时隔离饲养。

（4）小猪 49～77 日龄喂小猪料，78～119 日龄喂中猪料，120～168 日龄喂大猪料，自由采食。喂料时参考喂料标准，以每餐不剩料或少剩料为原则。

（5）保持圈舍卫生，加强猪群调教，训练猪群吃料、睡觉、排便"三定位"。

（6）干粪便要用车拉到化粪池，然后再用水冲洗栏舍，冬季每隔一天冲洗 1 次，夏季每天冲洗 1 次。

（7）清洁猪舍时注意观察猪群排粪情况；喂料时应观察猪的食欲情况；休息时应检查猪的呼吸情况。发现病猪，应及时对症治疗。严重的病猪应隔离饲养，统一用药。

（8）猪舍根据季节温度的变化，调整好通风降温设备，经常检查饮水器，做好防暑降温和防寒保温的工作。

（9）猪分群合群时，为了减少相互咬架而产生应激，应遵守"留弱不留强""拆多不拆少""夜并昼不并"的原则，可对并群的猪喷洒药液（如来苏儿），清除气味差异，并群后饲养人员要多加观察（此条也适合于其他猪群）。

（10）每周消毒 1 次，每周消毒水更换 1 次。

（11）出栏猪要事先鉴定合格后才能出场，残次猪应特殊处理后方可出售。

 **技　能**

（1）对某猪场的岗位职责进行评价。

（2）制定简易的猪场各岗位职责。

**【任务总结】**

任务总结如表 1-3 所示。

表 1-3　任务总结表

| 内容 | | 要点 |
|---|---|---|
| 知识 | 规模猪场岗位定编及岗位职责 | 1. 岗位定编<br>2. 岗位职责<br>3. 生产例会制度 |
| | 规模猪场饲养管理技术操作规程 | 1. 隔离舍（后备猪）饲养管理技术操作规程<br>2. 种公猪舍和妊娠母猪舍饲养管理技术操作规程<br>3. 分娩哺乳舍饲养管理技术操作规程<br>4. 人工授精岗位操作规程<br>5. 保育舍饲养管理技术操作规程<br>6. 生长和育肥舍饲养管理技术操作规程 |
| 技能 | 对某猪场的岗位职责进行评价 | 岗位全面性、包容性、合理性 |
| | 制定简易的猪场各岗位职责 | 岗位全面性、包容性、合理性，经济指标 |

**课后自测**

**一、填空题**

猪场场长下设（　　　）、（　　　）和（　　　）；生产线主管下设配种妊娠组组长、分娩保育组组长、生长育肥组组长。

**二、简答题**

1. 辅配饲养员职责是什么？
2. 妊娠母猪饲养员职责是什么？
3. 哺乳母猪、仔猪饲养员职责是什么？
4. 保育猪饲养员职责是什么？
5. 生长育肥猪饲养员职责是什么？

# 任务 *1.3*　认知现代化养猪工艺

**【任务描述】**

现代化养猪普遍采用的是"分段饲养、全进全出"的流水式生产工艺，也就是实行从母猪配种、妊娠、分娩、哺乳到育仔、育成、育肥出售连续的生产工艺。其特点是限位饲养、早期断奶和全进全出。采用这种生产工艺，可有计划地组织生产，实现按固定周期常年连续均衡生产，有利于设备的保养维修和猪舍内小环境气候的控制。按阶段对猪只进行科学管理，有利于控制产品数量和质量。"全进全出"制度减少了疫病的传播机会。

**【任务目标】**

（1）了解各类养猪生产工艺及其优缺点。

（2）能根据猪场规模、生产工艺确定各类猪舍的数量。

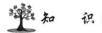 知 识

## 一、各类养猪生产工艺及其优缺点

现代养猪生产工艺可以划分为 2 种：一点一线式生产工艺和两点式（三点）生产工艺。前者的特点是各阶段的猪群饲养在同一个地点，优点是管理方便，转群简单，猪群应激小，适合规模小、资金少的猪场，目前是我国养猪业中常用的方式；后者是 20 世纪 90 年代发展起来的一种新的工艺，它通过猪群的远距离隔离，达到控制各种特异性疾病、提高各个阶段猪群生产性能的目的，但因需要额外的场地，在小型的猪场很难实现。

### 1. 一点一线式生产工艺

一点一线式生产工艺是指，在同一个地方、一个生产场按配种、妊娠、分娩、保育、生长、育肥生产流程组成一条生产线。根据商品猪生长发育不同阶段饲养管理方式的差异，又分成 4 种常用的生产工艺。

（1）三段式生产工艺。其工艺流程如图 1-1 所示。

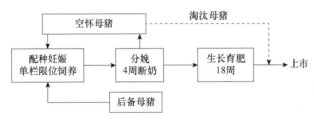

图 1-1　三段式生产工艺流程图

该生产工艺的特点是，猪在断奶后直接进入生长舍和育肥舍一直养到上市，饲养过程中转群次数少，应激比较小。但由于较小的生长猪和较大的育肥猪饲养在同一猪舍内，增加了防疫的难度，也不利于机械化操作，而且这种方式比其他方式需要更大的建筑面积。所以，这种方式只适合规模小、机械化程度低或完全依赖人工饲养管理的猪场。

（2）四段式生产工艺。其工艺流程如图 1-2 所示。

这种生产工艺的主要特点是哺乳期和保育期分开，加上生长育肥期共分为 4 个阶段饲养，国内多数规模化猪场多采用这种生产工艺。采用此工艺的猪群应激比较小，同时可根据仔猪不同阶段的生理需要采取相应的饲养管理技术措施。

（3）五段式生产工艺。其工艺流程如图 1-3 所示。

以万头猪场为例，每周有 24 头母猪配上种，妊娠 16 周，产前提前 1 周进入分娩舍，分娩后哺乳 4 周断奶，仔猪可继续留在原圈饲养 1 周。24 头哺乳母猪断奶后同时转至配种舍，24 窝仔猪 5 周后转入保育舍，分娩栏空栏清洁清毒 1 周。仔猪在保育舍饲养 5 周后转入生长舍饲养 5 周，然后转入生长育肥舍饲养 11 周，体重 95～114kg 上市。

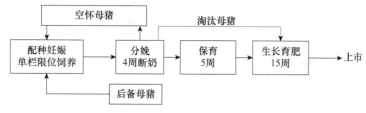

图 1-2　四段式生产工艺流程图

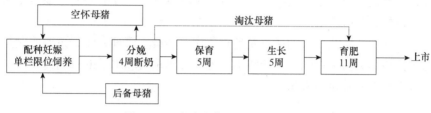

图 1-3　五段式生产工艺流程图（A）

该工艺的主要特点如下。

① 妊娠母猪单栏限位密集饲养，便于饲养管理，母猪不会争吃打斗，避免了损伤和其他应激现象，减少了流产，而且比妊娠母猪小群饲养节约猪舍建筑面积 500~600m²（以万头猪场计）。

② 产仔栏按 7 周设计，妊娠母猪可在产前 1 周进入分娩舍，仔猪 4 周断奶后，立即转走母猪，而仔猪再留养 1 周后转入保育舍，即可对产仔栏进行彻底清洁消毒，空栏 1 周，有利于卫生防疫。

③ 保育栏按 6 周设计，饲养 5 周，空栏清洁消毒 1 周，给生产周转留有一定余地。

④ 仔猪出生后按哺乳、保育、生长和育肥饲养，比四段（生长和育肥合二为一）饲养可节约猪舍建筑面积 300m² 左右（以万头猪场计）。

五段式生产工艺还有一种形式叫半限位生产工艺，其工艺流程如图 1-4 所示。它的特点是空怀和早期妊娠母猪采用每栏 4~5 头的小群饲养，产前 5 周为了便于喂料和避免打斗流产，又转入单栏限位饲养。采用这种工艺，哺乳母猪断奶后回到配种妊娠舍内小群饲养，母猪活动增加，对增强母猪体质和延长母猪利用年限有一定好处，投资可减少一些，所以有些猪场也采用这种饲养工艺。缺点是小群饲养期饲养管理比较麻烦，有时母猪争食打斗会增加应激，猪舍面积也有所增加。

（4）六段式生产工艺。其工艺流程如图 1-5 所示。

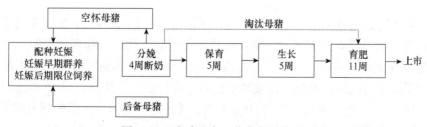

图 1-4　五段式生产工艺流程图（B）

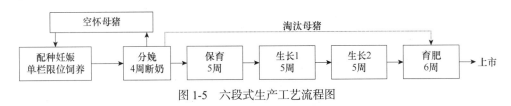

图 1-5　六段式生产工艺流程图

　　六段式与五段式生产工艺相比，主要差别是生长期分为两个阶段，主要是为了降低猪群密度，优点是可减少猪舍面积，一个万头猪场可减少 300m² 左右。缺点是猪群多次转栏，应激现象会有所增加。

　　一点一线式生产工艺最大的优点是地点集中，转群、管理方便，主要问题是由于仔猪、大猪（公猪、母猪）在同一生产线上，容易受到垂直和水平的疾病传染，对仔猪健康和生长带来严重的威胁和影响。

　　**2. 两点式或三点式生产工艺**

　　鉴于一点一线式生产工艺存在的卫生防疫问题及其对猪生产性能的限制，1993 年以后美国养猪业开始采用了一种新的养猪工艺，英文名为 segregated early weaning，简称 SEW，即早期隔离断奶。这种生产工艺是指仔猪在较小的日龄即实施断奶，然后转到较远的另一个猪场中饲养。它的最大特点是防止病原的积累和传染，实行仔猪早期断奶和隔离饲养相结合。它又可分为两点式生产工艺和三点式生产工艺。

　　（1）两点式生产工艺。其工艺流程如图 1-6 所示。

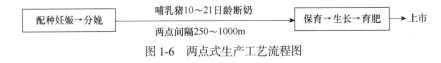

图 1-6　两点式生产工艺流程图

　　（2）三点式生产工艺。其工艺流程如图 1-7 所示。

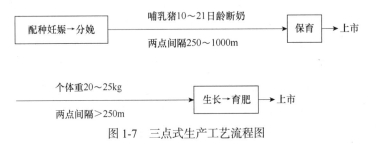

图 1-7　三点式生产工艺流程图

　　早期隔离断奶饲养工艺的主要优点是：仔猪出生后 21 天内，其体内来自于母乳的特殊疾病的抗体还没有消失以前，就对仔猪进行断乳，然后转移到远离原生产区的清洁干净的保育舍进行饲养。由于仔猪健康无病，不受病原体的干扰，免疫系统没有激活，减少了抗病的消耗，因此不仅成活率很高，而且生长非常快，到 10 周龄时体重可达 30～35kg，比一点一线式生产高 10kg 左右。美国堪萨斯州立大学的研究结果表明：在 77 日龄时，早期隔离断奶仔猪（5～10 日龄断奶后被运到远离的保育场）比传统方法养的仔猪多增重 16.8kg。

　　两点式生产或三点式生产的距离应为 3～5km。如果条件允许，猪场中猪舍的间距也应当设计得大一些。有些猪场由于用地不够或与相邻猪场太近，不适合多点生产。

　　确定猪舍的种类和数量，是猪场规划设计的基本程序。可根据生产工艺流程、饲养方式、饲养密度、猪栏占用时间、劳动定额，并综合考虑场地、设备等情况确定猪舍的种类和数量。

 **技　能**

假设你将来自己开办个猪场，根据生产方向，确定相应的工艺流程。

## 一、确定猪场经营类型与生产规模

　　在市场调查与预测的基础上，根据自己的经济实力、资源优势等具体情况，确定猪场经营类型与生产规模。

### 1. 确定猪场经营类型

　　规模化猪场类型的划分因采用的划分标准不同而异。根据猪场年出栏商品肉猪的生产规模，规模化猪场可分为 3 种基本类型，年出栏 10 000 头以上商品肉猪的为大型规模化猪场，年出栏 3000～10 000 头商品肉猪的为中型规模化猪场，年出栏 3000 头以下的为小型规模化猪场。根据猪场的生产任务和经营性质的不同，又可分为种猪专业场、商品肉猪专业场、自繁自养专业场和供精站。确定养猪场的经营类型，应以提高养猪场的经济效益为出发点和落脚点，充分发挥本地区的资源优势，根据市场需求和本场的实际情况来确定。

#### 1）种猪专业场

　　种猪专业场以饲养种猪为主，除少数种猪专业场饲养地方猪种以达到保种目的外，一般饲养的都是外来品种猪，如长白猪、大约克夏猪、杜洛克猪以及培育品种或品系。种猪专业场又包括 2 种类型，一类是以繁殖推广优良种猪为主的专业场，当前全国各地的种猪专业场多属于这种类型。另一类是以繁殖出售商品仔猪为目的的母猪专业场，饲养的种猪应具有高的繁殖力，这种母猪多数为杂种一代，通过三元杂交生产出售仔猪供应育肥猪场和市场。目前单纯以生产优质仔猪为目的的母猪专业场，在全国范围内并不多见。

#### 2）商品育肥猪专业场

　　商品育肥猪专业场专门从事商品猪育肥，是以生产育肥猪为经营目的。目前，我国商品育肥猪专业场包括 2 种形式，也是代表 2 种技术水平，反映了商品育肥猪专业场的发展过程，一种是以专业户为代表的数量扩张型，此类型是规模化养殖的初级类型，在广大农村普遍存在。这种类型仅仅是养猪数量的增加，而无真正具有规模经营的实质内涵。从本质上讲，饲养管理技术与我国传统养猪无多大差别，饲养的仍然是含地方猪种血缘的杂种一代肉猪，生产水平低，市场竞争力薄弱，经济较脆弱，生产者仅凭个人经验经营，只有朴素的市场观念和盈利思想，当市场行情好时，农户纷纷饲养，一旦价格回落，又纷纷停产，稳定性极差。

另一种类型是拥有较大规模的资金、技术和设备的养猪经营形式，是规模化养猪的高级形式，这种形式有的称之为现代化密集型，它改变了传统的饲养方式，饲养的是优质瘦肉型猪，采用的是先进的饲养管理技术，具备现代营销手段，并能根据市场变化规律合理组织生产；猪场生产不仅规模扩大，而且产品质量也明显提高，并采用了一定机械设备；生产水平和生产效率高，生产稳定，竞争力强。

3）自繁自养专业场

自繁自养专业场即繁殖母猪和育肥猪在同一个猪场集约饲养，自己解决仔猪来源，以生产商品育肥猪为主，在一个生产区培育仔猪，在另一个生产区进行育肥，我国大型、中型规模化商品育肥猪场大多采取这种经营方式。种猪应是繁殖性能优良、符合杂交方案要求的纯种或杂种猪，如需培育品种（系）或外种猪及其杂种猪，应来源于经过严格选育的种猪繁殖场。杂交用的种公猪，最好来源于育种场核心群或者经种猪性能测定中心测定的优秀个体。仔猪来源于本场种猪，不受仔猪市场的影响，稳定性好；在严格的疾病控制措施和标准化饲养条件下，仔猪不易发病，规格整齐，为实现"全进全出"的生产工艺管理提供了有效保证，产品规范。

4）供精站

供精站专门从事种公猪的饲养，目的在于为养猪生产提供量多质优的精液。公猪饲养场往往与授精站联系在一起，人工授精技术的推广与应用，进一步扩大了种公猪的影响。种公猪精液质量的好坏，直接关系到养猪生产的水平，为此，种公猪必须性能优良，必须来源于经种猪性能测定中心测定的优秀个体或育种场核心群（没有种猪性能测定中心的地区）的优秀个体。饲养的种公猪包括长白猪、大约克夏猪、杜洛克猪等主要国外引进品种和培育品种（系），饲养数量取决于当地繁殖母猪的数量，如繁殖母猪数量为50 000头，按每头公猪年承担400头母猪的配种任务，则需种公猪125头，公猪年淘汰更新率如为30%，还需饲养后备公猪38头，因此该地区公猪的饲养规模为163头。人工授精技术水平高，饲养公猪数可酌情减少。建场数量既要考虑方便配种，又要避免种公猪饲养数量过多导致浪费。

2. 确定猪场规模

确定猪场规模的方法有很多，现在介绍一种常用的方法：量、本、利分析法。此法又称为盈亏平衡分析法，是通过分析养猪生产中的产量、成本、利润等因素之间的数量关系，来寻求达到预期经营目的所需经营规模的一种方法。

在量、本、利分析法下，把养猪生产的成本划分为固定成本和变动成本两部分。其中：数额相对固定、不随生产量的变动而变动的成本（如猪舍圈栏及附属建筑、设备设施等的折旧费用等）是固定成本；数额不固定、随生产量变动而变动的（如饲料费用、医药费用、人工工资等）是变动成本。利用量、本、利分析法可求得猪场为达到目标盈利 $R$ 时的经营规模和处于不亏不盈时的经营规模。

设猪场的年固定成本为 $A$，单位产品的变动成本为 $B$，单位产品的售价为 $P$，则猪场处于不亏不盈时的经营规模（年生产数量）$N_0$ 为

$$N_0 = A / (P - B)$$

达到目标盈利 $R$ 时的经营规模（年生产数量） $N_R$ 为

$$N_R＝（A＋R）/（P－B）$$

例如某猪场修建猪舍圈栏及附属建筑设施、设备等的投入为 8 000 000 元，按 10 年折旧；每千克肉猪增重的变动成本为 4.20 元；购入仔猪的平均体重为 20kg，购入成本及所有杂费平均每头为 160 元；准备喂养到 100kg 体重时出栏销售，售价为每千克 6.20 元，求猪场处于不亏不盈时的经营规模（年出栏头数）和达到目标盈利 200 000 元时的经营规模（年出栏头数）。

根据以上资料，$A＝8 000 000÷10＝800 000$ 元；$B＝4.20×（100－20）＋160＝496$（元）；$P＝6.20×100＝620$（元）；$R＝200 000$ 元，则猪场处于不亏不盈时的经营规模（年出栏头数） $N_0$（小数点后数值只入不舍，全书同）为

$$N_0＝A/（P－B）＝800 000÷（620－496）＝6452（头）$$

达到目标盈利 200 000 元时的经营规模（年出栏头数） $N_R$ 为

$$N_R＝（A＋R）/（P－B）＝（800 000＋200 000）÷（620－496）＝8065（头）$$

计算结果表明，该猪场出栏 100kg 体重肉猪 6452 头时不亏不盈；若要达到年盈利 200 000 元，需年出栏 100kg 体重肉猪 8065 头。

量、本、利分析法的优点是分析过程直观，计算简单，容易理解和运用。缺点是在一个具体的生产单位中，有时很难完全把变动成本和固定成本划分开，也就难以进一步分析计算；同时，计算公式对数量关系的描述都是做直线处理，也与实际情况不完全相符，因而计算结果只能是一定范围内的近似值。

## 二、确定各阶段的工艺参数

为了准确计算猪场内各期、各生产群的猪只存栏数量，据此再计算出各猪舍所需的猪栏位数量，就必须首先确定各阶段的工艺参数。应根据当地（或本场猪群）的遗传基础、生产力水平、技术水平、经营管理水平和物质保证条件以及已有的历史生产记录和各项信息资料，实事求是地确定生产工艺参数。表 1-4 所列工艺参数仅供参考。

表 1-4 猪场工艺参数参考值

| 项目 | 参数 | 项目 | 参数 |
|------|------|------|------|
| 妊娠期 | 114 天 | 断奶仔猪成活率 | 95% |
| 哺乳期 | 30 天 | 生长期、育肥期成活率 | 99% |
| 保育期 | 35 天 | 每头母猪年产活仔数 | 20 头 |
| 生长（育成）期 | 56 天 | 公猪、母猪年更新率 | 33% |
| 育肥期 | 56 天 | 母猪发情期受胎率 | 85% |
| 空怀期 | 14 天 | 公母比例（本交） | 1∶25 |
| 繁殖周期 | 158 天 | 圈舍冲洗消毒时间 | 7 天 |
| 母猪年产胎次 | 2.31 胎 | 繁殖节律 | 7 天 |
| 母猪窝产仔数 | 10 头 | 母猪临产前进产房时间 | 7 天 |
| 窝产活仔数 | 9 头 | 母猪配种后原舍观察时间 | 21 天 |
| 哺乳仔猪成活率 | 90% | — | — |

## 三、确定各类猪舍中的猪只存栏量

确定生产工艺流程后就确定了需要建设的猪舍种类。各类猪舍中的猪只存栏量可依据生产规模和采用的饲养工艺进行估测。下面以年出栏1万头商品猪场采用六阶段饲养工艺，各阶段工艺参数按表1-4执行为例说明估算方法。

（一）所需猪舍的种类

根据生产工艺流程可知，所需猪舍的种类有种公猪舍、空怀母猪舍、妊娠母猪舍、分娩哺乳舍、保育舍、生长舍、育肥舍。

（二）各类猪舍中的猪只存栏量

各类猪舍中猪只存栏量计算如下：

（1）年需要母猪总头数 $= \dfrac{\text{年出栏商品猪总头数}}{\text{母猪年产胎次} \times \text{窝产活仔数} \times \text{各阶段成活率的乘积}}$

$$= \dfrac{10\,000}{2.31 \times 9 \times 0.9 \times 0.95 \times 0.99 \times 0.99} \approx 574 \text{（头）}$$

（2）种公猪头数 $=$ 母猪总头数 $\times$ 公母比例 $= 574 \times \dfrac{1}{25} \approx 23$（头）

（3）空怀母猪舍母猪头数 $= \dfrac{\text{母猪总头数} \times \text{饲养日数}}{\text{繁殖周期}} = \dfrac{574 \times (14+21)}{158} \approx 128$（头）

（4）妊娠母猪舍母猪头数 $= \dfrac{\text{母猪总头数} \times \text{饲养日数}}{\text{繁殖周期}} = \dfrac{574 \times (114-21-7)}{158} \approx 313$（头）

（5）分娩哺乳舍母猪头数 $= \dfrac{\text{母猪总头数} \times \text{饲养日数}}{\text{繁殖周期}} = \dfrac{574 \times (7+35)}{158} \approx 153$（头）

（6）分娩哺乳舍哺乳仔猪头数

$$= \dfrac{\text{母猪总头数} \times \text{母猪年产胎次} \times \text{窝产活仔数} \times \text{饲养日数}}{365}$$

$$= \dfrac{574 \times 2.31 \times 9 \times 35}{365} \approx 1145 \text{（头）}$$

（7）保育舍仔猪头数

$$= \dfrac{\text{母猪总头数} \times \text{年产胎次} \times \text{窝产活仔数} \times \text{哺乳期成活率} \times \text{饲养日数}}{365}$$

$$= \dfrac{574 \times 2.31 \times 9 \times 0.9 \times 35}{365} \approx 1030 \text{（头）}$$

（8）生长舍育成猪头数

$$= \dfrac{\begin{array}{c}\text{母猪总头数} \times \text{年产胎次} \times \text{窝产活仔数} \times \text{哺乳期成活率}\\ \times \text{保育期成活率} \times \text{饲养日数}\end{array}}{365}$$

$$= \dfrac{574 \times 2.31 \times 9 \times 0.9 \times 0.95 \times 56}{365} \approx 1566 \text{（头）}$$

（9）育肥舍育肥猪头数

$$= \frac{\text{母猪总头数} \times \text{年产胎次} \times \text{窝产活仔数} \times \text{哺乳期成活率}}{365}$$
$$\frac{\times \text{保育期成活率} \times \text{生长期成活率} \times \text{饲养日数}}{365}$$
$$= \frac{574 \times 2.31 \times 9 \times 0.9 \times 0.95 \times 0.99 \times 56}{365} \approx 1550 \text{（头）}$$

## 四、确定各类猪舍的栋数

### （一）确定繁殖节律

组建起哺乳母猪群的时间间隔（天数）叫作繁殖节律。严格合理的繁殖节律是实现流水式生产工艺的前提，也是均衡生产商品育肥猪、有计划利用猪舍和合理组织劳动管理的保证。繁殖节律按间隔时间可分为 1 日制、2 日制、7 日制或 14 日制等，视集约化程度和饲养规模而定。一般年产 3 万头以上商品育肥猪的大型猪场多实行 1 日制或 2 日制，即每天（或每 2 天）有一批猪配种、产仔、断奶、仔猪育成和肉猪出栏；年产 5000～30 000 头商品育肥猪的猪场多实行 7 日制，规模较小的养猪场所采用的繁殖节律较长。本例采用 7 日制。

### （二）确定生产群的群数

用各生产群的猪只在每个工艺阶段的饲养日数除以繁殖节律即为应组建的生产群的数量，再用每个工艺阶段猪群的生产总量除以猪群量即可得到每群猪的数量。本例计算结果见表 1-5。

表 1-5 应组建的猪生产群数及每群的头数

| 猪群 | 饲养时间/天 | 生产总量/头 | 繁殖节律/天 | 猪群量/群 | 每群猪的数量/头 |
|---|---|---|---|---|---|
| 空怀母猪 | 35 | 127 | 7 | 5 | 26 |
| 妊娠母猪 | 86 | 312 | 7 | 12 | 26 |
| 分娩哺乳母猪 | 42 | 153 | 7 | 6 | 26 |
| 保育仔猪 | 35 | 1030 | 7 | 5 | 206 |
| 生长猪 | 56 | 1566 | 7 | 8 | 196 |
| 育肥猪 | 56 | 1550 | 7 | 8 | 194 |

### （三）估算各类猪舍的栋数

#### 1. 分娩哺乳舍

分娩哺乳母猪按其繁殖节律每群各占一栋猪舍，再加上猪舍的冲洗消毒时间（一般为 7 天），则分娩哺乳猪舍的栋数如下所示。

$$\text{分娩哺乳舍的栋数} = \frac{\text{饲养日数} + \text{猪舍冲洗消毒时间}}{\text{繁殖节律}} = \frac{42 + 7}{7} = 7 \text{（栋）}$$

2. 保育舍

断奶仔猪群按繁殖节律每群各占 1 栋猪舍，再加上猪舍的冲洗消毒时间（一般为 7 天），则断奶仔猪保育舍的栋数如下所示。

$$断奶仔猪保育舍的栋数＝\frac{饲养日数＋猪舍冲洗消毒时间}{繁殖节律}＝\frac{35＋7}{7}＝6(栋)$$

3. 生长舍

如果按每 1 个生产群占 1 栋猪舍来计算，再加上猪舍的冲洗消毒时间，则需要 9 栋生长猪舍。为了便于管理，减少猪舍栋数，生产上多将几个生产猪群占用同一栋猪舍。本例中如果 4 个生产群占 1 栋猪舍，则栋数为 8÷4＝2（栋），考虑消毒需要再加 1 栋，则建造 3 栋生长猪舍即可满足生产需要。

4. 育肥舍

同生长猪舍一样，共需建造 3 栋育肥舍才能满足生产需要。

5. 妊娠母猪舍

与生长猪舍相同，也是 4 个生产群共同占用 1 栋猪舍，则栋数为 12÷4＝3（栋），考虑冲洗消毒再加 1 栋，共建 4 栋妊娠母猪舍就能保证生产。

6. 空怀母猪舍

按照以上思路，如果将 5 个生产群占 1 栋猪数，考虑消毒需要加 1 栋，则空怀母猪舍的总栋数为 2 栋。

7. 种公猪舍

如采用自然交配，需要养 23 头种公猪，建 1 栋种公猪舍就能满足需要。如采用人工授精，从外单位购买精液，则可不必饲养公猪，也就不用建造种公猪舍。

【任务总结】

任务总结如表 1-6 所示。

表 1-6　任务总结表

| | 内容 | 要点 |
|---|---|---|
| 知识 | 各类养猪生产工艺及其优缺点 | 1. 一点一线式生产工艺<br>2. 两点式或三点式生产工艺 |
| 技能 | 根据生产方向，确定相应的工艺流程 | 1. 确定猪场经营类型与生产规模<br>2. 确定各阶段的工艺参数<br>3. 确定各类猪舍中的猪只存栏量<br>4. 确定各类猪舍的栋数 |

#### 课后自测

**一、填空题**

1. 按猪的年龄、体重、性别和用途可将猪群划分为哺乳仔猪、（　　　）、育成仔猪、（　　　）、后备母猪、（　　　）。

2. 根据猪场的生产任务和经营性质的不同，又可分为（　　　）、（　　　）、（　　　）、供精站。

3. 根据生产工艺流程可知，所需猪舍的种类有（　　　）、（　　　）、妊娠母猪舍、（　　　）、保育舍、生长舍、育肥舍。

**二、判断题**

（　　）1. 猪场开始经营应选择在养猪最"热"时进行。

（　　）2. 繁殖节律：指组建起哺乳母猪群的时间间隔。

（　　）3. 繁殖节律一般采用 1 日制、2 日制、3 日制、4 日制、7 日制或 10 日制，可根据猪场规模而定。

（　　）4. 年产 5000～30 000 头商品育肥猪的企业多实行 7 日制。

（　　）5. 六段生产工艺流程是配种期→妊娠期→泌乳期→保育期→生长期→育肥期。

（　　）6. 养猪的生产模式主要是受经济、气候等因素控制。

**三、简答题**

1. 画出三段式生产工艺流程图。

2. 画出四段式生产工艺流程图。

3. 画出五段式生产工艺流程图。

4. 画出六段式生产工艺流程图。

# 任务 *1.4*　选择现代化养猪品种

**【任务描述】**

本任务主要介绍了我国地方优良猪种、培育品种的共同特性、利用及保种，国外引进优良猪种的产地、体型外貌、繁殖性能、生长肥育性能、引进与利用情况，以及猪的经济类型和杂交与杂种优势。

**【任务目标】**

（1）能够根据生产需要选择适合的猪品种。掌握猪的品种、外貌、生产特点。

（2）掌握猪杂交优势的利用技术。

知 识

# 一、猪的品种介绍

（一）国外引进优良品种

国外引进优良品种主要是指我国从其他国家引进饲养的猪品种，代表猪种有长白猪、约克夏猪、杜洛克猪等。

## 1. 长白猪（Landrace）

产地：长白猪原产于丹麦，是世界上分布最广的著名瘦肉型品种，原名是兰德瑞斯猪（Landrace）。

体型外貌：全身被毛白色。头狭长，颜面直，耳大、向前倾。背腰长，腹线平直而不松弛。体躯长，前躯窄，后躯宽，呈流线型。肋骨为16～17对。大腿丰满，蹄质坚实，如图1-8所示。

（a）长白猪（公）　　　　　　　　　　（b）长白猪（母）

图1-8　长白猪（兰德瑞斯猪）

繁殖性能：性成熟较晚，6月龄开始出现性行为，9～10月龄体重达130～140kg开始配种。排卵数15枚左右。初产母猪产仔数为9～10头，经产母猪产仔数为10～11头。乳头数为6～7对，个别母猪可达8对。

生长肥育性能：在良好饲养条件下，公猪、母猪6月龄体重可达85～90kg。育肥期生长速率快，屠宰率高，胴体瘦肉率高。据丹麦（1983～1984年）测定（411头），日增重793g，料肉比为2.68，胴体瘦肉率为65.3%。

引进与利用情况：我国于1964年首次引进长白猪，在引种初期，存在易发生皮肤病、四肢软弱、发情不明显、不易受胎等缺点。20世纪80年代首次从原产国丹麦引进长白猪，以后我国各省又相继从加拿大、英国、法国、瑞典、美国引进新的长白猪猪种，经多年驯化，这些缺点有所改善，适应性增强，性能接近国外测定水平。长白猪作为第一父本进行二元杂交或三元杂交，杂交优势显著。

## 2. 约克夏猪（Yorkshire）

产地：约克夏猪原产于英国北部的约克郡及其邻近地区。有大、中、小3个类型，大型属瘦肉型，又称大白猪，中型为兼用型，小型为脂肪型。

体型外貌：被毛白色（偶有黑斑）。体格大，体型匀称。耳直立。背腰平直（有微弓），四肢较高，后躯丰满，如图 1-9 所示。

（a）约克夏猪（公）　　　　　　　（b）约克夏猪（母）

图 1-9　约克夏猪

繁殖性能：性成熟晚，母猪初情期在 5 月龄左右。大约克夏猪繁殖力强，据四川、湖北、浙江等地养殖测定，初产母猪产仔数为 10 头，经产母猪产仔数为 12 头。平均乳头数为 7 对。

生长肥育性能：后备猪 6 月龄体重可达 100kg。育肥猪屠宰率高、膘薄、胴体瘦肉率高。据测定，育肥期日增重 682g，屠宰率为 73%，三点平均膘厚 2.45cm，眼肌面积为 34.29cm$^2$，胴体瘦肉率为 63.67%。

引进与利用情况：大约克夏猪引入我国后，经过多年培育驯化，已有了较好的适应性。在杂交配套生产体系中主要用作母本，也可作父本。大约克夏猪通常利用的杂交方式是杜洛克猪×长白猪×大约克夏猪或杜洛克猪×大约克夏猪×长白猪，即用长白公（母）猪与大约克夏猪母（公）猪交配生产，杂交一代母猪再用杜洛克公猪（终端父本）杂交生产商品猪。这是目前世界上比较好的配合。我国用大约克夏猪作父本与本地猪进行二元杂交或三元杂交，效果也很好，可在我国绝大部分地区饲养。

### 3. 杜洛克猪（Duroc）

产地：杜洛克猪产于美国东北部的新泽西州等地。杜洛克猪体质健壮，抗逆性强。饲养条件比其他瘦肉型猪要求低，生长快，饲料利用率高，胴体瘦肉率高，肉质良好。

体型外貌：全身被毛呈金黄色或棕红色，色泽深浅不一。头小、清秀，嘴短直。耳中等大，略向前倾，耳尖稍下垂。背腰平直或稍弓，体躯宽厚，全身肌肉丰满，后躯肌肉发达。肢粗壮、结实，蹄呈黑色，多直立，如图 1-10 所示。

繁殖性能：母猪 6～7 月龄开始发情。繁殖力稍低，初产母猪产仔数为 9 头，经产母猪产仔数为 10 头。乳头数为 5～6 对。

生长肥育性能：杜洛克猪前期生长慢，后期生长快。据测定，6 月龄体重：公猪 90kg、母猪 85kg，2～4 月龄平均日增重 440～480g，4～6 月龄为 730～760g。育肥期日增重 692g，178 天体重达 90kg，料肉比为 3.02，屠宰率为 72.7%，平均膘厚 2.0cm，眼肌面积为 31.6cm$^2$，胴体瘦肉率为 64.3%。

（a）杜洛克猪（公）　　　　　　　　　（b）杜洛克猪（母）

图 1-10　杜洛克猪

引进与利用情况：20 世纪 70 年代后我国从英国引进瘦肉型杜洛克猪，以后陆续由加拿大、美国、匈牙利、丹麦等国家引进该猪，现已遍及全国。引进的杜洛克猪能较好地适应中国的养殖条件，且具有增重快、饲料报酬高、胴体品质好、眼肌面积大、胴体瘦肉率高等优点，已成为中国商品猪的主要杂交亲本之一，尤其是终端父本。但由于其繁殖能力不高，早期生产速率慢、母猪泌乳量不高等缺点，故有些地区在将其与其他猪种进行二元杂交时，作母本不受欢迎，而往往将其作为三元杂交中的终端父本。

4. 汉普夏猪（Hampshire）

产地：原产于美国肯塔基州，主要特点是胴体瘦肉率高，肉质好，生长发育快，繁殖性能良好，适应性较强。

体型外貌：毛黑色，在肩颈结合处有一条白带。头中等大，嘴较长而直，耳直立、中等大小。体躯较长，背宽略呈弓形，体质强健，肌肉发达，如图 1-11 所示。

（a）汉普夏猪（公）　　　　　　　　　（b）汉普夏猪（母）

图 1-11　汉普夏猪

繁殖性能：哺育率高，性成熟晚。母猪一般 6～7 月龄开始发情。初产母猪产仔数为 7～8 头，经产母猪产仔数为 8～9 头。

生长肥育性能：在良好饲养条件下，6 月龄体重可达 90kg。每 1kg 增重耗料 3.0kg 左右，育肥猪 90kg 屠宰率为 72%～75%，眼肌面积为 30cm$^2$ 以上，胴体瘦肉率为 60% 以上。

引进与利用情况：我国于 20 世纪 70 年代后开始成批引进，由于其具有背膘薄、胴体瘦肉率高的特点，以其为父本，地方猪或培育品种为母本，开展二元或三元杂交，可获得较好的杂交效果。国外一般以汉普夏猪作为终端父本，以提高商品猪的胴体品质。

（二）地方优良品种

根据我国猪种的起源、分布、外形特点和生产性能，以及品种所在地区的自然地理、社会经济、农业生产和饲养管理条件，我国地方猪种主要分为 6 个类型。

1. 华北型猪

产地：华北型猪主要分布在淮河、秦岭以北的广大地区。这些地区，气候寒冷，空气干燥，土壤中磷、钙含量较高。饲养粗放，多采取放牧或放牧与舍饲相结合的饲养方式。

由于来源相同，饲养条件和自然条件相似，因而形成了一些基本相同的特征特性。

体型外貌：猪的体质健壮、骨骼发达，体躯高大，四肢粗壮，背腰狭窄，腹部不太下垂。头较平直，嘴筒长（便于掘地采食）。耳较大，额间多纵行皱纹。臀倾斜，腿单薄。为适应严寒的自然条件，皮厚多皱褶，真皮下的微血管不发达，毛粗密，鬃毛发达，冬季生有一层棕红色的绒毛以御寒冷。毛色绝大多数为全黑。

繁殖性能：华北型猪繁殖性能强，一般产仔数为 10～12 头，护仔性好，仔猪育成率高。乳头 8 对左右。性成熟早，出生后 3～4 月龄开始发情，公猪、母猪在 4 月龄左右就能初配。

生长肥育性能：肥育力中等，屠宰率低（60%～70%）。脂肪积累在育肥后期，因而膘一般不厚，板油则较多，瘦肉量大，肉中水分较少，香味浓郁。

利用情况：本类型猪体型大小差异悬殊，山区、边远地区多饲养体型较大的猪，城市附近饲养小型猪，普通农村则多饲养中型猪。属于此型的主要有东北的东北民猪，西北的八眉猪，河北省的深县猪，山东省的莱芜猪，山西省的马身猪，安徽省的阜阳猪，江苏省的淮猪，内蒙古自治区的河套大耳猪，陕西省的南山猪、北山猪等。

● 民猪

产地：民猪产于东北和华北的部分地区。主要分布在河北省的唐山、承德地区，辽宁省的建昌、海城、瓦房店和朝阳，吉林省的桦甸、吉林市经济技术开发区、通化；黑龙江省的绥滨、北安、双城，以及内蒙古自治区的部分地区，如图 1-12 所示。

（a）民猪（公）　　　　　　　　　　　（b）民猪（母）

图 1-12　民猪

体型外貌：民猪颜面直、长，头中等大小，耳大下垂。额部窄，有纵行的皱褶。体躯扁平，背腰狭窄。腿、臀部位欠丰满，四肢粗壮。全身黑色被毛，毛密而长，鬃毛较多，冬季有绒毛丛生。乳头数为7～8对。

繁殖性能：产仔数平均13.5头。

生长肥育性能：10月龄体重136kg，屠宰率为72%，体重90kg屠宰时胴体瘦肉率为46%。成年体重：公猪200kg，母猪148kg。

利用情况：民猪具有抗寒力强、体质强健、产仔数多、脂肪沉积能力强和肉质好的特点，适于放牧和较粗放的饲养管理，与其他品种猪进行二元和三元杂交，其杂种后代在繁殖和肥育等性能上均表现出显著的杂种优势。以民猪为基础培育成的哈白猪、新金猪、三江白猪和天津白猪均能保留民猪的优点。民猪的缺点是脂肪率高，皮较厚，后腿肌肉不发达，增重较慢。

2. 华南型猪

产地：华南型猪分布在岭南和珠江以南地区。这一地区属我国的亚热带，气候温暖，雨量充沛，夏季较长，饲料饲草丰富，青饲料最多，养猪条件最好。因为猪常年可获得营养丰富的青料和多汁料以及富含糖分的精料，因而形成的猪种早熟易肥、皮薄肉嫩。

体型外貌：华南型猪体躯一般较短，背腰宽阔，胸部较深，肋弯曲，腹部较下垂，后躯丰满。四肢开阔、粗短、多肉。卧系。头较短小，额有横行皱纹，嘴短，耳小、皮薄。毛稀，鬃毛短小，毛色多为黑色或黑白花色。

繁殖性能：繁殖力较华北型猪低，一般每窝产仔8～9头，乳头数为5～6对。性成熟较早，母猪多在3～4月龄时开始发情，6月龄时可以配种。母性良好，护仔性强。

生长肥育性能：猪早期生长发育快，育肥时脂化很早，早熟易肥，肉质细嫩。屠宰率为70%左右。膘厚4～6cm，厚的可达8cm。

利用情况：本类型猪中较著名的地方猪种有贵州省的香猪，广西壮族自治区的陆川猪，云南省的德宏小耳猪，福建省的槐猪，台湾省的桃园猪和两广（广东省和广西壮族自治区交界）小花猪。

1）两广小花猪

产地：原产于陆川、玉林、合浦、高州、化州、昊川、郁南等地。

体型外貌：体型较小，具有头短、耳短、身短、脚短、尾短的特点，故有"六短猪"之称。毛色为黑白花，除头、耳、背腰、臀为黑色外，其余均为白色。耳小、向外平伸。背腰凹，腹大下垂。

繁殖性能：性成熟早，平均每胎产仔数12.48头。

生长肥育性能：成年公猪平均体重为130.96kg，成年母猪平均体重为112.12kg；75kg屠宰时屠宰率为67.59%～70.14%，胴体瘦肉率为37.2%。育肥期平均日增重328g。

利用情况：两广小花猪具有皮薄、肉质嫩美的优点。用国外瘦肉型猪作父本与两广小花母猪杂交，杂种猪在日增重和饲料利用率等方面有一定的杂种优势，尤其是与长白猪、大白猪的配合力较好。两广小花猪的缺点为生长速率较慢，饲料转化率较低，体型也比较小。

2）香猪

产地：主要产于贵州省从江县的宰更、加鸠两地，三都县都江区的巫不，广西壮族自治区环江县的东兴等地，主要分布于黔桂交界的榕江、荔波及融水等县。

体型外貌：香猪体躯矮小。头较直，耳小而薄、略向两侧平伸或稍向下垂。背腰宽而微凹，腹大、丰圆而触地。后躯较丰满，四肢细短，后肢多为卧系。皮薄肉细。被毛多为全身黑色，也有白色、"六白"（指吻突、四蹄、尾尖为白色）、不完全"六白"或两头乌（指头部与臀部为黑色，中躯为白色）的颜色。乳头数为5～6对。

繁殖性能：性成熟早，一般3～4月龄性成熟。产仔数少，平均5～6头。

生长肥育性能：成年母猪一般体重40kg左右，成年公猪体重一般45kg左右。香猪早熟易肥，宜于早期屠宰。屠宰率为65%，胴体瘦肉率为47%。

利用情况：香猪的体型小，经济早熟，胴体瘦肉率较高，肉嫩味鲜，可以早期宰食，也可加工利用，尤其适宜于做烤乳猪。香猪还适宜于作实验动物。

3. 华中型猪

产地：华中型猪分布于长江和珠江之间的广大地区。分布地区属亚热带，是粮棉主产区，气候温暖，雨量充沛，自然条件良好，青绿多汁饲料充足，富含蛋白质的精料较多，有利于猪的生长发育。

体型外貌：华中型猪的体型与华南型猪基本相似，其生产性能一般介于华北型猪与华南型猪之间。背较宽，骨骼较细，背腰多下凹，四肢较短，腹大、下垂。额部多横行皱纹，耳下垂、较华南型大。被毛稀疏，毛色多为黑白花色。

繁殖性能：产仔数一般为10～12头，乳头数为6～7对。

生长肥育性能：生长较快，成熟较早，肉质细嫩。

利用情况：湖南省的宁乡猪、浙江省的金华猪、湖北省的监利猪、江西省的赣中南花猪、安徽省的皖南花猪和贵州省的关岭猪等均属此型。

1）宁乡猪

产地：产于湖南省宁乡县的草冲和流沙河一带，原名草冲猪或流沙河猪。由于其种群逐步扩大，散布全县，故名宁乡猪。主要分布于与宁乡县毗邻的益阳、安化、涟源、湘乡等县以及怀化、邵阳地区。

体型外貌：宁乡猪体型中等，黑白花毛色，分为"乌云盖雪"、"大黑花"与"小散花"（图1-13）。头中等大，耳较小、下垂。背凹腰宽，腹大下垂，臀较斜，四肢较短，多卧系。皮薄毛稀，乳头数为7～8对。

繁殖性能：经产母猪平均产仔数为10.12头。

生长肥育性能：体重22～96kg，育肥期平均日增重587g，每1kg增重需消化能51.46MJ，90kg育肥猪屠宰率为74%，胴体瘦肉率为34.72%。

利用情况：具有早熟易肥、生长较快、肉味鲜美、性情温顺及耐粗饲等特点。宁乡猪与北方猪种、国外引进瘦肉型猪种杂交，杂交优势明显。

2）金华猪

产地：金华猪原产于浙江省金华市的东阳、义乌等地，主要分布于东阳、浦江、义乌、金华、永康及武义等地。我国的许多省市有引进。

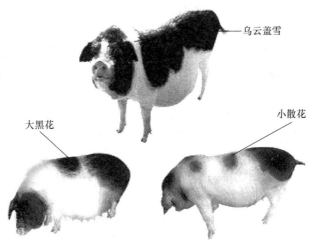

图 1-13 宁乡猪

体型外貌：金华猪的体型中等偏小。耳中等大小、下垂。额部有皱褶，颈短粗。背腰微凹，腹大微下垂。四肢细短，蹄呈玉色，蹄质结实。毛色为体躯中间白、两端黑的"两头乌"特征。乳头数为 8 对以上，如图 1-14 所示。

（a）金华猪（公）　　　　　　　　　　　　（b）金华猪（母）

图 1-14 金华猪

繁殖性能：公猪、母猪一般 5 月龄左右配种，产仔数平均为 13～14 头。

生长肥育性能：8～9 月龄肉猪体重为 65～75kg，屠宰率为 72%，10 月龄胴体瘦肉率为 43.46%。

利用情况：金华猪是一个优良的地方品种。其性成熟早，繁殖力高，皮薄骨细，肉质优良，适宜腌制火腿。可作为杂交亲本。常见的杂交组合有：长金组合、大金组合、长大金组合及大长金组合等。金华猪的缺点是肉猪后期生长慢，饲料利用率较低。

### 4. 江海型猪

产地：华北型猪和华中型猪是我国猪种的两大类型，数量极多，两者交界的地区较长，处于汉水和长江的中下游地区。这一区域就自然条件来说，是一个过渡地带，分布的猪种既有少量的华北型和华中型，又存在大量和两种类型不完全相似且介于两者之间的中间类型猪种，尤其在交通甚为方便的长江下游和沿海地区最为突出，因此称此类型为华北、华中过渡型猪，现称江海型猪。

体型外貌：江海型猪的外形和生产性能因类别不同差异较大。共同特点是毛黑色或有少量白斑。头中等大，额较宽。皱纹深，多呈菱形。耳长、大、下垂。背腰较宽，腹部较大，骨骼粗壮，皮肤多有皱褶。

繁殖性能：性成熟早，母猪 3～4 月龄已开始发情，以繁殖力高而著称，经产母猪产仔数多在 13 头以上，乳头数为 8 对以上。

生长肥育性能：体成熟早，积脂能力强，增重较快，屠宰率一般为 70%左右。

利用情况：太湖流域的太湖猪、陕西省的安康猪、浙江省的虹桥猪和江苏省的姜曲海猪等均属此型。

● 太湖猪

产地：太湖猪主要分布于长江下游；江苏省、浙江省和上海市交界的太湖流域。我国的许多省市都有引进，并输出到阿尔巴尼亚、法国、泰国及匈牙利等国。按照体型外貌和性能上的差异，太湖猪可以划分成几个地方类群，即二花脸猪、梅山猪、枫泾猪、嘉兴黑猪、横泾猪、米猪和沙乌头猪等，如图 1-15 所示。

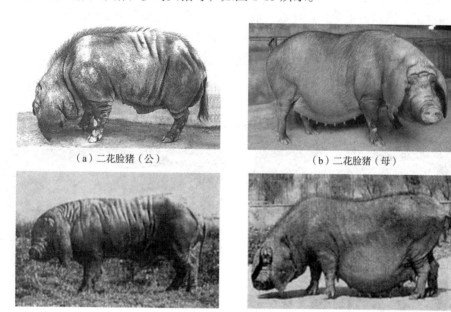

（a）二花脸猪（公）　　　　　　　　（b）二花脸猪（母）

（c）嘉兴黑猪（公）　　　　　　　　（d）嘉兴黑猪（母）

图 1-15　太湖猪

体型外貌：太湖猪的体型中等，各个类群之间有差异，以梅山猪较大，骨骼粗壮；米猪的骨骼比较细致；二花脸猪、枫泾猪、横泾猪和嘉兴黑猪介于两者之间；沙乌头猪体质比较紧凑。太湖猪的头大，额宽，额部皱褶多、深。耳大、软而下垂，耳尖齐或超过嘴角，呈扇形。全身被毛为黑色或青灰色，毛稀疏，毛丛密但间距大。腹部的皮肤多为紫红色，也有鼻端白色或尾尖白色的。梅山猪的四肢末端为白色，乳头数为8～9 对。

繁殖性能：繁殖率高，3月龄即可达性成熟，平均产仔数为16头，泌乳力强，哺育率高。

生长肥育性能：生长速率较慢，6～9月龄体重为65～90kg，屠宰率为65%～70%，胴体瘦肉率为40%～45%。

利用情况：太湖猪是当今繁殖力、产仔力最高的品种，其分布广泛，品种内结构丰富，遗传基础多，肉质好，是一个不可多得的品种。和长白猪、大约克夏猪进行杂交，其杂种一代的日增重、胴体瘦肉率、饲料利用率、仔猪初生体重均有较大的提高，在产仔数上略有下降。在太湖猪内部各个种群之间进行交配，也可以产生一定的杂交优势。

### 5. 西南型猪

产地：西南型猪分布在云贵高原及四川盆地。由于西南地区的气候条件相似，饲料条件基本一致，因而大部分猪种体质外形与生产性能也基本相似。

体型外貌：西南型猪头大，额部多有旋毛或横行皱纹。腿较粗短。毛以全黑和"六点白"较多，也有白色猪、黑白花猪和红毛猪。

繁殖性能：繁殖力中等，产仔数一般为8～10头，乳头数为5～6对。

生长肥育性能：肥育能力强，饲料利用率中等。屠宰率为65%～79%。

利用情况：此类型猪有四川省的荣昌猪、内江猪、成华猪，贵州省的柯乐猪、凉伞猪，云南省的保山大耳猪、撒坝猪等。

● 荣昌猪

产地：产于重庆市荣昌县和四川省隆昌县等地区，如图1-16所示。

（a）荣昌猪（公）　　　　　　　　　（b）荣昌猪（母）

图1-16　荣昌猪

体型外貌：荣昌猪是我国唯一的地方全白猪种（除眼圈为黑色或头部大小不等的黑斑外）。体型较大，体躯较长，背较平，腹大而深。面部微凹，耳中等、稍下垂。鬃毛洁白、刚韧，乳头数为6～7对。

繁殖性能：每胎平均产仔11.7头。

生长肥育性能：成年公猪平均体重为158.0kg，成年母猪平均体重为144.2kg；在较好的饲养条件下不限量饲养育肥期日增重平均为623g，中等饲养条件下，育肥期日增重平均488g。87kg体重屠宰时屠宰率为69%，胴体瘦肉率为42%～46%。

利用情况：荣昌猪有适应性强、胴体瘦肉率较高、杂交配合力好和鬃质优良等特点。用国外瘦肉型猪作父本与荣昌猪母猪杂交，有一定的杂交优势，尤其是与长白猪的配合力较好。另外，以荣昌猪作父本，其杂交效果也较明显。

6. 高原型猪

在我国青藏高原地区生存的猪基本上属于高原型，主要分布在青藏区和康滇北区。这一地区自然条件和社会经济条件特殊，因而高原型猪与国内其他地区的猪种有很大差别。

体型外貌：猪体型小，外貌似野猪。四肢发达，粗短有力，蹄小结实。嘴尖长而直，耳小、直立。背窄而微弓，腹紧，臀倾斜。毛色为全黑、黑褐色或黑白花色。

由于高原气压低，空气稀薄，猪的运动量又大，故心肺较发达，身体健壮。为适应高原御寒和温差大的气候，皮相对较厚，毛密长，并生有绒毛，鬃毛发达、富有弹性。鬃毛长达 12～18cm，一头猪年产鬃毛 0.25kg。

繁殖性能：高原型猪属小型晚熟种，体躯较小，耐粗饲，放牧性能很强，繁殖力较低。母猪性成熟较迟，通常 4～5 月龄才开始发情，一般仅产 5～6 头，乳头数为 5 对，妊娠期较长，为 120 天。

生长肥育性能：屠宰率为 65%。肉质鲜美多汁，呈大理石状。

利用情况：青藏高原的藏猪、甘肃省的合作猪和云南省的迪庆藏猪等均属此型。

（三）中国培育品种（系）

中国培育品种（系）的育成，始于国外品种的引进。1949 年以来，通过广大科技工作者的协作攻关，共育成猪的新品种、新品系 40 多个。这些品种（系）分别经各级主管部门鉴定验收合格，这是我国养猪史上的重大成果。

分析培育品种（系）的形成过程，可以归纳为 3 种形式：一种是利用原有血统混乱的杂种猪群，加以整理选育而成，这一类在选育前，已经受到外来品种的影响。另一种是以原有杂种群为基础，再用一个或两个国外品种杂交后自群繁育。第三种方式是按照事先拟定的育种计划和方案，有计划地进行杂交、横交和自群繁育。

培育品种（系）既保留我国地方猪种的优良特性，又具有国外猪种生长快、耗料省、胴体瘦肉率较高的特点。

与地方品种相比，培育品种（系）体尺、体重增加，成年体重约为 200kg，背腰宽平，大腿丰满，改变了地方品种猪凹背、腹下垂、后躯发育差、卧系等缺陷。繁殖力保持了地方品种的多产性。经产母猪产仔数为 11～12 头，仔猪平均初生重为 1.0kg 以上，大于地方品种而接近国外引进品种。种猪生长发育迅速，6 月龄体重可达 80kg 左右。育肥期增重速率、屠宰率、胴体瘦肉率较高，20～90kg 阶段平均日增重 600g 左右，90kg 屠宰胴体瘦肉率平均可达 53%。

与国外引进品种相比，发情明显，繁殖力高，抗逆性强，肉质好，能大量利用青粗饲料，在同样低劣条件下，较国外猪种生长好。但在培育程度上尚远不如国外引进品种，品种的整齐度差，体躯结构尚不理想，后躯不如国外引进品种丰满。种猪的生长发育、育肥猪的增重速率和饲料利用率也不及国外品种。尤其是胴体瘦肉率差距较大,平均低10多个百分点。我国以国外引进猪种和地方猪种为育种素材培育出的品种(系),根据培育品种的毛色特点和亲本来源可把培育品种(系)分为3个类型。

1. 白色品种(系)

这类培育品种(系)是以长白猪、大约克夏猪、中约克夏猪等白色国外引进猪为父本,本地猪为母本,经复杂杂交选育而成。被毛几乎全白色,有的皮肤上有少量黑斑,体型外貌品种间大体一致。头较长直,额平直、皱纹少,耳中等大小,背腰长而平直,腹部不下垂,后腿丰满。繁殖力比黑色品种(系)高,一般产仔数为10~12头,个别可达13~14头。胴体瘦肉率和生长速率也优于黑色品种(系)。这类品种(系)有黑龙江省的哈白猪、三江白猪,湖北省的白猪,甘肃省的白猪、湘白猪(Ⅰ系),广西壮族自治区的白猪、昌维白猪(Ⅰ系),四川省的新荣昌猪Ⅰ系等20多个。

1)哈白猪

产地:哈白猪产于黑龙江省南部和中部地区,以哈尔滨市及其周围各县饲养最多,并广泛分布于滨州、滨绥、滨北及牡佳等铁路沿线。

体型外貌:体型较大。被毛全白。头中等大小,两耳直立,颜面微凹。背腰平直,腹稍大、不下垂。腿臀丰满,四肢粗壮,体质坚实。乳头数为7对以上,如图1-17所示。

(a)哈白猪(公)　　　　　　　　　　　(b)哈白猪(母)

图1-17　哈白猪

繁殖性能:一般生产条件下,成年公猪体重为222kg,母猪体重为172kg。平均产仔数为11~12头。

生长肥育性能:育肥猪15~120kg阶段,平均日增重587g,屠宰率为74%,胴体瘦肉率为45.05%。

利用情况:哈白猪与民猪、三江白猪和东北花猪进行正反杂交,所得一代杂种猪在日增重和饲料转化率上均有较强的优势。以其为母本,与国外引进品种进行二元、三元杂交也可取得很好的效果。

2)三江白猪

产地:三江白猪主要产于黑龙江省东部合江地区的红兴隆农场管理局,主要分布于所属农场及其附近的市、县猪场,是我国在特定条件下培育而成的国内第一个肉用型猪新品种。

体型外貌:三江白猪头轻,嘴直,两耳下垂或稍前倾。背腰平直。腿臀丰满,四肢粗壮，蹄质坚实。被毛全白，毛丛稍密。乳头数为7对，如图1-18所示。

（a）三江白猪（公）　　　　　　　　　　（b）三江白猪（母）

图1-18　三江白猪

繁殖性能：8月龄公猪体重达111.5kg，母猪107.5kg。平均产仔数为12头。

生长肥育性能：育肥猪20～90kg体重阶段，日增重600g，体重90kg时胴体瘦肉率为59%。

利用情况：三江白猪与国外引进品种或国内培育品种（系）以及地方品种都有很高的杂交配合率，是育肥猪生产中常用的亲本品种之一。在日增重方面尤其是以三江白猪为父本，以大约克夏猪为母本的杂交组合的杂交优势明显。在饲料利用率方面，尤其以三江白猪与大白猪的组合杂交优势明显。在胴体瘦肉率方面，杜洛克猪与三江白猪的组合杂交优势最为明显。

2. 黑色品种（系）

黑色品种（系）猪除少数品种被毛在鼻端、尾尖和四肢下部有"六点白"特征外，其余品种均为黑色。全国共有18个黑色培育品种（系），除新淮猪和定县猪两个品种为育成杂交外，其余如新金猪、吉林黑猪、宁安黑猪、内蒙古黑猪、福州黑猪等都是以英国猪种为父本、本地猪为母本杂交选育而成。黑色品种（系）猪与白色品种（系）猪相比，头较粗重，面额多皱纹，嘴较短，背腰宽广，腹较大但不下垂。繁殖率、日增重率、胴体瘦肉率较白色品种低。产仔数为10～11头。

● 北京黑猪

产地：北京黑猪属于肉用型的配套母系猪。北京黑猪的中心产区是北京市北郊农场和双桥农场，分布于北京市的昌平区、顺义区、通州区等，并向河北、山西、河南等25个省、市输出。现品系内有两个选择方向：为增加繁殖性能而设置的"多产系"和为提高胴体瘦肉率而设置的"体长系"，如图1-19所示。

体型外貌：北京黑猪头清秀，两耳向前上方直立或平伸。面部微凹，额部较宽。嘴筒直，粗细适中、中等长。颈肩结合良好，背腰平直、宽。四肢强健，腿臀丰满，腹部平。被毛为黑色。乳头数为7对以上。

繁殖性能：成年公猪体重约260kg，平均产仔数为11～12头。

生长肥育性能：育肥猪20～90kg体重阶段，日增重609g，屠宰率为72%，胴体瘦肉率为51.5%。

（a）北京黑猪（公）

（b）北京黑猪（母）

图 1-19 北京黑猪

利用情况：北京黑猪作为北京地区的当家品系，在猪的杂交繁育体系中具有广泛的优势，是一个较好的配套母系品种。与大约克夏猪、长白猪进行杂交，可获得较好的杂交效果。杂种一代猪的日增重在 650g 以上，料肉比为 3.0～3.2，胴体瘦肉率为 56%～58%。

3. 黑白花品种（系）

黑白花品种（系）培育品种主要为白色品种和黑色品种，黑白花色较少。黑白花品种（系）很多性状介于白色品种和黑色品种之间。属此类的有北京花猪（Ⅰ系）、山西瘦肉型猪（SD-Ⅰ系）、泛农花猪、吉林花猪、黑花猪和沈农花猪。前 3 个品种是由巴克夏猪和苏联大约克夏猪为父本与本地母猪杂交选育而成，后 3 个培育品种（系）是以克米洛夫猪为父本、东北民猪为母本杂交选育而成。

## 二、猪的经济类型

猪的经济类型可分为脂肪型、瘦肉型和兼用型 3 类。

（1）脂肪型猪。脂肪型又称脂用型，这类猪的胴体脂肪多，瘦肉少。外形特点是体躯宽、深而短，全身肥满，头、颈较重，四肢短，体长与胸围相等或相差 2～3cm。胴体瘦肉率为 45%以下。我国的绝大多数地方品种属于此型。

（2）瘦肉型猪。瘦肉型又称肉用型。这类猪的胴体瘦肉多，脂肪少。外形特点与脂肪型猪相反，头颈较轻，体躯长，四肢高，前后肢间距宽，腿臀发达，肌肉丰满，胸腹肉发达。体长比胸围长 15cm 以上，胴体瘦肉率为 55%以上。国外引进的长白猪、大约克夏猪、杜洛克猪和汉普夏猪，以及我国培育的三江白猪和湖北白猪均属这个类型。

（3）兼用型猪。兼用型猪的外形特点介于瘦肉型猪和脂肪型猪之间，胴体中肉稍多于脂肪，胴体瘦肉率为 45%～55%。我国培育的大多数猪种属于兼用型猪种。

## 三、杂交与杂种优势

（一）杂交和杂种优势的概念

（1）杂交。杂交是指不同品种、品系或品群间的相互交配。

（2）杂种优势。杂种优势是指这些品种、品系或品群间杂交所产生的杂种后代，往往在生活力、生长势和生产性能等方面，在一定程度上优于其亲本纯繁群体，即杂种后代性状的平均表型值超过杂交亲本性状的平均表型值，这种现象称为杂种优势。

（二）杂交方式

1. 两品种经济杂交

两品种经济杂交又叫二元杂交，是用两个不同品种的公猪、母猪进行一次杂交，其杂种一代全部用于生产商品育肥猪。

这种方法简单易行，已在我国农村推广应用。只要购进父本品种猪即可杂交。缺点是没有利用繁殖性能的杂种优势，仅利用了生长肥育性能和胴体性能的杂种优势，因为杂种一代母猪被直接育肥，繁殖优势未能表现出来。

我国二元杂交主要以国外引进品种或我国培育品种（系）作父本与本地品种（系）或培育品种（系）作母本进行杂交，杂交效果好，值得广泛推行。如 20 世纪 80 年代以杜洛克猪为父本与三江白猪杂交，所得杂种日增重为 629g，料肉比为 3.28，胴体瘦肉率达 62%（图 1-20）。

A 品种（♂）×B 品种（♀）
↓
AB

图 1-20　二元杂交示意图

2. 三品种经济杂交

三品种经济杂交又称三元杂交，即先利用两个品种的猪杂交，从杂种一代中挑选优良母猪，再与第二父本品种杂交，二代所有杂种用于育肥生产商品肉猪。

三元杂交所使用的猪种：母猪常用地方品种或培育品种，两个父本品种常用国外引进的优良瘦肉型品种。为了提高经济效益和增加市场竞争力，可把母本猪确定为国外引进的优良瘦肉型猪，也就是全部用国外引进优良猪种进行三元杂交。目前，国内从南方到北方的大多数规模化猪场普遍采用杜洛克猪、长白猪、大约克夏猪的三元杂交方式，获得的杂交猪具有良好的生产性能，尤其产肉性能突出，非常受市场欢迎（图 1-21）。

长白猪（♂）×大约克夏猪（♀)　　　　大约克夏猪（♂）×长白猪（♀)
↓　　　　　　　　　　　　　　　　↓
杜洛克猪（♂）×长白猪、大约克夏猪（♀)　　杜洛克猪（♂）×大约克夏猪、长白猪（♀)
↓　　　　　　　　　　　　　　　　↓
杜洛克猪、长白猪、大约克夏猪　　　　杜洛克猪、大约克夏猪、长白猪

图 1-21　杜洛克猪、长白猪、大约克夏猪三元杂交示意图

3. 轮回杂交

轮回杂交就是在杂交过程中，逐代选留优秀的杂种母猪作母本，每代用组成亲本的各品种公猪轮流作父本的杂交方式。

利用轮回杂交，可减少纯种公猪的饲养量，降低养猪成本。因可利用各代杂种母

猪的杂种优势来提高生产性能，因此不一定保留纯种母猪繁殖群，可不断保持各子代的杂种优势，从而获得持续而稳定的经济效益。

### 4. 配套杂交

配套杂交又叫四品种（系）杂交，是采用 4 个品种或品系，先分别进行两两杂交，然后在杂交一代中分别选出优良的父本、母本猪，再进行四品种（系）杂交。

其优点为：①可同时利用杂种公猪、母猪双方的杂种优势，具有较强的杂种优势和较高的效益；②可减少纯种猪的饲养头数，降低饲养成本；③可使遗传基础更丰富，既可生产出更多优质商品肉猪，还可发现和培养出新品系。

目前国外所推行的"杂优猪"，大多数是由 4 个专门化品系杂交而产生。如美国的迪卡配套系，英国的 PIC 配套系等。1991 年我国农业部决定从美国迪卡公司为北京养猪育种中心引入 360 头迪卡配套系种猪，其中原种猪有 A、B、C、E、F 5 个专门化品系，是由当代世界优秀的杜洛克猪、汉普夏猪、大约克夏猪、长白猪等种猪组成。在此模式中，A、B、C、E、F 5 个专门化品系为曾祖代（GGP）；A、B、C、E 和 F 正反交产生的 D 系为祖代（GP）；A 公猪和 B 母猪生产的 AB 公猪，C 公猪和 D 母猪生产的 CD 母猪为父母代（PS）；最后 AB 公猪与 CD 母猪生产 ABCD 商品猪上市，如图 1-22 所示。

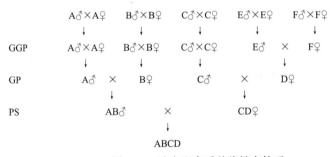

图 1-22　迪卡配套系种猪繁育体系

### （三）影响杂种优势的因素分析

（1）亲本应当是高产、优良、血统纯的品种，提高杂种优势的根本途径是提高杂交亲本的纯度。无论父本还是母本，在一定范围内，亲本越纯，杂交效果越好，能使杂种表现出较高的杂种优势，产生的杂种群体整齐一致。亲本纯到一定界限就使新陈代谢的同化和异化过程速率减慢，因而生活力下降，这种表现称为新陈代谢负反馈作用。具有新陈代谢负反馈作用的高纯度个体，在与有遗传差异的品种杂交时，两性生殖细胞彼此获得新的物质，促使新陈代谢负反馈抑制作用解除，而产生新陈代谢正反馈的促进作用；促使新陈代谢同化和异化作用加快，从而提高生活力和杂种优势。为了提高杂交亲本的纯度，需要进行制种工作。亲缘交配（五代以内有亲缘关系的个体间交配）的后代具有很高的纯度，尤其是用作经济类型杂交的公猪，必须是嫡亲交配所生的才能充分发挥巨大的杂种优势。

（2）杂交亲本遗传差异越大，血缘关系越远，其杂交后代的杂种优势越强。在选择和确定杂交组合时，应当选择那些遗传和经济类型差异比较大的、产地距离较远的和起源方面无相同关系的品种作杂交亲本。如用引进的国外猪种与本地（育成）猪种杂交或用肉用型猪与兼用型猪杂交，一般都能得到较好的结果。

（3）在确定杂交组合时，应选择遗传性生产水平高的品种作亲本，杂交后代的生产水平才能提高。猪的某些性状，如外形结构，胴体品质不太容易受环境的影响，能够相对比较稳定地遗传给后代，这类性状叫作遗传力高的性状，遗传力高的性状不容易获得杂种优势。有的性状如产仔数、泌乳力、初生重和断奶窝重等，容易随饲养管理条件的优劣而提高或降低，不易稳定地遗传给后代，这些是遗传力低的性状，这类性状易表现出杂种优势。通过杂交和改善饲养管理条件就能得到满意的效果。生长速率和饲料利用率等属于遗传力中等的性状，杂交时所表现的杂种优势也是中等。

 技 能

# 一、常见猪种评价

饲养生猪，品种是基础，品种好坏直接关系到猪的生长快慢、饲料利用率的高低、生产成本的多少，而且关系到肉的品质与市场竞争力。

（一）国外引进品种的共同特性

（1）生长速率快，饲料利用率高。在全价配合饲料饲养条件下，国外引进品种的增重速率和饲料利用率明显优于我国地方猪种，广东省三保养猪公司测定，育肥期平均日增重为 700～850g，每增重 1kg 消耗全价配合料在 3.0kg 以下（表 1-7）。

表 1-7 国外引进品种的增重与料肉比

| 品种 | 长白猪 | 大约克夏猪 | 杜洛克猪 | 汉普夏猪 |
|---|---|---|---|---|
| 平均日增重/g | 801 | 960 | 908 | 861 |
| 料肉比 | 2.75 | 2.45 | 2.66 | 2.77 |

（2）胴体瘦肉率高。育肥猪 90kg 左右屠宰，胴体瘦肉率一般都在 60% 以上。四川省 1994～1995 年对长白猪、大约克夏猪、杜洛克猪和汉普夏猪的胴体性状测定结果见表 1-8。

表 1-8 长白猪、大约克夏猪、杜洛克猪和汉普夏猪胴体性状

| 品种 | 胴体瘦肉率/% | 眼肌面积/cm² | 膘厚/cm |
|---|---|---|---|
| 长白猪 | 64.9 | 37.9 | 1.27 |
| 大约克夏猪 | 64.3 | 34.9 | 1.32 |
| 杜洛克猪 | 62.0 | 31.3 | 1.59 |
| 汉普夏猪 | 63.5 | 34.6 | 1.52 |

（3）肉质较差。肉质较差主要表现在肌束内肌纤维数量较少，肌纤维较粗，系水力差，肉色较浅，肌间脂肪含量较低，一些品种 PSE 肉（水猪肉）的出现率较高。

## （二）我国地方猪种的共同特性

我国地方猪种品种繁多，与国外引进猪种相比，其共同特性主要表现在以下几个方面。

### 1. 性成熟早，繁殖力强

我国地方猪种，大多具有性成熟早、产仔数多、母性强的特点。母猪 3~4 月龄开始发情，4~5 月龄就能配种。以繁殖力高著称于世界的梅山猪，初产母猪窝平均产仔数为 14 头左右，三胎以上母猪窝平均产仔数为 18 头，断奶成活数高达 16 头。多数地方猪种产仔数都在 11 头左右，高于或相当于国外培养品种中产仔数最高的大约克夏猪和长白猪品种。60 日龄仔猪育成活率可达 90% 以上，为国外猪种所不及。

### 2. 抗逆性强

中国地方猪种抗逆性强，主要表现在抗寒、耐热、耐粗饲和在低营养条件下饲养等都具有良好的表现。在我国最寒冷的东北地区生存的东北民猪，能耐受冬季−30~−20℃的寒冷气候，在−15℃条件下还能产仔和哺乳。高原型猪的生活环境极其恶劣，气候寒冷，空气干燥，气压低，昼夜温差大，海拔一般都在 3000m 以上，仍能在野外放牧采食。在高温季节，我国地方猪种仍表现出良好的耐热能力，没有发现像长白猪热死的现象。

我国地方猪种耐粗饲能力主要表现在能大量利用青粗饲料和农副产品，能适应长期以青粗饲料为主的饲养方式，在低能量和低蛋白营养条件下，能获得相应的增重，甚至比国外猪种生长好。

### 3. 肉质优良

我国地方猪种肉质优良，主要表现在肌纤维细，肌束内肌纤维数量较多，系水力强，pH 高，肉色纹理好，香味浓郁，产生 PSE 肉和 DFD 肉（黑切肉）的情况极少。更突出的是肌间脂肪含量较高，据测定我国地方猪种肌间脂肪含量一般为 3% 左右。

### 4. 生长缓慢、饲料转化率低

我国地方猪种的生长速率慢，饲料利用率低，即使在全价饲料条件下，其性能水平仍低于国外引进品种。

### 5. 储脂力强，胴体瘦肉率低

我国地方猪种储脂能力强，表现在背膘较厚，一般为 4~5cm，花板油比例大，为胴体重的 2%~3%。胴体瘦肉率低，为 40% 左右。胴体瘦肉率、眼肌面积和后腿比例均不如国外培育猪种。

## 二、选择适合的杂交品种

选择杂交亲本品种除了考虑经济类型（脂肪型、兼用型和瘦肉型）、血缘关系和地理位置外，还应考虑市场对商品猪的要求及经济成本。亲本品种包括母本品种和父本品种、母本和父本要求不同。

（1）母本品种的选择。应当选择对当地饲养条件有最大适应性和数量多的当地猪种或当地改良猪种作母本品种。当地猪种或当地改良品种所要求的饲养条件容易符合或接近当地能够提供的饲养水平，充分发挥母本品种的遗传潜力。母本品种应当有很好的繁殖性能。我国的地方猪种最能适应当地的自然条件，母猪产仔多、母性好、泌乳力强、仔猪成活率高，而且地方猪种资源丰富，种猪来源容易解决，能够降低生产成本。在一些商品瘦肉猪出口基地，能够提供高水平的饲养条件，可以利用瘦肉型外来猪种作为母本品种。在瘦肉型外来品种中，大约克夏猪的适应性强，在耐粗饲、气候适应性和繁殖性能方面都优于其他品种。世界各国大多利用大约克夏猪作经济杂交的母本品种。

（2）父本品种的选择。父本品种的遗传性生产水平要高于母本品种。应当选择生长快、胴体瘦肉率和饲料利用率高的品种作父本。一般都选择那些经过长期定向培育的优良瘦肉型品种，如大约克夏猪、长白猪和杜洛克猪等。父本品种也应对当地气候环境条件有较好的适应性。如苏联大约克夏猪比较适应我国北方地区，而大约克夏猪则适应华中和华南地区。如果公猪对当地环境条件不适应，即使在良好的饲养条件下，也很难得到满意的杂交效果。父本品种与母本品种在经济类型、体形外貌、地区和起源方面有较大差异，杂交后杂种优势才能明显。

## 三、选择优良的杂交组合

（1）以我国地方猪种为母本进行二元杂交时，国外引进品种均可作为父本利用。常用的国外引进品种有长白猪和大约克夏猪。

（2）以我国地方猪种为母本进行杂交。三元杂交时以长白猪或大约克夏猪为第一父本、杜洛克猪或汉普夏猪为第二父本，杂交效果很好。当采用 D♂或 H♂×（W♂或 L♂×C♀）的模式时，会出现杂交仔猪毛色不一致的情况。以长白猪为第一父本、大约克夏猪为第二父本的杂交组合 W♂×（L♂×C♀）也有良好的杂交效果，杂交仔猪多为白色。（此处 D、H、W、L、C 分别是杜洛克猪、汉普夏猪、大约克夏猪、长白猪和本地猪的缩写）。

（3）国外引进品种之间的杂交。二元杂交一般以长白猪或大约克夏猪为母本，杜洛克猪或汉普夏猪为父本；三元杂交时，一般以长白猪为母本，大约克夏猪为第一父本，终端父本为杜洛克猪或汉普夏猪，也有用大约克夏猪作终端父本使用。

【任务总结】

任务总结如表 1-9 所示。

表 1-9 任务总结表

| | 内容 | 要点 |
|---|---|---|
| 知识 | 猪的品种介绍 | 1. 国外引进优良品种<br>2. 地方优良品种<br>3. 中国培育品种（系） |
| | 经济类型猪 | 1. 脂肪型<br>2. 瘦肉型<br>3. 兼用型 |
| | 杂交与杂种优势 | 1. 杂交和杂种优势的概念<br>2. 杂交方式<br>3. 影响杂种优势的因素分析 |
| 技能 | 常见猪种评价 | 1. 国外引进品种的共同特性<br>2. 我国地方猪种的共同特性 |
| | 选择适合的杂交品种 | 1. 母本品种的选择<br>2. 父本品种的选择 |
| | 选择优良的杂交组合 | 1. 以我国地方猪种为母本<br>2. 国外引进品种之间的杂交 |

## 🧩 课后自测

### 一、填空题

1. 我国地方猪种划分为华北型、（　　）、（　　）、（　　）、（　　）、（　　）六大类型，金华猪属于（　　）。

2. 我国地方猪种优良遗传特性有（　　）、（　　）、（　　）、（　　）。

3. 长白猪原产于（　　），大约克夏猪原产于（　　），杜洛克猪原产于（　　）。

4. 猪的经济类型可分为（　　）、（　　）、（　　）。

5. 杂交方式一般有（　　）、（　　）、（　　）、（　　）。

6. 我国主要培育品种猪有（　　）、（　　）、（　　）。

7. 荣昌猪属于我国地方猪种六大类型中的（　　）型。

8. 我国培育的第一个瘦肉型品种是（　　）。

9. 生产中多以东北民猪为（　　）本与国外引进猪种进行杂交。

### 二、名词解释

1. 杂种优势　2. 三品种经济杂交

### 三、选择题

1. 与我国地方猪种相比，主要引入猪种具有（　　）的种质特性。

A. 肉质优良　　　　　B. 胴体瘦肉率高　　　C. 耐粗饲　　　　　D. 抗病性强

2. （　　）属于华中型。

A. 荣昌猪　　　　　　B. 太湖猪　　　　　　C. 安康猪　　　　　D. 民猪

3. （　　）属于华北型。

A. 民猪　　　　　　　B. 金华猪　　　　　　C. 安康猪　　　　　D. 荣昌猪

4.（　　）属于我国培育猪种。

A．东北民猪　　　　　B．北京黑猪　　　　　C．金华猪

5．脂肪型品种的胴体瘦肉率一般占胴体的（　　）。

A．45% 以下　　　　　B．56% 以上　　　　　C．50% 以上　　　　　D．30% 以下

6．太湖猪是世界上（　　）的猪。

A．繁殖力最高、产仔数最多　　　　　B．生长速率最快

C．胴体瘦肉率最高　　　　　D．体型最大

## 四、判断题

（　　）1．养瘦肉型猪比兼用型和脂肪型猪更经济。

（　　）2．通常，猪的三品种杂交比两品种杂交的杂交效果要好。

（　　）3．脂肪型猪能够产生大量的脂肪，胴体瘦肉率在 45% 以下。

（　　）4．选择杂交母本时应注意选择在本地区分布广、数量多、繁殖力高的品种。

## 五、简答题

国外引进品种的猪种共同特性是什么？

# 任务 *1.5*　了解猪舍及养猪设备

## 【任务描述】

参观过程中，李涛认真了解了猪舍的构造、养猪的各种设备；懂得了应根据不同的生产类型和气候选择适合的猪舍类型，选用省时省力的养猪设备，以减轻劳动量，提高养猪效益。

## 【任务目标】

（1）能够根据生产需要确定猪舍类型。

（2）能够识别和使用常见养猪设备。

（3）了解猪舍的类型、养猪设备的名称和功能。

### 知　　识

猪的生产性能是遗传与环境共同作用的结果，猪舍是工厂化养猪的基础设施，在养猪生产中起着重要的作用。本节介绍了我国主要的猪舍类型及其优缺点。通过学习，读者可根据当地自然环境条件、生产规模、工艺流程、协作条件等因素确定适宜的猪舍类型，为高效养猪生产创造条件。

## 一、我国猪舍的主要类型

我国养猪历史悠久，在长期的生产实践中，根据不同的自然环境条件和社会经济条件，形成了多种多样建筑形式的猪舍。不同的猪场应综合考虑各自的具体条件，选择适用的猪舍类型。

猪舍类型的分类方法很多，习惯上按屋顶结构形式、墙壁结构和窗户有无、猪栏排列形式和用途等进行分类。

（一）按屋顶结构形式分类

猪舍按屋顶结构形式可分为单坡式、双坡式、联合式、平顶式、拱顶式、钟楼式、半钟楼式等类型。

1. 单坡式猪舍

单坡式猪舍的屋顶只有一个坡向，跨度较小，结构简单，用材较少，可就地取材，施工简单，造价低廉，因前面敞开无坡，采光充分，舍内阳光充足、干燥、通风良好；缺点是保温隔热性能差，土地及建筑面积利用率低，舍内净高低，不便于舍内操作。这种形式适合于跨度较小的单列式猪舍和小规模养猪场。

2. 双坡式猪舍

双坡式猪舍的屋顶有前后 2 个近乎等长的坡，是最基本的猪舍屋顶形式，目前在我国使用最为广泛，可用于各种跨度的猪舍。易于修建，造价较低，舍内通风、保温良好，若设吊顶（天棚）则保温隔热性能更好，可节约土地及建筑面积；缺点是对建筑材料要求较高，投资略大。这种形式适用于跨度较大的双列式或多列式猪舍和规模较大的猪场。

3. 联合式猪舍

联合式猪舍的屋顶有前后 2 个不等长的坡，一般前坡短，后坡长，因此又称为不对称坡式。与单坡式猪舍相比，前坡可遮风挡雨雪，采光略差，但保温性能大大提高，特点介于单坡式和双坡式猪舍之间，适合于跨度较小的猪舍和较小规模的猪场。

4. 平顶式猪舍

平顶式猪舍的屋顶近乎水平，多为预制板或现浇钢筋混凝土屋面板。随着建材工业的发展，平顶式猪舍的使用逐渐增多。其优点是可充分利用屋顶平台，节省木材，不需重设天棚，只要做好屋顶的保温和防水，保温隔热性能良好，使用年限长，使用效果好；但是存在着造价较高、屋面防水问题难以解决的缺点。

5. 拱顶式猪舍

拱顶式猪舍的屋顶呈圆拱形，也称圆顶坡式。其优点是节省木料，造价较低，坚固耐用，吊设顶棚后保温隔热性能较好；缺点是屋顶本身的保温隔热较差，不便于安装天窗，对施工技术要求较高等。

6. 钟楼式和半钟楼式猪舍

钟楼式和半钟楼式猪舍的屋顶是在双坡式猪舍屋顶上安装天窗，如只在阳面安装天窗即为半钟楼式，在两面或多面安装天窗称为钟楼式。其优点是天窗通风、换气好，有利于采光，夏季凉爽，防暑效果好；缺点是不利于保温和防寒，屋架结构复杂，用木料较多，投资较大。此种屋顶适用于炎热地区和跨度较大的猪舍，一般猪舍建筑中较少采用。

（二）按墙壁结构和窗户有无分类

猪舍按墙壁的结构即密封程度可分为开放式、半开放式和密闭式等类型。其中密闭式猪舍按窗户有无又可分为有窗式和无窗式密闭猪舍。

1. 开放式猪舍

开放式猪舍三面设墙，一面无墙，通常在南面不设墙。开放式猪舍结构简单，造价低廉，通风、采光均好，但是受外界环境影响较大，尤其是冬季的防寒难于解决。开放式猪舍适用于农村小型养猪场和专业户，在冬季可加设塑料薄膜以改善保温效果（图 1-23）。

图 1-23　开放式猪舍

2. 半开放式猪舍

半开放式猪舍三面设墙，一面设半截墙。其优缺点及使用效果与开放式猪舍接近，只是保温性能略好。冬季在开敞部分加设草帘或塑料薄膜等遮挡物可形成密封状态，能明显提高保温性能。

3. 有窗密闭式猪舍

有窗密闭式猪舍四面设墙，多在纵墙上设窗，窗的大小、数量和结构可依当地气候条件来定。寒冷地区可适当少设窗户，而且南窗宜大，北窗宜小，以利保温。夏季炎热地区可在两纵墙上设地窗，屋顶设通风管或天窗。这种猪舍的优点是猪舍与外界环境隔绝程度较高，猪舍保温隔热性能较好，不同季节可根据环境温度启闭窗户以调节通风量和保温，使用效果较好，特别是防寒效果较好；缺点是造价较高。这种形式适合于我国大部分地区，特别是北方地区以及分娩舍、保育舍和仔猪舍（图 1-24）。

4. 无窗密闭式猪舍

无窗密闭式猪舍四面设墙，与有窗猪舍不同的是墙上只设应急窗，仅供停电时急用，不作采光和通风之用。这种猪舍与外界自然环境隔绝程度较高，舍内的通风、光照、采暖等全靠人工设备调控，能给猪提供适宜的环境条件，有利于猪的生长发育，能够充分发挥猪的生长潜力，提高猪的生产性能和劳动生产率。缺点是猪舍建筑、设备等投资大，能耗和设备维修费用高，因而不适宜在我国推广，主要用于对环境条件要求较高的猪舍，如产房、仔猪舍等。

图 1-24 密闭式猪舍

（三）按猪栏排列形式分类

猪舍按猪栏的排列形式可分为单列式、双列式和多列式等类型（图 1-25）。

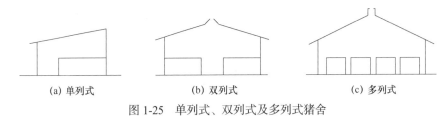

(a) 单列式　　　　　　(b) 双列式　　　　　　(c) 多列式

图 1-25 单列式、双列式及多列式猪舍

1. 单列式猪舍

单列式猪舍的跨度较小，猪栏排成一列，一般靠北墙设饲喂走道，舍外可设或不设运动场。其优点是结构简单，对建筑材料要求较低，通风采光良好，空气清新；缺点是土地及建筑面积利用率低，冬季保温能力差。这种猪舍适合于专业户养猪和饲养种猪。

2. 双列式猪舍

双列式猪舍的猪栏排成两列，中间设一走道，有的还在两边再各设一条清粪通道，优点是保温性能好，土地及建筑面积利用率较高，管理方便，便于机械化作业，但是北侧猪栏自然采光差，圈舍易潮湿，建造比较复杂，投资较大。这种猪舍适用于规模化猪场和饲养育肥猪。

3. 多列式猪舍

多列式猪舍的跨度较大，一般在 10m 以上，猪栏排列成三列、四列或更多列。多列式猪舍的猪栏集中，管理方便，土地及建筑面积利用率高，保温性能好；缺点是构造复杂，采光通风差，圈舍阴暗潮湿，空气差，容易传染疾病，一般应辅以机械强制通风，投资和运行费用较高。一般情况下不宜采用，主要用于大群饲养育肥猪。

（四）按猪舍的用途分类

不同年龄、不同性别和不同生理阶段的猪对环境条件的要求各不相同，因此，应根据猪的生理特点和生物学特性，设计建造不同用途的猪舍，这类猪舍分为五类，即种公猪舍、空怀母猪舍与妊娠母猪舍、分娩哺乳猪舍（分娩舍、产房）、保育舍、生长舍和育肥舍。不同猪舍的结构、样式、大小以及保温隔热性能等都有所不同。

### 1. 种公猪舍

种公猪必须单圈饲养，种公猪舍多采用带运动场的单列式。种公猪隔栏高度为 1.2～1.4m，每栏面积一般为 7～9m$^2$。种公猪舍应配置运动场，以保证种公猪有充足的运动，防止种公猪过肥，保证健康，从而提高精液品质，延长利用年限。

### 2. 空怀母猪舍及妊娠母猪舍

空怀母猪舍和妊娠母猪舍可设计成单列式、双列式或多列式。一般小规模猪场可采用带运动场的单列式，现代化猪场则多采用双列式或多列式。空怀母猪和妊娠母猪可采用群养，也可单养。群养时，通常每圈饲养空怀母猪 4～5 头或妊娠母猪 2～4 头。群养可提高猪舍的利用率，使空怀母猪间相互诱导发情，但母猪发情不容易检查，妊娠母猪也会发生因争食、咬架而导致死胎、流产等。单养（单体限位栏饲养，每个限位栏长 2.1m、宽 0.6m）便于发情鉴定、配种和定量饲喂，但母猪的运动量小，受胎率会有下降的趋向，难产和肢蹄病发病率会增多，从而会降低母猪的利用年限。妊娠母猪亦可采用隔栏定位采食，采食时，猪只进入小隔栏，平时则在大栏内自由活动，这样可以增加活动量，减少肢蹄病和难产，以延长母猪利用年限。

### 3. 分娩哺乳舍

分娩哺乳舍供母猪分娩、哺育仔猪用，其设计既要满足母猪需要，也要兼顾仔猪的要求。常采用三走道双列式的有窗密闭猪舍，舍内配置分娩栏，分设母猪限位区和仔猪活动栏 2 个部分。

### 4. 保育舍

保育舍也称仔猪培育舍，常采用密闭式猪舍。仔猪断奶后就原窝转入保育舍。仔猪因身体功能发育不完全，怕冷，抵抗力、免疫力差，易感染疾病，因此，保育舍要提供温暖、清洁的环境，配备专门的供暖设备，常采用地面或网上群养，每群 8～12 头。

### 5. 生长舍和育肥舍

生长育肥猪身体功能发育日趋完善，对不良环境条件具有较强的抵抗力，因此，可采用多种形式的圈舍饲养。生长舍和育肥舍可设计成单列式、双列式或多列式。生长育肥猪可划分为育成和育肥 2 个阶段，生产中为了减少猪群的转群次数，往往把这 2 个阶段合并成一个阶段饲养，多采用实体地面、部分漏缝地板或全部漏缝地板的地面群养，每群 10～20 头，每头猪占地面（栏底）面积 0.8～1.0m$^2$，采食宽度为 35～40cm。

## 二、猪舍的基本结构

一个猪舍的基本结构包括地基与基础、地面、墙壁、屋顶与天棚、门窗等，其中地面、墙壁、屋顶与天棚、门和窗等又统称为猪舍的外围护结构。猪舍的小气候状况在很大程度上取决于猪舍基本结构尤其是外围护结构的性能（图1-26）。

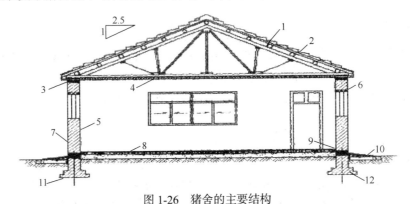

图 1-26　猪舍的主要结构

1. 屋架　2. 屋面　3. 圈梁　4. 吊顶　5. 墙裙　6. 钢筋砖过梁
7. 勒角　8. 地面　9. 踢脚　10. 散水　11. 地基　12. 基础

（一）地基与基础

猪舍的坚固性、耐久性和安全性与地基和基础有很大的关系，因此要求地基与基础必须具备足够大的强度和稳定性，以防止猪舍因沉降（下沉）过大或产生不均匀沉降而引起裂缝和倾斜，导致猪舍的整体结构受到影响。

1. 地基

支持整个建筑物的土层叫地基，可分为天然地基和人工地基。一般猪舍多直接建筑于天然地基上。天然地基的土层要求结实、土质一致、有足够的厚度、压缩性小，地下水位在 2m 以下。通常以一定厚度的沙壤土层或碎石土层较好。黏土、黄土、沙土；富含有机质和水分、膨胀性大的土层不宜用作地基。

2. 基础

基础是指猪舍墙壁埋入地下的部分。它直接承受猪舍的各种荷载并将荷载传给地基。墙壁和整个猪舍的坚固与稳定状况都取决于基础，因此基础应具备坚固、耐久、适当抗机械作用能力及防潮、抗震和抗冻能力。基础一般比墙宽 10～20cm，并呈梯形或阶梯形，以减少建筑物对地基的压力。基础埋深一般为 50～70cm，要求埋置在土层最大冻结深度之下，同时还要加强基础的防潮和防水能力。实践证明，加强基础的防潮和保温，对改善舍内小气候具有重要的意义。

（二）地面

地面是猪活动、采食、休息和排泄的主要场所，与猪及猪舍内小气候和卫生状况的关系十分密切。因此，要求地面坚实、致密、平整、不滑、不硬、有弹性，不透水、便于清扫和清洗消毒，导热性小、具有较高的保温性能。同时地面一般应保持一定坡度（3%~4%），以利于保持地面干燥。土质地面、三合土地面和砖地面保温性能好，但不坚固、易渗水，不便于清洗和消毒。水泥地面坚固耐用、平整，易于清洗消毒，但保温性能差。目前大多数猪舍地面为水泥地面，为增加保温，可在地面下层铺设孔隙较大的材料如炉灰渣、空心砖等。为防止雨水倒灌入舍内，一般舍内地面高出舍外30cm左右。

（三）墙壁

墙是基础以上露出地面的、将猪舍与外界隔开的外围护结构，可分为内墙与外墙、承重墙与隔断墙、纵墙与山墙等。猪舍墙壁要求具备坚固、耐久、抗震、耐水、防火、抗冻、结构简单、便于清扫消毒，同时还要具有良好的保温隔热性能。墙壁的保温隔热能力取决于建材的特性、墙体厚度以及墙壁的防潮、防水措施。

（四）屋顶与天棚

**1. 屋顶**

屋顶是猪舍顶部的承重构件和外围护结构，主要作用是承重、保温隔热、遮风挡雨和防太阳辐射。屋顶是猪舍冬季散热最多的部位，也是夏季吸收太阳能最多的部位。要求坚固、耐久、结构简单，有一定的承重能力和良好的保温隔热性能，光滑，有一定的坡度，不漏水、不透风，并能满足消防安全要求。

**2. 天棚**

天棚又称顶棚或天花板，是将猪舍与屋顶下空间隔开的结构，主要作用是使天棚与屋顶下的空间形成一个不流动的空气缓冲层，对猪舍的保温隔热具有重要作用，同时也有利于猪舍的通风换气。天棚必须具备保温、隔热、不透水、不透风、坚固、耐久、防潮、防火、光滑、结构简单轻便等特点。生产中关于天棚的保温隔热性能常有两个问题被忽视，一是天棚本身的导热性，二是天棚的严密性，前者是天棚能否起到保温隔热作用的关键，后者是天棚保温隔热的重要保证。

（五）门和窗

**1. 门**

猪舍的门属非承重的建筑配件，主要作用是交通和分割房间，有时兼具通风和采光的作用。门可分为内门和外门。舍内分间的门和附属建筑通向舍内的门称为内门，猪舍通向舍外的门称为外门。内门可根据需要设置，但外门一般每栋猪舍在两山墙或纵墙两端各设一洞，若在纵墙上设外门，应设在向阳背风的一侧。门必须具备坚固、结实、易于出入、向外开。门的宽度一般为1.0~1.5m，高度为2.0~2.4m。在寒冷地区，为加强门的保温作用，防止冷空气直接侵袭，通常增设门斗。其深度不应小于2.0m，宽度比门应大出1.0~1.2m。

### 2. 窗

窗户的主要作用是保证猪舍的自然采光和通风，同时还具有围护作用。窗户一般开在封闭式猪舍的两纵墙上，有的在屋顶上开天窗。窗户与猪舍的保温隔热、采光通风有着密切的关系。因此，窗户的大小（面积）、数量、形状、位置等应根据当地气候条件和不同生理阶段猪的需求进行合理设计，尤其是寒冷地区，必须兼顾采光、通风和保温，一般原则是在满足采光和夏季通风的基础上，尽量少设窗户。窗户的大小以有效采光面积对舍内地面面积之比即采光系数来计算，一般种猪舍为 1 :（10~12），育肥舍为 1 :（12~15）。窗底距地面为 1.1~1.3m，窗顶距屋檐为 0.2~0.5m。炎热地区南北窗的面积之比应保持在（1~2）: 1，寒冷地区则保持在（2~4）: 1。

## 三、猪舍类型的选择

猪舍的作用是为猪只提供一个适宜的环境，猪舍的不同类型，一方面影响舍内小气候，如温度、相对湿度、通风、光照等；另一方面影响猪舍环境改善的程度和控制能力，如开放式猪舍的小环境条件受到舍外自然环境条件的影响很大，不利于采用环境控制设施和手段。因此，根据猪的需求和当地的气候条件，同时考虑场内外其他因素，来确定适宜的猪舍类型十分重要。猪舍类型的选择可参考表 1-10。

**表 1-10 猪舍建筑气候分区**

| 气候区域 | 1 月份平均气温/℃ | 7 月份平均气温/℃ | 相对湿度/% | 建筑要求 | 应选择的畜舍类型 |
|---|---|---|---|---|---|
| I 区 | −30~−10 | 5~26 | — | 防寒、保温、供暖 | 密闭式 |
| II 区 | −10~−5 | 17~29 | 50~70 | 冬季保温、夏季通风 | 半开放式或密闭式 |
| III 区 | −2~11 | 27~30 | 70~87 | 夏季降温、通风防潮 | 开放式、半开放式或有窗式 |
| IV 区 | 10 以上 | 27 以上 | 75~80 | 夏季降温、通风、遮阳隔热 | 开放式、半开放式或有窗式 |
| V 区 | 5 以上 | 18~28 | 70~80 | 冬暖夏凉 | 开放式、半开放式或有窗式 |

## 四、猪场的主要设备

猪场的设备延伸了人类的管理能力，是合理提高饲养密度、调控舍内环境、搞好卫生防疫和防止环境污染的重要保证。合理配置养猪设备，可以提高劳动生产率，改善猪只福利，提高生产性能和产品的质量，从而保证猪场的经济效益。

猪场的主要设备包括各种猪栏，饲喂设备，供水饮水设备，饲料加工、储存、运送设备和工具，饲养设备，供热保温与通风降温设备，粪尿处理设备，卫生防疫和检测仪器等。

### （一）猪栏

猪栏是限制猪的活动范围的防护设备（施），为猪只的活动、生长发育提供了场所，也便于饲养人员的管理。猪栏一般分为种公猪栏、配种栏、妊娠栏、分娩栏、保育栏、生长育肥栏等。猪栏的基本结构和基本参数应符合 GB/T 17824.3—2008 的规定。

1. 种公猪栏

种公猪栏面积一般为 7~9m²，栏高 1.2~1.4m，每栏饲养 1 头种公猪。栅栏可以是金属结构，也可以是混凝土结构，栏门均采用金属结构。

2. 配种栏

配种栏有 2 种：一种是采用种公猪栏，将公猪、母猪驱赶到栏中进行配种。另一种是由四个饲养空怀待配母猪的单体限位栏与一个种公猪栏组成的一个配种单元，公猪饲养在空怀母猪后面的栏中。这种配种栏，公猪、母猪饲养在一起，具有利用公猪诱导空怀母猪提前发情，缩短空怀期，便于配种，不必专设配种栏的优点。

3. 妊娠栏

妊娠栏在集约化和工厂化养猪多采用母猪单体限位栏（图 1-27），用钢管焊接而成，由两侧栏架和前门、后门组成。前门处安装食槽和饮水器，栏长 2.1m、宽 0.6m、高 0.96m，饲养空怀及妊娠母猪。与群养相比，优点是便于观察发情，及时配种，避免母猪采食争斗，易掌握喂量，控制膘情，预防流产；缺点是会限制母猪运动，母猪容易出现四肢软弱或肢蹄病，繁殖性能有降低的趋势。

4. 分娩栏

分娩栏是一种单体栏，是母猪分娩、哺乳和仔猪活动的场所。分娩栏的中间为母猪限位架，母猪限位架一般采用圆钢管和铝合金制成，长 2.0~2.1m、宽 0.55~0.65m、高 1.0m。两侧是仔猪围栏，用于隔离仔猪，仔猪在围栏内采食、饮水、取暖和活动。分娩栏一般长 2.0~2.1m、宽 1.65~2.0m，仔猪围栏高 0.4~0.5m。

高床分娩栏（图 1-28）是将金属漏缝地板铺设在粪尿沟的上面，再在金属漏缝地板网上安装母猪限位架、仔猪围栏、仔猪保温箱等。

图 1-27 普通型母猪单体限位栏

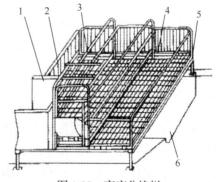

图 1-28 高床分娩栏

1. 仔猪保温箱 2. 仔猪围栏 3. 母猪限位架
4. 钢筋编织板网 5. 支腿 6. 粪尿沟

5. 保育栏

现代化猪场多采用高床网上保育栏，主要由金属漏缝地板网、围栏、自动食槽、连接杆、支腿、粪尿沟等部分组成，相邻两栏在间隔处设有一个双面自动食槽，供两栏仔猪自由采食，每栏各安装一个自动饮水器。常用保育栏长 2m、宽 1.7m、高 0.7m，离地面高度为 0.25～0.30m，可饲养 10～25kg 体重的仔猪 10～12 头（图 1-29）。

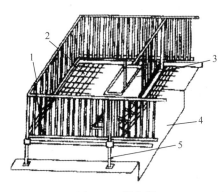

图 1-29　保育栏

1. 连接杆　2. 金属漏缝地板网　3. 自动食槽
4. 粪尿沟　5. 支腿

6. 生长育肥猪栏

生长育肥猪栏常用的有以下 2 种：一种是采用全金属栅栏加水泥漏缝地板条，也就是全金属栅栏架安装在钢筋混凝土板条地面上，相邻两栏在间隔栏处设有一个双面自动饲槽，供两栏内的猪自由采食，每栏各安装 1 个自动饮水器。另一种是采用实体隔墙加金属栏门，地面为水泥地面，后部设有 0.8～1.0m 宽的水泥漏缝地板，下面为粪尿沟。实体隔墙可采用水泥抹面的砖砌结构，也可采用混凝土预制件。常用生长育肥猪栏长 3m，宽 2.5m、高 1m。

（二）饲喂设备

猪场喂料方式可分为机械喂料和人工喂料 2 种。机械喂料是将饲料加工厂加工好的全价配合饲料，用饲料散装运输车直接送到猪场的饲料储存塔中，然后用输送机送到猪舍内的自动食槽或限量食槽内进行饲喂。这种饲喂方法，饲料新鲜，不受污染，减少了包装、装卸和散漏损失，还可实现机械化、自动化，从而提高了劳动生产率，但设备造价高，成本大，对电的依赖性大，因此，只在少数现代化猪场采用。

目前，大多数猪场以人工喂料为主，即由人工将饲料投到自动食槽或限量食槽。人工喂料劳动强度大，效率低，饲料装卸、运送损失大，又易污染，但所需设备较少，投资小，适宜运送各种形态的饲料；不需要电力，任何地方都可采用。

无论采用哪种喂料方式，都必须使用食槽。根据饲喂制度（自由采食和限量饲喂）的不同，把食槽分为自动食槽和限量食槽 2 种。

1. 自动食槽

自动食槽就是在食槽的顶部装有饲料储存箱，储存一定量的饲料，当猪吃完食槽中的饲料时，储料箱中的饲料在重力的作用下会自动落入食槽内。自动食槽可用钢板制造，也可以用水泥预制件拼装，有双面和单面 2 种形式。双面自动食槽供 2 个猪栏共用，单面自动食槽供一个猪栏用（图 1-30）。自动食槽适用于保育猪、生长猪和育肥猪。各类自动猪食槽的主要结构参数见表 1-11。

表 1-11　各类自动猪食槽的主要结构参数

| 猪的类别 | 高度 H/mm | 前缘高度 Y/mm | 最大宽度 L/mm | 采食间隙 b/mm |
|---|---|---|---|---|
| 保育猪 | 600 | 120 | 600 | 180 |
| 生长猪 | 800 | 160 | 650 | 230 |
| 育肥猪 | 900 | 180 | 800 | 330 |

#### 2. 限量食槽

限量食槽（图 1-31）用于需要限量饲喂的猪群，一般用水泥制成，造价低廉，坚固耐用，也可用钢板或其他材料制成。

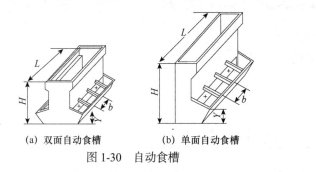

(a) 双面自动食槽　　(b) 单面自动食槽

图 1-30　自动食槽

图 1-31　限量食槽

### （三）供水饮水设备

供水饮水设备是现代化猪场必不可少的设备，主要包括供水设备、供水管道和自动饮水器等。

#### 1. 供水设备

猪场供水设备主要包括水的提取、储存、调节、输送、分配等部分。现代化猪场的供水一般都是采用压力供水。水塔或无塔供水设备是供水系统中的重要组成部分，要有适当的容积和压力，容积应能保证猪场 2 天左右的用水量。

#### 2. 供水管道

供水管道的设计施工应符合给排水规范要求，可选择 PVC 或 PPR 等塑料供水管材，也可使用铁质管材，但应做好防腐处理。室外供水管应埋至冻土层以下，防止冬季冻结。

#### 3. 自动饮水器

猪用自动饮水器的种类很多，有鸭嘴式、乳头式、杯式等，应用最为普遍的是鸭嘴式自动饮水器（图 1-32）。鸭嘴式自动饮水器结构简单，耐腐蚀，寿命长，密封性能好，不漏水，流速较低，符合猪饮水要求。

除上述猪栏、饲喂设备和供水饮水设备外，现代化养猪场的设备还有供热保温与通风降温设备、清洗消毒设备、粪尿处理设备、运输设备、卫生防疫和检测仪器以及标记用具与套口器等。

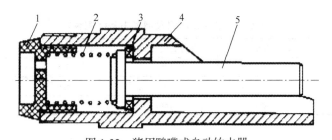

图 1-32 猪用鸭嘴式自动饮水器

1. 塞盖 2. 弹簧 3. 密封胶圈 4. 阀体 5. 阀杆

 **技 能**

（1）对猪舍构造进行观察和评价。

（2）对养猪设备进行观察和应用。

**【任务总结】**

任务总结如表 1-12 所示。

表 1-12 任务总结表

| | 内容 | 要点 |
|---|---|---|
| 知识 | 我国猪舍的主要形式 | 1. 按屋顶结构形式分类<br>2. 按墙壁结构和窗户有无分类<br>3. 按猪栏排列形式分类<br>4. 按猪舍用途分类 |
| | 猪舍的基本结构 | 地基与基础、地面、墙壁、屋顶与天棚、门和窗 |
| | 猪舍类型的选择 | 气候、环境 |
| | 养猪场主要设备 | 1. 猪栏<br>2. 饲喂设备<br>3. 供水饮水设备 |
| 技能 | 对猪舍构造进行观察和评价 | 猪舍类型归类、构造优缺点评价 |
| | 对养猪设备进行观察和应用 | 设备识别与应用 |

**课后自测**

**一、填空题**

1. 按猪舍屋顶的结构形式可分为（　　）、双坡式、联合式、（　　）、拱顶式、（　　）、半钟楼式等猪舍类型。

2. 按猪舍墙壁的结构即密封程度可分为（　　）、（　　）和密闭式猪舍。其中密闭式猪舍按窗户有无又可分为（　　）和无窗式密闭猪舍。

3. 按猪栏的排列方式又可分为（　　）、（　　）和（　　）猪舍。

4. 根据猪的生理特点和生物学特性，可设计建造不同用途的猪舍，即（　　）、空怀母猪舍与妊娠母猪舍、分娩哺乳猪舍（分娩舍、产房）、（　　）、生长舍和育肥舍。

5．一个猪舍的基本结构包括地基与（　　　）、地面、墙壁、屋顶与天棚、门和窗等。

6．猪场的主要设备包括各种猪栏，（　　　），供水饮水设备，饲料加工、储存运送设备和工具、饲养设备，供热保温与通风降温设备，粪尿处理设备，卫生防疫和检测仪器等。

7．种公猪栏面积一般为（　　　）m²，栏高（　　　）m，每栏饲养1头种公猪。

8．集约化和工厂化养猪多采用母猪（　　　）。

9．分娩栏是一种单体栏，是母猪（　　　）、哺乳和仔猪活动的场所。

10．猪场喂料方式可分为（　　　）和（　　　）2种。

## 二、画图题

请画出单列式、双列式和多列式猪舍示意图。

# 项 目 2

# 饲养管理
# 育肥猪

### ■ 情景描述

经过前期参观，李涛对现代化养猪生产有了基本的了解。李场长首先安排他饲养一批育肥猪。在饲养育肥猪的过程中，有哪些注意事项呢？

### ■ 学习目标

**能力目标**：能够创建育肥猪生长的适宜环境，能够对育肥猪生产力进行分析；评价肉质的好坏；调教猪群。

**知识目标**：掌握育肥猪生长的适宜环境；影响育肥猪生产力的因素；肉质评定的指标；猪的生物学特性。

**素质目标**：吃苦耐劳，不怕脏、不怕累，爱护动物。

# 任务 *2.1*　育肥猪猪舍环境的控制

## 【任务描述】

育肥猪饲养相对来说比较简单，但环境对育肥猪生产的影响是比较大的，控制好猪舍的温度、湿度、光照等环境因素是作为一名饲养员必须完成的工作任务。

## 【任务目标】

（1）能够根据猪只需要，创建适合猪只的环境条件。

（2）掌握育肥猪对温度、湿度、空气等环境条件的要求。

（3）关爱动物，严谨认真，安全操作。

### 知　识

猪舍依靠外围护结构，不同程度地与外界自然环境隔绝，从而形成舍内小气候，此时就需要通过有效的措施，创造适宜的生活环境，以保证猪生产性能的充分发挥。

## 一、影响猪生长的环境因素

影响猪的环境因素有物理性、化学性和生物性因素，概括起来主要有以下几个方面。

### （一）温度

猪是恒温动物，适宜的环境温度是保证猪正常生长发育、繁殖和生产的先决环境条件。不同品种、类型和年龄的猪所需的适宜温度各不相同，随着日龄和体重的增长，所需环境的温度会逐渐下降。

从猪的增重速率、饲料转换率、抗病力和繁殖力等多方面综合考虑，断奶后猪的适宜温度应保持在 15～23℃，哺乳仔猪为 25～35℃。

### （二）相对湿度

猪舍内空气相对湿度对猪的影响是多方面的，多与环境温度协同作用，对猪的健康和生产性能产生影响。生产中常用相对湿度来衡量空气的潮湿程度，一般高湿的影响较大，因此，应尽量保持猪舍的相对干燥。猪舍适宜的相对湿度为 50%～75%。

### （三）通风

通风与温度、湿度共同作用于猪体，主要影响猪的体热散失，适当的通风还可排除猪舍内的污浊气体和多余水汽。正常温度下，猪舍内通风的气流速率以 0.1～0.2m/s 为宜，最高不要超过 0.25m/s。通风时切忌"贼风"侵袭。

### （四）光照

光照按光源分为自然光照和人工光照，对猪的生长发育、健康、繁殖、生产力以及生产人员的操作均有影响。一般情况下，适宜育肥猪群的生长光照强度为 3～5lx，光照时间为 8～12h，其他猪群为 5～10lx 和 14～18h。

（五）有害气体

猪舍内的有害气体主要有氨气、硫化氢、二氧化碳和一氧化碳等。有害气体在猪舍内的产生和累积浓度，取决于猪舍的密封程度、通风条件、饲养密度和排泄物处理等因素。

一般猪舍内有害气体的浓度应控制在下列范围：氨气在分娩哺乳舍不超过 15mg/m³，其他猪舍不超过 20mg/m³；硫化氢在所有猪舍都不超过 10mg/m³；二氧化碳在所有猪舍的空气中含量不超过 0.2%；一氧化碳在妊娠及带仔母猪舍、分娩哺乳舍及断奶仔猪舍不超过 5mg/m³，种公猪舍、空怀母猪舍及生长舍不超过 15mg/m³，育肥舍不超过 20mg/m³。

（六）噪声

噪声一般是由外界传入猪舍，或由舍内机械运转和猪自身产生的。目前我国还没有制定猪场噪声控制的标准，通常，10 周龄以内的仔猪舍噪声不得超过 65dB，其他猪舍不超过 80～85dB。

（七）有害生物

猪舍内的有害生物主要有各种病原微生物、媒介生物和老鼠等。媒介生物是指传播疾病的节肢动物。对有害生物不能忽视，必须采取有效措施予以杀灭。

## 二、猪舍的环境控制

根据当地自然环境条件和猪场具体情况，通过建造有利于猪只生存和生产的不同类型的猪舍及环境设施，来克服自然气候对养猪生产的不良影响，称为猪舍的环境控制。猪舍的环境控制主要有下列几个方面。

（一）猪舍内的温度控制

猪舍内的温度控制主要通过外围护结构的保温隔热、猪舍的防暑降温来实现。

1. 猪舍的保温隔热

建设猪舍应通过保温隔热设计，选用热阻大的建筑材料。通过猪舍的外围护结构，在寒冷季节，将猪舍内的热能保存下来，防止向舍外散失；在炎热的季节，隔断太阳辐射热传入舍内，防止舍内温度升高，从而形成冬暖夏凉的猪舍小环境。

在猪舍的外围护结构中，屋顶面积最大，冬季散热和夏季吸热最多，因此，必须选用导热性小的材料建造屋顶，并且要有一定的建筑厚度。在屋顶铺设保温层和进行吊顶，可明显增强保温隔热的效果。

墙壁应选用热阻大的建筑材料，可利用空心砖或空心墙体，并在其中填充隔热材料，可明显提高墙壁的热阻，取得较好的保温隔热效果。

在寒冷地区应在能满足采光或夏季通风的前提下，尽量少设门窗，尤其是地窗和北窗，可加设门斗。窗户应设双层，气温低的月份还可挂草帘或棉帘保暖。

在冬季，地面的散热很大，可在猪舍不同部位采用不同材料的地面增加保温性能。猪床可用保温性能好、富有弹性、质地柔软的材料，其他部位可用坚实、不透水、易消毒、导热性小的材料。

减小外围护结构的表面积，可明显提高保温效果。在以防寒为主的地区，在不影响饲养管理的前提下，应适当降低猪舍的高度，以檐高 2.2～2.5m 为宜。在炎热地区，应适当增加猪舍的高度，可采用钟楼式屋顶有利于防暑。

### 2. 猪舍的防暑降温

炎热夏季，太阳辐射强度大，气温高，昼夜温差小，持续时间长，采取有效的防暑降温措施，降低猪舍内的温度十分重要。防暑降温方法很多，采用机械制冷的方法效果最好，但设备和运行费用较高，一般不采用。常用的防暑降温方法如下所述。

（1）通风降温。通风分为自然通风和机械强制通风 2 种。自然通风是指多开门窗，增设地窗，使猪舍内形成穿堂风；对于炎热气候和跨度较大的猪舍，可采用机械强制通风，形成较强的气流，从而增强降温效果。

（2）蒸发降温。可向屋顶、地面、猪体上喷洒冷水，靠水分蒸发吸热而降低舍内温度，这种方法会使舍内的湿度增大，所以应间歇喷洒。同时，此法在高湿气候条件下，水分蒸发有限，故降温效果也不明显。

（3）湿帘-风机降温系统。这是一种生产性降温设备，由湿帘、风机、循环水路及控制装置组成，主要是靠水汽蒸发降温，也有通风降温的作用，降温效果十分明显。

此外，常用的其他降温措施还有在猪舍外搭设遮阳棚，屋顶墙壁涂白，搞好场区绿化，降低饲养密度，以及供应清凉、洁净、充足的饮水等。

### （二）猪舍内相对湿度、通风与有害气体的控制

猪舍内的相对湿度与有害气体可通过通风来控制。猪舍相对湿度很少出现较低的情况，如果猪舍相对湿度较低可通过地面洒水或结合带猪喷雾消毒来提高相对湿度。相对湿度高时可通过通风排除多余的水汽，同时排除有害气体。通风分自然通风和机械通风 2 种方式。

### 1. 自然通风

自然通风是靠舍内外的温差和气压差实现的。猪舍内气温高于舍外时，舍外空气从猪舍下部的窗户、通风口和墙壁缝隙进入舍内，舍内的热空气上升，从猪舍上部的通风口、窗户和缝隙排出舍外，这称为"热压通风"。舍外刮风时，风从迎风面的门、窗户、洞口和墙壁缝隙进入舍内，从背风面和两侧墙的门、窗或洞口排出，称为"风压通风"。

### 2. 机械通风

猪舍的机械通风分为以下 3 种方式。

（1）负压通风。用风机把猪舍内污浊的空气抽到舍外，使舍内的气压低于舍外而形成负压，舍外的空气从门窗或进风口进入舍内。

（2）正压通风。用风机将风强制送入猪舍内，使舍内气压高于舍外，从而使舍内污浊空气被压出舍外。

（3）联合通风。同时利用风机送风和排风。

冬季通风与保温是一对矛盾，不能为保温而忽视通风，一般情况下，冬季通风以舍温下降不超过 2℃为宜。

（三）猪舍内光照的控制

光照按光源分为自然光照和人工光照。自然光照是利用阳光照射采光，节约能源，但光照时间、强度和照度均匀度难以控制，特别是在跨度较大的猪舍。当自然光照不能满足需要时，或者是在无窗猪舍，必须采用人工光照。

以自然采光为主的猪舍设计建造时，应保证适宜的采光系数（门窗等透光构件的有效透光面积与猪舍地面面积之比），一般育肥舍为 1∶（12～15），分娩哺乳舍、种公猪舍为 1∶（10～12），保育舍为 1∶10；还要保证入射角不小于 45°，透光角不小于 25°（图 2-1）。人工光照多采用白炽灯或荧光灯作光源，要求照度均匀，能满足猪只对光照的需求。

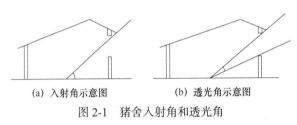

(a) 入射角示意图　　　　(b) 透光角示意图

图 2-1　猪舍入射角和透光角

（四）有害生物的控制

猪场有害生物控制的有效方法是建立生物安全体系。生物安全体系是指采取必要的措施，最大限度地减少各种物理性、化学性和生物性致病因子对动物造成危害的一种动物生产体系。

生物安全体系是目前最经济、最有效的传染病控制方法，同时也是所有传染病预防的前提。它将疾病的综合性防治作为一项系统工程，在空间上重视整个生产系统中各部分的联系，在时间上将最佳的饲养管理条件和传染病综合防治措施贯穿于猪养殖生产的全过程，强调了不同生产环节之间的联系及其对猪健康的影响。该体系集饲养管理和疾病预防为一体，通过阻止各种致病因子的侵入，以防止猪群受到疾病的危害，不仅对疾病的综合性防治具有重要意义，而且对提高猪的生长性能，保证其处于最佳生长状态也是必不可少的。因此，它是猪传染病综合防治措施在集约化养殖条件下的发展和完善。

就猪生产而言，生物安全体系主要包括猪场的选址与规划布局，环境的隔离，生产制度确定，消毒，人员、物品流动的控制，免疫程序，主要传染病的监测和废弃物的管理等。

有害生物控制的基本措施如下所述。

1. 搞好猪场的卫生管理

（1）保持舍内干燥、清洁，每天清扫猪舍，清理生产垃圾，清除粪便，清洗刷拭地面、猪栏及用具。

（2）保持饲料及饲喂用具的清洁卫生，不喂发霉变质及来路不明的饲料，定期对饲喂用具进行清洗消毒。

（3）在保持舍内温暖干燥的同时，适时通风换气，排除猪舍内有害气体，保持舍内空气新鲜。

2. 搞好猪场的防疫管理

（1）建立健全并严格执行卫生防疫制度，认真贯彻落实"以防为主、防治结合"的基本原则。

（2）认真贯彻落实严格检疫、封锁隔离的制度。

（3）建立健全并严格执行消毒制度。消毒可分为终端消毒、即时消毒和日常消毒。门口设立消毒池，定期更换消毒液，交替更换使用几种广谱、高效、低毒的消毒液进行环境、栏舍、用具及猪体消毒。

（4）建立科学的免疫程序，选用优质疫（菌）苗进行免疫接种。

3. 做好药物保健工作

正确选择并交替使用保健药物，采用科学的投药方法，严格控制药物的剂量。

4. 严格处理病猪、死猪

对病猪应进行隔离观察治疗，对死猪的尸体要进行无害化处理。

5. 消灭老鼠和媒介生物

（1）灭鼠。老鼠会偷吃饲料，一只老鼠一年能吃 12kg 饲料，可造成巨大的饲料浪费。老鼠还会传播病原微生物，并咬坏麻袋、水管、电线、保温材料等，因此必须做好灭鼠工作。通常采用对人、畜低毒的灭鼠药进行灭鼠。投药灭鼠要全场同步进行，合理分布投药点，并及时无害化处理鼠尸。

（2）消灭蚊、蝇、蠓、蜱、螨、虱、蚤、白蛉、虻、蚋等寄生虫和吸血昆虫，减少或防止媒介生物对猪只的侵袭和传播疾病。可选用敌百虫、敌敌畏、倍硫磷等杀虫药物杀灭媒介生物，使用时应注意对人、猪的防护，防止引起中毒。另外，在猪舍门、窗上应安装纱网，可有效防止蚊、蝇的袭扰。

（3）控制其他动物。猪场内不得饲养犬、猫等动物，以免传播弓形虫病，还要防止其他动物入侵猪场。

## 三、猪场的环境保护

目前，我国的养猪生产正在由小规模、分散、农牧结合方式快速向集约化、规模化、工厂化生产方式转变。猪场每年会产生大量的粪尿与污水等废弃物，如果处理不当，很容易对周围环境造成严重污染。因此，加强猪场的环境保护，合理利用废弃物，减少对环境的污染，是养猪生产必须解决的问题。

（一）猪场对环境的污染

猪场对环境的污染主要是对大气、水源和土壤的污染。猪场所产生的污染物主要包括粪尿、污水、有害气体、噪声及病原微生物等。据推测，一个 10 万头猪场，每天可产生鲜粪 80t、污水 260t，向大气中排放氨气 3820kg、硫化氢 350kg、粉尘 620kg 和近 4000万个细菌，这些污染物会形成严重的环境污染。因此，对于猪场污染的防治，必须给予足够的重视。

（二）猪场环境的保护措施

为了避免猪场对周围环境造成污染，保护猪场环境，从猪场设计、建造到生产过程中，都必须采取有效的措施。

1. 科学设计规划猪场规模

在猪场建场时，应选择适宜的场址，进行合理的总体规划布局，设计必要的粪尿和污水处理设施，选择先进的处理设备和处理方法，做到猪场与废弃物处理同时设计、同时建设、同时投产。

搞好猪场绿化，改善大气环境是净化猪场空气的有效措施。猪场绿化对于防暑降温、防火防疫、调节和改善场区小气候具有明显的作用。植物的光合作用可以减轻热辐射80%，减少细菌含量 22%～79%，除尘 35%～67%，除臭 50%，减少有害气体含量 25%，还有防风、防噪声和防火的作用。另外，猪场的绿化是美化环境的重要措施。

猪场污染物的排放量与生产规模成正比。设计猪场时，必须充分考虑污染物的处理能力，做到生产规模与处理能力相适应，以保证全部污染物得到及时有效的处理。

2. 改善饲养管理，减少污染物排放量

按猪的饲养标准科学配制猪日粮，加强饲养管理，提高饲料转化率，不仅能够减少饲料浪费，还能减少排泄物中养分含量，这是降低猪粪尿对环境造成污染的根本措施。

大量的研究结果证明，在猪日粮中添加植酸酶可显著提高植物性饲料中植酸磷的利用效率，使猪粪中磷的含量减少 50% 以上，被公认为是降低磷排放量最有效的方法。饲料中添加纤维素酶和蛋白酶等消化酶，可以减少粪尿排放量和粪尿中的含氮量。按照理想的蛋白质模式配制平衡日粮，合理地添加人工合成的氨基酸，适当降低饲料中蛋白质的含量，可提高饲料中蛋白质的利用率，使粪尿中氮的排放量减少 30%～45%。在饲料中合理添加脂肪，可提高能量水平，显著降低粪尿的排放量。

3. 农牧结合，生态养殖

农牧结合、生态养殖就是利用生物的自生与共生原理，实行种养结合和综合养殖，有利于生态平衡和环境保护，以实现生态农业的良性循环。将猪的粪尿进行堆积发酵、腐熟后可作为农作物的优质有机肥料，既能防止污染，又能改良土壤结构，提高农作物产量。一个 1 万头规模的养猪场，每年随粪尿排放近 100t 氮和 30t 磷，如果实行农牧结合、种养结合，可满足 3000 亩（1 亩≈666.7m²）农作物一年的氮肥和磷肥的需要，又能消除环境污染。生态综合养殖，实行"猪-鱼-沼气-鱼"相结合或"猪-沼气-加工"相结合，可有效保护环境，增加收入。由此可见，农牧结合、生态养殖、适度规模经营、化污为肥、变废为宝，是实现农业生产良性循环、经济、有效、适合国情的好途径。

4. 科学处理和利用猪场的粪尿和污水

（1）猪场粪尿和污水处理的基本原则。第一，做好源头控制，采用用水量少的饲养工艺，使粪尿和污水分流，减少污水量和污水中污染物的浓度，并使固体粪便便于处理利用。第二，做好资源化处理，种养结合，生态养殖，变废为宝，实现养猪生产的良性循环，达到无废排放。第三，做到因地制宜，粪尿和污水处理工程要充分利用当地的自然条件和地理优势，采取先进的工艺和设备，避免二次污染。

（2）猪场粪尿和污水的处理方法。猪场粪尿和污水的处理方法可分为物理处理法、化学处理法和生物处理法。物理处理法是将污水中的悬浮物、油类以及固体物质分离出来，包括固液分离法、沉淀法、过滤法等。化学处理法是采用化学反应，使污水中的污染物发生化学变化而改变其性质，包括中和法、絮凝沉淀法、氧化还原法等，化学方法由于需要使用大量的化学药剂，费用较高，且存在二次污染问题，故应用较少。生物处理法是利用微生物的代谢作用，分解污水中的有机物而达到净化的目的，其根据微生物的需氧与否，分为有氧处理和厌氧处理 2 种。

（3）猪场粪尿和污水的利用。猪场粪尿及污水的合理利用，既可以防止环境污染，又能变废为宝。采取的方法主要是用作肥料、用作制沼气的原料、用作饲料和培养料等。

5. 生物除臭，净化空气

臭气是猪场环境控制的一个重要问题。猪场的臭气来自猪排泄的粪尿及污水中有机物的分解等，对人和猪都带来很大的危害。目前猪场主要使用除臭剂来排除臭气，有的制剂不仅能有效除臭，还能使猪只增重、预防疾病和改善猪肉品质。如除臭灵可降低猪场空气中氨气含量的 33.4%，沸石、膨润土、蛭石等吸附剂也有吸附除臭、降低有害气体浓度的作用，硫酸亚铁能抑制粪便的发酵分解，过磷酸钙可消除粪便中的氨气等。

**技　能**

（1）用温度计、湿度计测量猪舍温度和相对湿度，并根据猪场制定标准进行正确的调节。

（2）测量猪舍空气质量并进行评价和调节。

**【任务总结】**

任务总结如表 2-1 所示。

表 2-1 任务总结表

| 内容 | | 要点 |
|---|---|---|
| 知识 | 影响猪生长的环境因素 | 1. 温度<br>2. 相对湿度<br>3. 通风<br>4. 光照<br>5. 有害气体<br>6. 噪声<br>7. 有害生物 |
| | 猪舍的环境控制 | 1. 猪舍内温度的控制<br>2. 猪舍内相对湿度、通风与有害气体的控制<br>3. 猪舍内光照的控制<br>4. 有害生物的控制 |
| | 猪场的环境保护 | 1. 猪对环境的污染<br>2. 猪场环境保护的措施 |
| 技能 | 温度计、湿度计的使用 | 操作规范、正确 |
| | 空气质量测量 | 操作规范、正确 |

**课后自测**

**一、填空题**

1. 猪是（    ）温动物，适宜的环境温度是保证猪正常生长发育、繁殖和生产的先决环境条件。

2. 断奶后猪的适宜温度应保持在（    ），哺乳仔猪为（    ）。

3. 猪适宜的相对湿度为（    ）。

4. 正常温度下，猪舍内通风的气流速率以（    ）为宜，最高不要超过 0.25m/s。通风时切忌（    ）侵袭。

5. 光照按光源分为（    ）和（    ）。

6. 一般情况下，生长育肥猪群的光照强度为（    ），光照时间为（    ），其他猪群为 5～10lx 和 14～18h。

7. 猪舍内的有害气体主要有（    ）、（    ）、（    ）和一氧化碳等。

8. 通常，10 周龄以内的仔猪舍噪声不得超过（    ），其他猪舍不超过（    ）。

9. 通风分为（    ）和（    ）2 种。

10. 猪舍的机械通风分为（    ）、（    ）、（    ）3 种方式。

11. 猪场对环境的污染主要是对（    ）、（    ）和土壤的污染。

12. 从经济效益、生态效益考虑，有人建议猪场以年产（    ）头育肥猪为宜。

**二、名词解释**

热压通风

## 三、简答题

1. 影响猪的环境因素中物理性、化学性和生物性因素有哪些？
2. 一般猪舍内有害气体的浓度应控制在什么范围？
3. 常用的防暑降温方法有哪些？
4. 搞好猪场的卫生管理应做好哪些工作？

# 任务 2.2　育肥猪的营养提供与管理

## 【任务描述】

作为一名育肥猪饲养员，为猪提供饲料是最基本的岗位工作。本任务主要介绍育肥猪的营养需求，饲料的类型和调制方法，以及如何选择适宜的育肥方式。

## 【任务目标】

（1）了解育肥猪的营养需求。
（2）能够正确调制饲料。
（3）严谨认真，计算准确，认真饲喂。

### 知　识

仔猪断奶后就进入了生长育肥阶段，在这一阶段消耗了其一生所需饲料的 75%～80%，占养猪总成本的 50%～60%，因此，这一阶段的营养与饲料利用率对养猪整体效益至关重要。

## 一、育肥猪的营养需求

（1）体重在 60kg 以下的生长育肥猪，能量摄入量通常会影响育肥猪的增重和瘦肉生长。我国的猪日粮能量普遍偏低，在不限量饲养的条件下，育肥猪有自动调节采食而保持进食能量守恒的能力，因而饲料能量浓度在一定范围内的变化对育肥猪的生长速率、饲料利用率和胴体肥瘦率并没有显著影响。但当饲料能量浓度降至 10.8MJ/kg 消化能时，对育肥猪增重、饲料利用率和胴体品质有着较显著的影响。生长速率和饲料利用率降低，胴体瘦肉率会提高；降至 8.8MJ/kg 消化能时，则会显著减少猪的日进食能量总量，进而严重降低猪的增重和饲料利用率，但胴体会更瘦。而提高饲料能量浓度，能提高增重速率和饲料利用率，但胴体较肥。针对我国目前养猪实际，兼顾猪的增重速率、饲料利用率和胴体瘦肉率，饲料能量浓度以 11.9～13.3MJ/kg 消化能为宜，前期取高限，后期取低限。为追求较瘦的胴体，后期还可适当降低。实践证明，采用高能饲料，饲养周期可缩短 20～25 天。

（2）由于猪的品种不断改良，育肥猪的蛋白质沉积能力也大幅度提高，即使猪的体重在 60kg 以上，只要饲料供给充足的蛋白质和氨基酸，也能生长较多的瘦肉，因此，为了提高胴体的质量必须提高饲料的营养水平。在生产实际中，应根据不同类型猪瘦肉生长的规律和对胴体肥瘦要求来制定其相应的蛋白质水平。对于高瘦肉生长潜力的生长育肥猪，蛋白质水平前期（60kg 体重以前）为 16%～18%，后期为 13%～15%；而对于中等瘦肉生长潜力的生长育肥猪，蛋白质水平前期为 14%～16%，后期为 12%～14%。为获得较瘦的胴体，可适当提高蛋白质水平，但要考虑提高胴体瘦肉率所增加的收益能否超出提高饲料粗蛋白质水平而增加的支出。除蛋白质水平外，蛋白质品质也是一个重要的影响因素，各种氨基酸的水平以及它们之间的比例，特别是几种限制性氨基酸的水平及其相互间的比例会对肥育性能产生很大的影响。在生产实际中，为使饲料中的氨基酸平衡而使用氨基酸添加剂时，首先应保证第一限制性氨基酸的添加，其次再添加第二限制性氨基酸，如果不添加第一限制性氨基酸而单一添加第二限制性氨基酸，不仅无效，还会因饲料氨基酸平衡进一步失调而降低生产性能。

（3）育肥猪饲料一般主要计算钙、磷及食盐（钠）的含量。生长猪每沉积体蛋白 100g（相当于增长瘦肉 450g），同时要沉积钙 6～8g、磷 2.5～4.0g、钠 0.5～1.0g。根据上述生长猪矿物质的需要量及饲料矿物质的利用率，生长猪饲料在 20～50kg 体重阶段钙含量为 0.60%，总磷含量为 0.50%（有效磷 0.23%）；50～100kg 体重阶段钙含量为 0.50%，总磷含量为 0.40%（有效磷 0.15%）。食盐通常占风干饲粮的 0.30%。生长猪对维生素的吸收和利用率还难以准确测定，目前饲养标准中规定的需要量实质上是供给量。而在配制饲料时一般不计算原料中各种维生素的含量，靠添加维生素添加剂以满足猪只营养需要。

（4）粗纤维水平。同其他家畜相比，猪利用粗纤维的能力较差。粗纤维的含量是影响饲料适口性和消化率的主要因素，饲料粗纤维含量过低，育肥猪会出现拉稀或便秘。饲料粗纤维含量过高，则适口性差，严重降低饲料养分的消化率，同时由于猪采食的能量减少，还会降低猪的增重速率，也降低了猪的膘厚，所以粗纤维水平也可用于调节猪的肥瘦度。为保证饲料有较好的适口性和较高的消化率，生长育肥猪饲料的粗纤维水平应控制在 6%～8%，若将育肥期分为 3 个阶段，10～30kg 体重阶段粗纤维不宜超过 3.5%，30～60kg 阶段不要超过 4%，60～90kg 阶段饲料中粗纤维的含量应控制在 7% 以内。在决定粗纤维水平时，还要考虑粗纤维来源，稻壳粉、玉米秸粉、稻草粉、稻壳酒糟等高纤维粗料，不宜饲喂育肥猪。

（5）保证清洁的饮水。水是猪体的重要组成部分，它对体温的调节及养分的消化、吸收和运输，以及体内废物的排泄等各种新陈代谢过程，都起着重要的作用。水也是猪的重要营养来源之一。因此，必须对猪只供给充足、清洁的饮水。

育肥猪的饮水量随体重、环境温度、饲料性质和采食量等而变化。一般在冬季，育肥猪饮水量为采食风干饲料量的 2～3 倍或体重的 10% 左右，春、秋季其正常饮水量约为采食风干饲料量的 4 倍或体重的 16% 左右，夏季约为采食风干饲料量的 5 倍或体重的 23%。饮水不足或限制给水，在采食大量的饲料情况下，育肥猪会出现食欲减退、采食量减少、便秘、日增重下降、增加饲料消耗、增加背膘的情况，严重缺水时还会引发疾病。

不可用过稀的饲料来代替饮水。饲喂过稀的饲料，会减弱育肥猪的咀嚼功能，冲淡口腔的消化液，影响口腔的消化作用，同时还会减少饲料采食量，影响增重。

## 二、猪饲料的类型及来源

（一）能量饲料

猪的生长、发育、繁殖、生产和维持体温等一切生理活动都需要能量。饲料中有 3 种有机成分可提供能量，它们是碳水化合物、脂肪和蛋白质，其中碳水化合物是主要的能量来源。猪的能量饲料有以下几类。

（1）谷物：玉米、大麦、高粱、燕麦、稻米、小麦等。

（2）加工下脚料：麦麸、米糠、玉米皮等。

（3）其他能量饲料：干甜菜、柑橘渣、乳清粉、马铃薯、甘薯、饲用油脂。

（二）蛋白质饲料

蛋白质是猪饲料中的关键营养物质，特别对仔猪、妊娠猪、哺乳猪尤为重要。蛋白质饲料应含有 20%以上的粗蛋白。

（1）植物蛋白饲料：大豆粕（饼）、棉籽粕（饼）、花生粕（饼）、亚麻仁粕、向日葵粕、菜籽粕（饼）、芝麻粕（饼）、玉米蛋白粉料等。

（2）动物蛋白饲料：肉粉、肉骨粉、血粉、鱼粉、其他动物加工下脚料。

（三）粗饲料

粗饲料中粗纤维含量高，蛋白质和能量的含量较低。猪的粗饲料主要有：牧草、干草、谷物下脚料、青刈饲料、青储饲料。

（四）矿物质饲料

矿物质饲料可分为常量元素类和微量元素类。

（1）常量元素有：钙、磷、镁、硫、钾、钠、氯等。

（2）微量元素有：铁、钴、铜、锰、碘、锌、硒等。

（五）维生素饲料

为猪提供维生素的饲料有：鱼肝油、合成维生素、胚芽、酵母、发酵产品等。

（六）氨基酸、抗生素、生长促进剂

具体情况略。

## 三、饲料筹划

（一）大力推广配合饲料

配合饲料是根据不同种类、不同用途和不同生产水平猪只的营养需求，即饲养标准，用多种天然原料和添加剂配制成的。配合饲料的优点有以下几个方面。

（1）营养全面。

（2）能充分利用各种饲料资源。

（3）饲喂方便，可减少营养损失。

猪的配合饲料可分为 3 类。

（1）添加剂预混料。添加剂预混料是全价配合饲料的组成部分，一般占到全价配合饲料的 1%～5%。

（2）浓缩饲料。添加剂预混料再加上蛋白质饲料和矿物质饲料（按照饲料配方）即可制成浓缩饲料。浓缩饲料一般占全价配合饲料的 10%～30%。

（3）全价配合饲料。典型的浓缩饲料加上能量饲料，即构成全价配合饲料。

（二）猪饲料配方设计基本原则

猪的饲料配合首先应根据猪对各种营养的需求量，即"饲养标准"和猪常用饲料的营养成分，结合当地饲料资源来进行。饲料配合时应根据以下基本原则。

（1）应选用适宜的饲养标准，可以参照我国已经有的饲养标准，如有地区性标准则以地区性标准为准，并在养殖实践中根据猪的生长发育及生产性能等酌情修正，灵活使用。

（2）营养水平要适宜。因猪生长快，胴体瘦肉率高，要求饲料的营养水平较高，在配制猪饲料时，要使各营养之间达到平衡，其中要特别注意必需氨基酸的平衡，才能收到良好的育肥效果。

（3）要注意猪的采食量与饲料体积大小的关系。若饲料体积过大，猪往往吃不完，若体积过小，则又吃不饱。

（4）控制饲料粗纤维的含量。乳猪、仔猪饲料中粗纤维含量应不超过 4%，生长育肥猪不超过 6%，种猪不超过 8%，否则会影响猪饲料的利用率。

（5）要考虑饲料的适口性。多选用适口性好的饲料。

（6）发霉变质有毒性的饲料不能使用，否则影响猪的生长和饲料的利用率，甚至会使猪中毒。

（7）饲料要质优价廉，配料时既要考虑养殖户心理和生产实际，又要保证产品质量；既要降低生产成本，又要注重生产效益。

（8）多种饲料应合理搭配，发挥各种营养互补作用，提高利用率。

（三）开发、利用当地的饲料资源

利用当地饲料资源，既能较好地满足猪的营养需要，又可降低养猪成本，是稳步发展养猪生产的有效措施。

（1）可利用一些闲散地、荒坡、沙包、河滩等，结合小流域治理种植牧草（如苜蓿草等）。

（2）农户个体养猪还可以采集青草、落果、蔬菜、下脚料等。

（3）还可以从油坊、粉坊、豆腐坊收集利用豆腐渣、粉渣类作为饲料。

（4）收集利用屠宰、食品加工、罐头加工等副产物。

（5）在一些养鸡集中的地方，也可将鸡粪（尤其是仔鸡粪）收集起来用作饲料。

（四）猪常用饲料应用时的注意事项

**1. 灵活使用生产配方**

要正确使用生产配方。可按产品说明配制，但鉴于各地猪的品种、饲料种类的不同，同种饲料不同产地、营养价值的差异及气候的变化，可做适当调整。

（1）用于地方猪种、二元杂交猪时，可以适当减少玉米、豆粕比例，用次粉、米糠等代替一部分玉米，用菜粕、棉粕等代替一部分豆粕。

（2）根据季节不同来调整。冬季应增加玉米等能量饲料的比例，可适当降低豆粕等蛋白质饲料的比例，但粗蛋白下降不要超过 15 个百分点；夏季由于采食量下降，应减少玉米等能量饲料的比例，增加豆粕、菜粕等蛋白质饲料的比例，并适当提高钙的含量。

（3）若用了鱼粉或肠衣粉，可减少食盐的用量。在猪群打架时，可适当增加食盐量，甚至提高到 0.5% 以上。

**2. 正确选用饲料原料**

有的养殖户为了降低成本总是采购低价饲料原料，殊不知价低则质低。如掺假的鱼粉不仅会降低猪只生长速率，还会引发疾病或中毒。

**3. 注意饲料的粉碎粒度**

饲料粒度过大，会影响猪的消化吸收；粒度过小，不仅增加生产成本，更易引发猪呼吸道疾病及胃肠道疾病。

**4. 正确使用猪用预混料**

使用预混料可以提高配合饲料的营养价值，但预混料毕竟是生产配合饲料的一种中间产品，使用时需注意以下几点。

（1）正确选择型号。预混料应按照不同猪种及其不同生长发育阶段的营养需求科学设计。用户应根据猪的实际情况选择不同阶段的预混料品种。有的用户为了贪便宜，用中猪料代替小猪料，岂不知"小猪差 10g，大猪差 100g"，小猪阶段营养不足，将影响猪的后期发育，这种做法是得不偿失的。

（2）严格按推荐比例生产配合饲料。很多饲养户使用预混料时常常随便改变生产配方，有的用户为降低成本随意降低预混料在配合饲料中的比例，造成各项营养指标不能满足猪只各个时期的生长需要；有的用户则任意加大预混料的比例，这样不但增加了成本，而且会造成猪只中毒。更有甚者将预混料当"味精"，在全价饲料中再添加小包装，以至破坏了饲料的"全价性"。

（3）更换预混料要循序渐进。突然更换预混料，猪可能不适应，从而会影响其采食和生长。使用预混料时应逐渐增加新料用量，减少旧料用量，约 7 天后就可以完全使用新预混料。

（4）注意饲料的安全储藏。预混料储存地点应通风良好、清洁干燥，严禁日晒雨淋，且尽可能在有效期内使用完毕，以防营养成分失效。

（5）预混料不宜直接使用。预混料使用时，不能直接添加，应使用倍比稀释法，且要搅拌均匀。

### 5. 避免饲料应用误区

（1）粪便越黑越好吗？

很多养殖户认为，饲料好不好，要看猪粪便黑不黑。这有一定道理，但不完全对，应该说，饲料配比合理，猪宜消化吸收，粪便颜色也就发黑。正确识别猪粪便的方法是"看一看，闻一闻"，不仅仅要看色泽，还要看滋润度，坚硬或稀水样粪便均为异常，尤其要注意粪便中有无未消化的玉米、饼粕颗粒，再闻一下有无异臭味，粪便若有未消化的颗粒，就显示饲料消化不完全，饲料配比不合理。另外，如果配方中麸皮、菜粕等多一些，猪的粪便也会发黑。高铜也可使粪便发黑，但这绝不是使用高铜的目的。目前国内外研究一致认为，铜在仔猪阶段（体重 30kg 以前）有促生长作用，且效果随环境变化而有所不同。同时，饲料中要有足量蛋白质、氨基酸及一定水平的铁、锌，并应配合相应的抗菌药，才能发挥高铜的促生长作用。高铜只有比需要量高出几十倍时才能起粪黑作用（即铜含量 $125\sim250mg/kg$），但超过 250mg/kg 就会使肝脏积蓄大量的铜，从而引起猪中毒，造成血红蛋白降低和黄疸。铜还影响猪只激素的活性，使其活性降到临界状态，同时大量的铜被排出体外，对环境也会造成严重污染，因此，饲料中不宜添加过多的铜。

（2）猪皮肤红就好吗？

毛色光亮、皮肤红润是猪只健康的表现。如果维生素欠缺，毛就会粗长、紊乱，皮肤也会粗糙。当然，不排除其他因素，猪只若有寄生虫、皮肤病，皮毛也会很难看，下痢或某些传染病也会导致此类病症。皮肤红分为正常的红润和药物性红润。在饲料中人为地添加阿散酸，个别不法厂商甚至直接添加红砷或白磷，都会使猪皮肤红润。阿散酸，在低添加量时，有杀菌、抑菌、治疗痢疾和促生长作用，如为达到皮肤药物性红润就盲目地提高其用量，则会发生砷中毒，从而降低猪的生长速率，并导致猪的头部震颤、间歇性失明、共济失调和轻瘫；猪活动时，还会出现猪肩部、后踝和后背肌肉颤抖，共济失调，焦虑不安和尖叫，抽搐持续 1min 之后，猪还会躺在地上。

（3）猪能吃能睡就好吗？

很多养殖户认为，能使猪吃好睡好的就是好饲料。于是，有些不法分子就在预混料中添加了国家标准中严禁使用的镇静剂等药物。

其实，所谓能吃，即指饲料的适口性（爱吃甜料是猪的天性），但并不是猪吃得越多越好。一般来说，低能量、低蛋白饲料猪的采食量会高，高能量、高蛋白饲料猪的采食量会低，猪为了保证自身的营养需要，完全可以自控自己的采食量。如大糠，其实无营养价值，甚至是负值，在饲料中添加，猪的采食量就会提高。因此，除了要观察猪所处的环境和健康状况外，还要注意饲料的质量（如饲料发霉、豆粕过生、磷酸氢钙不合格等）。猪只要摄取合理的营养，就会很安静，如果饲养密度过高，预混料配比不科学，会导致猪只营养摄取不够或不平衡，或致使其患病，这些都会使猪只兴奋、不安。

（4）粒粒可见的"蓝色颗粒"的饲料是货真价实的吗？

很多养殖户认为，预混料中可觅到"蓝色颗粒"才是好产品，实际上，所谓粒粒可见的"蓝色颗粒"往往是未做预处理的硫酸铜。有的厂家为了片面追求高额利润，选用的硫酸铜等原料多为大颗粒结晶体，没有经过烘干、粉碎等处理工艺，晶体的粒径有1.5mm，大的甚至有3～4mm，即肉眼可见的"蓝色颗粒"。这种硫酸铜在猪的胃肠道中溶解性、吸收性较差，过量食用更易引起猪发生中毒。

## 四、饲料调制和饲喂

科学地调制饲料和饲喂，对提高育肥猪的增重速率和饲料利用率，降低生产成本有着重大意义，同时也是育肥猪日常饲养管理工作中的一项重要工作，特别是在后期，育肥猪沉积一定脂肪后，食欲往往会下降，更应引起养殖人员的注意。

### 1. 饲料的粉碎细度

玉米、高粱、大麦、小麦、稻谷等谷实饲料，都有坚硬的种皮或软壳，饲喂前粉碎或压片则有利于猪只采食和消化。玉米等谷实的粉碎细度以微粒直径1.2～1.8mm为宜。此种粒度的饲料，育肥猪采食爽口，采食量大，增重快，饲料利用率也高。粉碎过细，会降低猪只的采食量，影响增重和饲料利用率，同时还会使猪只发生胃溃疡。粉碎细度也不是绝对不变的，当含有部分青饲料时，粉碎粒度稍细既不会影响适口性，也不会造成猪只胃溃疡。

### 2. 饲料调制

饲料调制的原则是缩小饲料体积，增强适口性，提高饲料利用率。集约化养猪很少利用青绿多汁的饲料，青绿饲料容积大，营养浓度低，不利于育肥猪的快速增重。全价配合饲料的加工调制通常分为湿拌料、干粉料和颗粒料。颗粒料优于干粉料，湿喂优于干喂。

（1）湿拌料。将料和水按一定比例混合后饲喂，既可提高饲料的适口性，又可避免产生饲料粉尘，但加水量不宜过多，一般按料水比例为1：（0.5～1.0）调制成潮拌料或湿拌料，加水后手握成团、松手散开为宜。如将料水比例加大到1：（1.5～2.0）时，即成浓粥料，虽不影响饲喂效果，但需用槽子喂，费工费时。夏季在喂潮拌料或湿拌料时，要特别注意饲料腐败变质。饲料中加水量过多，会使饲料过稀，一则影响猪的干物质采食量，二则冲淡其胃液，不利于消化，三则多余的水分需从体内排出，会造成生理负担。

（2）干粉料。将粉状配（混）合饲料直接喂猪，适用于自由采食、自由饮水的饲养方式。可以提高劳动生产率和圈舍利用率。饲喂干粉料时，30kg以下的小猪，饲料的粉碎细度颗粒直径在0.5～1.0mm为宜，30kg以上育肥猪，饲料的粉碎细度颗粒直径以2～3mm为宜，过细的粉料易黏于猪舌上，较难咽下，影响采食量，同时细粉易飞扬而引起猪肺部疾病。

（3）颗粒料。将配合好的全价料制作成颗粒状饲喂，便于投食，损耗少，不易发霉，并能提高营养物质的消化率。目前我国规模化猪场已广泛采用颗粒饲料。

颗粒饲料在增重速率和饲料利用率方面都比干粉料好。大量研究证明，颗粒料可使每千克增重减少饲料消耗 0.2kg。德国研究证明，活重 25～106kg 的猪，由湿粉料改为颗粒料可使其平均日增重从 649g 增至 663g，可提高 2.16%，而饲料利用率从 3.09 降至 2.98，可节省饲料 3.69%。

### 3. 饲喂方法

通常采用饲槽饲喂和硬地面撒喂 2 种方式饲喂育肥猪。饲槽饲喂又分普通饲槽饲喂和自动饲槽饲喂。用普通饲槽饲喂时，要保证有充足的采食槽位，每头猪至少占 30cm，以防强夺弱食。夏季，尤其要防止剩余残料的发霉变质。硬地面撒喂时，饲料损失较大，饲料易污染，但操作简便。大群硬地面撒喂时要注意保证猪只有充足的采食空间。

（1）熟喂改为生喂。青饲料、谷实类饲料、糠麸类饲料，含有维生素和有助于猪消化的酶，这些饲料煮熟后，会破坏其中的维生素和酶，从而引起蛋白质变性，降低了赖氨酸的利用率。实验研究表明，谷实类饲料由于煮熟过程的耗损和营养物质的破坏，利用率比生喂降低 10%。同时熟喂还会增加设备、投资、劳动强度，并会耗损燃料，所以一定要改熟喂为生喂。

（2）稀喂改为干湿喂。稀料喂猪有如下缺点：第一，水分多，营养干物质少，特别是煮熟的饲料再加水，干物质更少，这会影响猪对营养的采食量，从而造成营养缺乏。第二，水尽管是营养物质之一，但饲料中若无能量、蛋白质和保证生长的其他营养物质，只在日粮中多加水，很快会以尿的形式排出体外，猪总是处于饥饿状态，就会出现情绪不安、跳栏、撬墙、犁粪等状况。第三，影响饲料营养的消化率。猪消化饲料是依赖口腔、胃、肠、胰分泌的各种蛋白酶、淀粉酶、脂肪酶等，把营养物质消化、吸收。喂的饲料太稀，猪来不及咀嚼，连水带料进入胃、肠，酶与饲料没有充分接触，即使接触，由于水把消化液冲淡，猪对饲料的利用率也必然降低。第四，喂料过稀，易造成猪肚大、下垂，屠宰率必然下降。

（3）自由采食和限量饲喂的选择。自由采食的猪日增重高，饲料利用率高，但脂肪沉积多，胴体瘦肉率低。限量饲喂则相反，日增重和饲料利用率低，脂肪沉积少，胴体瘦肉率高。所以，为了追求高的日增重宜采用自由采食，为了获得较高的胴体瘦肉率可采用限量饲喂。也可前期采用自由采食（60kg 以前），后期采用限制（能量）饲喂，则全期日增重高，胴体脂肪也不会沉积太多。有试验发现，自由采食的育肥猪，背膘较软，与限量饲喂的猪相比，外层背膘的脂肪熔点低 50%，不饱和脂肪酸比饱和脂肪酸的比率显著升高。

### 4. 饲喂次数

根据饲料形态，日粮中营养物质的浓度，以育肥猪的年龄和体重而定。日粮的营养物质浓度不高，容积大，可适当增加饲喂次数，相反，则可适当减少饲喂次数。在小猪阶段，日喂次数可适当增加，以后逐渐减少。试验表明，在相同营养水平和管理条件下，日喂 2 次、3 次和 4 次对日增重没有显著差异，见表 2-2。

**表 2-2  育肥猪不同日粮饲喂次数的育肥效果**

| 组别 | 试验时间/天 | 头数/头 | 始重/kg | 末重/kg | 日增重/g | 增重 1kg 消耗饲料量/kg |
|---|---|---|---|---|---|---|
| 对照组（日喂 3 次） | 78 | 30 | 34.6±3.4 | 89.5±8.3 | 704±72 | 3.46 |
| 实验Ⅰ组（日喂 2 次） | 78 | 30 | 35.1±4.6 | 90.5±9.9 | 710±90 | 3.42 |
| 实验Ⅱ组（日喂 4 次） | 78 | 30 | 35.4±4.2 | 90.6±10.9 | 708±85 | 3.51 |

英国做了育肥猪 1 天喂 1～2 次的对比试验，1 天喂 2 次的育肥猪平均日增重为 621g，每 1kg 增重耗料 3.24kg，屠宰率为 74.5%，胴体长 72.3cm，一级胴体占 72.3%；1 天喂 1 次的育肥猪平均日增重 625g，每 1kg 增重耗料 3.22kg，屠宰率为 71.4%，胴体长 78.6cm，一级胴体占 78.6%。1 天喂 1 次日增重与饲料转化率基本无差异，胴体长与胴体等级均比对照组高，只有屠宰率稍低些。从生产效率上看，一次饲喂可提高效率 1 倍，胴体等级高，经济效益高是可取的。如今实行 5 日工作制，国外有的育肥猪生长后期实行每周停食 1 天的自由采食方法，连续给水，关闭自动饲槽口，结果提高了饲料利用率，出栏年龄不受任何影响，并对提高胴体品质有益，这是在营养条件丰足情况下值得推广的技术管理措施。

## 五、育肥猪的饲养方式

育肥猪的饲养方式对猪的增重速率、饲料利用率及胴体瘦肉率和养猪效益有着重要的影响。适于农家副业养猪的"吊架子育肥"方式，已不能适应商品育肥猪的生产要求，而应采用"直线育肥"方式。兼顾增重速率、饲料利用率和胴体瘦肉率，商品育肥猪生产中宜采用"前敞后限"的方式。

1. "吊架子育肥"方式

"吊架子育肥"方式又称"阶段育肥"方式，是我国劳动人民在长期的养猪实践中，根据地方猪种的生长发育规律，结合青粗饲料充足而精料短缺的饲养条件，以及消费习惯等特点摸索出的一种饲养方式。其要点是将整个育肥期分为 3 个阶段，采取"两头精、中间粗"的饲养方式，把有限的精料集中在小猪和催肥阶段使用。小猪阶段喂给较多精料，中猪阶段喂给较多的青粗饲料，饲养期长达 4～6 个月。大猪阶段，通常在出栏屠宰前 2～3 个月集中使用精料，特别是碳水化合物饲料，进行短期催肥。这种饲养方式是与农户自给自足经济相适应的，也是由当时市场需求状况决定的。

2. "直线育肥"方式

"直线育肥"方式就是猪从 20～100kg 均给予丰富营养，中期不减料，使之充分生长，以获得较高的日增重，要求在 6 个月龄内体重达到 90～100kg。具体要求如下所述。

（1）育肥小猪一定是选择两品种或三品种杂交仔猪，要求发育正常，60～70 日龄转群体重达到 15～20kg 以上，身体健康、无病。

（2）育肥开始前 7～10 天，按品种、体重、强弱分栏、阉割、驱虫、防疫。

（3）正式育肥期为 3～4 个月，要求日增重达 1.2～1.4kg。

（4）日粮营养水平，要求前期（20～60kg），每1kg饲料含粗蛋白16%～18%，后期（61～100kg），每1kg饲料含粗蛋白13%～15%，同时注意饲料多种搭配和氨基酸、矿物质、维生素的补充。

（5）每天喂2～3餐，自由采食，前期每天喂料1.2～2.0kg，后期每天喂料2.1～3.0kg。精料采用干湿喂，青料生喂，自由饮水。保持猪栏干燥、清洁。夏天要防暑、降温、驱蚊，冬天要关好门窗保暖，保持猪舍安静。

3. "前敞后限"方式

饲养育肥猪还应根据对猪肉产品质量的需求采取不同的饲养方式。如果追求增重速率快、出栏期时间早，则以自由采食方式为好，但由于后期脂肪沉积能力较强，采食的能量水平又较高，往往使胴体较肥。要使育肥猪既有较快的增重速率，又有较高的胴体瘦肉率，可以采取"前敞后限"（前高后低）的饲养方式，即在育肥猪生长前期采用高能量、高蛋白质饲料，任猪自由采食或不限量按顿饲喂，以保证肌肉的充分生长，后期适当降低饲料能量和蛋白质含量，限制猪只每日进食的能量总量。这样既不会严重降低增重，又能减少脂肪的沉积，得到较瘦的胴体。后期限饲的方法，一是限制饲料的供给量，减少自由采食量的15%～20%；二是降低饲料的能量浓度，仍让猪只自由采食或不限量按顿喂。饲料能量浓度降低，虽不限量饲喂，但由于猪的胃肠容积有限，每天采食的能量总量必然减少，因而同样可达到限饲的目的，且简便易行。具体方法多在饲料中加大糠麸或大容积饲料的比例。但应注意不能添加劣质粗饲料，饲料能量浓度也不能低于11MJ/kg，否则虽提高了胴体瘦肉率，却会严重影响增重，往往得不偿失。

 技　能

（1）对猪场饲料营养成分进行分析评价。
（2）对猪场饲料类型、调制方式、育肥方式进行评价。
（3）进行干料和湿料饲喂操作。

【任务总结】

任务总结如表2-3所示。

表2-3　任务总结表

| | 内容 | 要点 |
|---|---|---|
| 知识 | 育肥猪的营养要求 | 1. 能量<br>2. 蛋白质<br>3. 矿物质<br>4. 粗纤维<br>5. 水 |
| | 猪饲料的类型及来源 | 1. 能量饲料<br>2. 蛋白质饲料<br>3. 粗饲料<br>4. 矿物质饲料<br>5. 维生素饲料<br>6. 氨基酸、抗生素、生长促进剂 |

续表

| 内容 | | 要点 |
|---|---|---|
| 知识 | 饲料筹划 | 1. 大力推广配合饲料<br>2. 猪饲料配方设计基本原则<br>3. 开发、利用当地的饲料资源<br>4. 猪常用饲料应用时的注意事项 |
| | 饲料调制和饲喂 | 1. 饲料的粉碎细度<br>2. 饲料调制<br>3. 饲喂方法<br>4. 饲喂次数 |
| | 育肥猪的饲养方式 | 1. 吊架子育肥<br>2. 直线育肥<br>3. 前敞后限 |
| 技能 | 对猪场饲料营养成分进行分析评价 | 论据充分 |
| | 对猪场饲料类型、调制方式、育肥方式进行评价 | 论据充分 |
| | 进行干料和湿料饲喂操作 | 操作认真，称量准确 |

### 课后自测

**一、填空题**

1. 现代养猪生产主要应用的饲料类型有（　　）、（　　）、（　　）。

2. 体重在（　　）kg 以下的生长育肥猪，能量摄入量通常影响育肥猪的增重和瘦肉生长。

3. 对于高瘦肉生长潜力的生长育肥猪，蛋白质水平前期为（　　），后期为 13%～15%；而对于中等瘦肉生长潜力的生长育肥猪，蛋白质水平前期为 14%～16%，后期为（　　）。

4. 一般在冬季，育肥猪饮水量为采食风干饲料量的 2～3 倍或体重的（　　），春、秋季其正常饮水量约为采食风干饲料量的 4 倍或体重的（　　）左右，夏季约为采食风干饲料量的 5 倍或体重的（　　）。

5. 玉米等谷实的粉碎细度以微粒直径（　　）mm 为宜。

6. 一般按料水比例为（　　），调制成潮拌料或湿拌料，加水后手握成团、松手散开即可。

7. 饲喂干粉料时，30kg 以下的小猪，饲料的粉碎细度颗粒直径在（　　）mm 为宜，30kg 以上育肥猪，饲料的粉碎细度颗粒直径以（　　）为宜，过细的粉料易黏于舌上较难咽下，影响采食量，同时细粉易飞扬而引起肺部疾病。

8. 商品育肥猪的饲喂方式分（　　）和限量饲喂。

9. 适于农家副业养猪的（　　）方式，已不能适应商品育肥猪的生产要求，而应用（　　）方式。

**二、判断题**

（　　）1. 35～60kg 育肥猪的日粮特点是主要喂青粗饲料。

（　　）2. 猪对蛋白质的需要实质上是对氨基酸的需要。

（　　）3．缩短育肥猪的育肥期并不能减少维持消耗。

（　　）4．单一饲料营养价值高于全价配合饲料。

（　　）5．氨基酸分为必需氨基酸和非必需氨基酸两大类。

（　　）6．猪饲料中可大量添加棉（菜）籽饼饲料。

### 三、简答题

1．育肥猪饲料中粗纤维的含量应如何控制？

2．为什么猪的饲喂要改熟喂为生喂？

3．稀料喂猪的缺点有哪些？

## 任务 2.3 育肥猪猪群状态的观察

### 【任务描述】

观察猪群是日常饲养管理中一个重要的环节，是饲养管理能否成功关键的一环。能否认真观察猪群，能否及时识别在猪群中暴露的微小征兆，将威胁猪群正常生长的应激因素消灭在萌芽中，这不仅反映一个猪场饲养人员的饲养管理水平，也反映出整个猪场的经营管理水平。

### 【任务目标】

（1）了解猪的各种特性，学会观察猪群的各种征兆。

（2）能够根据观察结果，进行分析及处理。

 知　识

## 一、为什么观察猪群

通过观察猪群，可及时发现猪群中各种传染病的征兆，从而及早防治，防止蔓延，避免延误最佳防治时机，而使猪只体质减弱，并因此增加药物的消耗，降低猪场的经济效益。通过观察猪群，还可早日发现各种营养的缺乏症，及时采取补救措施，避免猪只的生长性变异、恶癖的发生；生产性能与遗传潜力的减退。通过观察猪只的神态，还可及早发现猪群生存环境的温度、相对湿度、氧气比例，特别是有害气体含量的变化，如果大部分猪只出现张口呼吸，则说明通风设备失灵，有害气体超标。

## 二、猪的生物学特性

（一）多胎高产，世代间隔短，生产周期快

猪一般在 3～5 月龄就达到性成熟，6～8 月龄就可以初次配种。猪妊娠期平均为114 天（111～117 天）。母猪在 1 岁或更早些就可以产下第一胎，猪的世代间隔为 1～1.5 年（第一胎留种则为 1 年，第二胎开始留种则为 1.5 年）。猪的繁殖利用年限较长，每胎产仔数多（平均为 10～12 头），年产胎数为 2～2.5 胎［年产胎数＝365/（妊娠期＋

哺乳期＋配种间隔期）〕。

与其他家畜相比，猪的繁殖力相当高。就母猪本身的繁殖潜力而言，生产远远还没有得到发挥。1 头母猪卵巢中卵原细胞数约 11 万个，而繁殖利用年限内排卵数为 400 个左右，发情期排卵数为 12～20 个，胎产仔数为 10～12 头。1 头成年公猪 1 次射精量为 200～400mL，含精子总数 200 亿～800 亿个，1 亿～3 亿个/mL。

我国地方猪种优良的品质具体表现在以下几个方面：①胎产仔数多；②母性强；③繁殖利用年限长；④性早熟；⑤发情症状明显。我国太湖猪中的梅山猪、二花脸猪平均胎产仔数分别在 15～16 头/胎、17～18 头/胎，最高分别达到 36 头（断奶成活率 100%）和 42 头（断奶成活 40 头），创下了世界纪录。浙江金华猪在第 16 胎产仔数还可达到 14～15 头。我国饲养的进口猪种，母猪繁殖利用年限一般为 3～5 年（工厂化养猪为 3～4 年）。

（二）生长快，发育迅速，沉积脂肪能力强

**1. 生长速率**

同马、牛、羊相比较，猪无论是在胚胎期还是在出生后生长时间是最短的，而生长速率又是最快的，如表 2-4 所示。

表 2-4　各种家畜生长速率比较

| 畜别 | 妊娠期/天 | 生长期/月 | 初生重/kg | 成年体重/kg |
| --- | --- | --- | --- | --- |
| 猪 | 114 | 36 | 1.0～1.5 | 200 |
| 牛 | 280 | 48～60 | 35 | 500 |
| 羊 | 150 | 24～56 | 3 | 60 |
| 马 | 340 | 60 | 50 | 500 |

**2. 不同阶段猪器官组织的生长状态**

（1）胚胎期，猪的神经系统先发育，表现为头的比例偏大。

原因：猪的胚胎期短（114 天），并且同胎中胚胎数又多，母体子宫相对就显得空间不足，并且供应给每头胎儿的营养也不够充足，每个胚胎各器官系统发育也就不完全。

（2）出生后，关于猪的生长发育顺序，我国劳动人民对此早有科学总结："小猪长骨，中猪长肉，大猪长膘"。

猪出生后，为了补偿胚胎期内发育的严重不足，势必会加速其生长发育速率，表现为 2 月龄前仔猪生长发育非常迅速。1 月龄仔猪体重为初生重的 6～7 倍。2 月龄仔猪体重为 1 月龄体重的 2.5～3 倍。在仔猪生后头 2 个月需要加倍照料和提供足够的易消化吸收的营养物质，否则将严重影响养猪生产的效益。2 个月龄后，仔猪各器官系统的发育已基本完善，基本能适应生后外界环境的变化。

（三）杂食性，饲料利用率高

**1. 耐粗性**

猪的杂食性决定了它具有一定的耐粗性。保持饲料中一定含量的粗纤维有助于猪对饲料有机物的消化（延缓排空时间和加强胃肠道的蠕动）和猪的健康（改善肠道微生物群落），但含量不能过高，否则猪对饲料的消化利用率会大大下降，并且猪对粗纤维的消化率也会降低。

生长育肥猪的饲料中粗纤维含量不宜超过 7%，成年猪不宜超过 10%（集约化、工厂化养猪饲料中粗纤维含量要求较低）。

在耐粗性上，我国地方猪种比国内培育品种和国外引进猪种表现好，在以青料为主的饲养条件下相对增重较高。

### 2. 猪肉含水少，含热量高

猪肉和牛肉、羊肉相比较，含水量少，含脂肪和热量高，见表 2-5。

**表 2-5  各种肉成分比较**

| 项目 | 重量/g | 成分 | | | | | |
|------|--------|------|------|------|------|------|------|
| | | 水分/g | 蛋白质/g | 脂肪/g | 碳水化合物/g | 灰分/g | 热价/cal |
| 猪肉（肥瘦） | 100 | 29.3 | 9.5 | 59.8 | 0.9 | 0.5 | 580 |
| 牛肉（肥瘦） | 100 | 38.6 | 20.1 | 10.2 | 1.2 | 1.1 | 172 |
| 羊肉（肥瘦） | 100 | 58.7 | 11.1 | 28.8 | 0.8 | 0.6 | 307 |

注：1cal＝4.184J。

我国地方猪种同国外育成品种猪比较，肉品味道鲜，并且更具保健性。原因如下：

（1）我国地方猪种，肌肉脂肪含量较高，并且分布均匀，肉质细嫩多汁，烹调时味香可口。

（2）我国地方猪种肌肉中含有大量的高级不饱和脂肪酸，改善了肉的风味，还可有效降低人体中胆固醇在心血管和体组织、脑组织中的沉积，大大降低了高血压、冠心病、脑中风、脑部血管破裂（脑溢血）发生的概率。

### （四）小猪怕冷，大猪怕热

#### 1. 小猪怕冷

小猪怕冷的原因如下：

（1）初生仔猪大脑皮层体温调节中枢发育不健全，对温度调控能力低下。

（2）皮下脂肪少，被毛稀，散热快。

（3）体表面积/体重比值大，单位重量散热快。

#### 2. 大猪怕热

大猪怕热的原因如下：

（1）猪的汗腺退化，散热能力特别差。

（2）皮下脂肪层厚，在高温高湿下体内热量不能得到有效的散发。

（3）皮肤的表皮层较薄，被毛稀少，对热辐射的防护能力较差。环境适宜温度为18～23℃。

（五）嗅觉、听觉灵敏，视觉不发达

1. 嗅觉

猪的嗅觉非常灵敏，猪对气味的识别能力高于狗 1 倍，比人高 7~8 倍。仔猪在出生以后几小时内就能很好地鉴别不同气味。大猪和成年猪鉴别气味能力也非常强，如发情母猪闻到公猪的气味，就会表现出"发呆"反应。因此，生产中"仔猪寄养"工作必须考虑到其嗅觉灵敏的特点，否则就不能成功。

2. 听觉

猪的听觉器官相当完善，能够很好地识别声音的来源、强度、音调和节律，容易对口令和其他声音刺激形成条件反射。据此，有人尝试在母猪临产前播放轻音乐，可在一定程度上降低母猪难产的比例。

3. 视觉

猪的视觉很弱，对色彩的识别能力很差，属高度近视加色弱。据此，生产实践中通常把并圈时间定在傍晚时进行。另外，还可以利用假台猪对公猪进行采精训练。

4. 痛觉

猪对痛觉刺激特别容易形成条件反射。如利用电围栏放牧时，猪受到 1~2 次微电击后，就再也不敢接触围栏。猪鼻端对痛觉特别敏感，用铅丝捆紧其鼻端，可固定猪只，便于打针、抽血。

## 三、猪的行为学特性

行为是动物对某种刺激和外界环境适应的反应，不同的动物对外界的刺激表现为不同的行为反应。同一种动物内不同个体行为反应也不一样，这种行为反应，可以使它在逆境中生存、生长发育和繁衍后代。

猪和其他动物一样，对其生活环境、气候条件和饲养管理条件等反应，在行为上都有其特殊的表现，而且有一定的规律性。我们应该掌握猪的行为特性，科学地利用这些行为习性，制定合理的饲养工艺，设计新型的猪舍和设备，改革传统的饲养技术和方法，最大限度地创造适于猪习性的环境条件，提高猪的生产性能，以获得最佳的经济效益。

（一）采食行为

猪的采食行为包括摄食与饮水，并具有各种年龄特征。猪生来就具有拱土的遗传特性，拱土觅食是猪采食行为的一个突出特征。猪鼻子是高度发育的器官，在拱土觅食时，嗅觉起着决定性的作用。

如果食槽易于接近的话，个别猪甚至进入食槽，站立在食槽的一角，像野猪拱地一样觅食，以吻突沿着食槽拱动，将食料搅弄，抛洒一地。猪的采食具有选择性，特别喜爱甜食，研究发现，未哺乳的初生仔猪十分喜爱甜食。颗粒料和粉料相比，猪爱吃颗粒料；干料与湿料相比，猪爱吃湿料，且花费时间也少。猪的采食是有竞争性的，群饲的猪比单饲的猪吃得多、吃得快，增重也高。猪在白天采食6～8次，比夜间多1～3次。仔猪吃料时饮水量约为干料的2倍，即水与料之比为3：1；成年猪的饮水量除饲料组成外，很大程度取决于环境温度。

### （二）排泄行为

猪不在吃、睡的地方排粪尿，这是遗传本性，以避免其他敌兽攻击。猪是家畜中最爱清洁的动物。在良好的管理条件下，猪能保持其睡窝床干洁，能在猪栏内远离窝床的一个固定地点排粪尿。

生长猪在采食过程中不排粪，饱食后5min左右开始排粪1～2次，多为先排粪后排尿；在饲喂前也有排泄的，但多为先排尿后排粪，夜间一般排粪2～3次。

### （三）群居行为

猪的群体行为是指猪群中个体之间发生的各种交互作用，结对是一种突出的交往活动。

在无猪舍的情况下，猪能自我固定地方居住，表现出定居漫游的习性。猪有合群性，但也有竞争习性，常有大欺小、强欺弱和欺生的好斗特性。猪群越大，这种现象越明显。

猪群具有明显的等级，这种等级刚出生后不久即形成。仔猪出生后几小时内，为争夺母猪前端乳头会出现争斗行为，常出现最先出生或体重较大的仔猪获得最优乳头的位置。同窝仔猪合群性好，当它们散开时，彼此相距不远，若受到意外惊吓，会立即聚集一堆，或成群逃走。不同窝仔猪并圈喂养时，开始会激烈争斗，并按不同来源分小群躺卧，24～48h，明显的统治等级体系就可形成，优势序列建立后，就开始和平共处地正常生活。

### （四）争斗行为

猪的争斗行为包括进攻、防御、躲避和守势等活动。在生产实践中常见的争斗行为一般多因争夺饲料和地盘所引起。新合并的猪群内的相互交锋，除争夺饲料和地盘外，还会受调整猪群群居结构所影响。

当一头陌生的猪进入一群中时，这头猪便成为全猪群攻击的对象，攻击往往是严厉的，轻者伤皮肉，重者造成死亡。如果将两头陌生性成熟的公猪放在一起时，彼此也会发生激烈的争斗。

### （五）性行为

猪的性行为包括发情、求偶和交配行为。母猪在发情期，可以见到特异的求偶表现。发情母猪主要表现为卧立不安，食欲忽高忽低，发出特有的、音调柔和而有节律的"哼哼"声，爬跨其他母猪，或等待其他母猪爬跨，频频排尿，尤其是公猪在场时，排尿更为频繁。发情中期，尤其是性欲强烈时期的母猪，当公猪接近时，会将其臀部靠近公猪，闻公猪的头、肛门和阴茎包皮，紧贴公猪不走，甚至爬跨公猪，最后站立不动，接受公猪爬跨。管理人员压其母猪背部时，它立即会出现呆立反射，这种呆立反射是母猪发情的一个关键行为。公猪一旦接触母猪，会追逐它，嗅其体侧肋部和外阴部，把嘴插到母猪两腿之间，突然往上拱动母猪的臀部，口吐白沫，往往发出连续的、柔和而有节律的喉音哼声，有人把这种特有的叫声称为"求偶歌声"。

### （六）母性行为

猪的母性行为包括分娩前后母猪的一系列行为，如絮窝、哺乳及其他抚育仔猪的活动等。母猪临近分娩时，通常以衔草、铺垫猪床、絮窝的形式表现出来，如果栏内是水泥地而无垫草，它只好用蹄子抓地来表示。分娩前 24h，母猪表现为神情不安，频频排尿、磨牙、摇尾、拱地，时起时卧，不断改变姿势。分娩时多采用侧卧，选择最安静状态分娩，多在 16:00 以后，夜间产仔特别多见。

母猪在整个分娩过程中，自始至终都处在放奶状态，并不停地发出"哼哼"的声音。母猪分娩后以充分暴露乳房的姿势躺卧，一次哺乳中间不翻身。

母仔之间是通过嗅觉、听觉和视觉来相互识别和相互联系的。猪的叫声是一种联络信息，例如哺乳母猪和仔猪的叫声，根据其发声的部位（喉音或鼻音）和声音的不同可分为"嗯嗯"之声（母仔亲热时母猪叫声）、尖叫声（仔猪的惊恐声）和鼻喉混声（母猪护仔的警告声和攻击声）3 种类型。

### （七）活动与睡眠

猪的行为有明显的昼夜节律，活动大部分在白昼。在温暖季节和夏天，也有夜间活动和采食。遇上阴冷天气，活动时间缩短。哺乳母猪睡卧休息有 2 种，一种属静卧，一种是熟睡。静卧休息姿势多为侧卧，少为俯卧，呼吸轻而均匀，虽闭眼但易惊醒。熟睡为侧卧，呼吸深长，有鼾声，且常有皮毛抖动，不易惊醒。

仔猪出生后 3 天内，除吸乳和排泄外，几乎全是酣睡不动。随日龄增长、体质增强和活动量逐渐增多，其睡眠相应减少，但至 40 日龄大量采食补料后，睡卧时间又有所增加，饱食后一般为较安静的睡眠。

### （八）探究行为

猪的一般活动大部分为探究行为，大多数是朝向地面上的物体，通过看、听、闻、尝、啃、拱等进行感官探究，表现出超强的探究力。探究力指的是对环境的探索和调查，并同环境发生经验性的交互作用。仔猪对小环境中的一切事物都很"好奇"，对同窝仔猪也会表示亲近。

仔猪的探究行为的另一明显特点是，用鼻拱、口咬周围环境中所有新的东西。用鼻突来摆弄周围环境物体是猪探究行为的主要形式，其持续时间比群体玩闹时间还要长。猪在觅食时，首先是拱、掘动作，先是用鼻闻、拱、舔、啃，当诱食料合乎口味时，便开口采食，所以猪的摄食过程也是探究行为。仔猪 7 日龄补料时，要经 2～4 天甚至 1 周的探究才会少量进食。

### （九）异常行为

猪的异常行为是指超出正常状态的行为。恶癖就是对人畜造成危害或带来经济损失的异常行为，它的产生多与动物所处环境中的危害刺激有关。如长期圈禁的母猪会持久而顽固地咬嚼自动饮水器的铁质乳头。母猪生活在单调无聊的栅栏内或笼内，也会狂躁地在栏笼前不停地啃咬栏柱。

（十）后效行为

猪的行为有的生来就有，如觅食、母猪哺乳和性的行为，有的则是后天发生的，如学会识别某些事物和听从人们指挥的行为等。后天获得的行为称为条件反射行为，或称为后效行为。后效行为是随猪出生后对新鲜事物的熟悉而逐渐建立起来的。例如，小猪在人工哺乳时，每天定时饲喂，只要按时给以笛声或铃声，或通过饲喂用具的敲打声训练几次，即可使其听从信号指挥，到指定地点吃食。

在整个养猪生产工艺流程中，充分利用这些行为特性合理安排各类猪群的生活场所，可使猪群处于最优的生长状态下，发挥其生产潜力，以达到繁殖力高、多产肉、少消耗，从而获取最佳的经济效益。

## 四、猪的行为训练

猪具有学习和记忆的能力，通过学习或训练，可以形成一些新的行为，如学会做某些事和听从人们指挥等。猪对吃喝的记忆很强，对与吃喝有关的时间、声音、气味、食槽方位等很容易建立条件反射。根据这些特点，可以制定相应的饲养管理制度，进行合理的行为调教与训练，如每天的定时饲喂，以及采食、睡卧、排泄的三定位等。

 技 能

## 一、观察猪场猪群状态

### 1. 观察动作

健康的猪，机灵、精神集中，抬头观望，并不断摇尾。若精神不振、动作缓慢、跛行、行走摇晃、头尾下垂等则为病猪，要及时测温，对症治疗。发病猪只数量众多时可采取饮水给药或料中拌药治疗，严重的猪只可单独进行个体护理治疗。

### 2. 观察皮肤和毛色

健康的猪，皮肤光滑、圆润、红亮，肌肉丰满，毛色光亮润泽。若皮毛粗硬、杂乱、暗淡且缺乏弹性，皮肤大面积发黄，皮肤角质化并有肿胀、溃疡、红斑、丘疹、湿疹、瘙痒等现象则为病猪。此时，应考虑饲料是否有问题（维生素是否缺乏，微量元素是否充足，原料有无霉变、过期等），必要时应化验或换料对比等，此外还应考虑是否因猪圈的环境卫生、体内的寄生虫以及高温高湿气候等所致。

### 3. 看粪便

猪粪正常状态为不稀不硬，落地柔软成形，颜色呈淡黄色。否则，应考虑饲料中维生素量是否不足；麸皮是否添加过少（必要时可在饲料中添加适量的泻药，最高可达0.5%）；饮水是否不足。如若粪便颜色较黑，应考虑饲料中添加铁、铜等无机盐或棉粕、菜粕等是否过多。

### 4. 看鼻盘

健康的猪，鼻盘潮湿有汗球，若干燥无汗球，鼻孔内有大量黏液溢出，尤其是种猪，则要认真对待。应采取措施（化验或拌药预防），了解猪的肺疫、传染性胸膜肺炎、气喘病等疾病史和免疫情况。

### 5. 看眼睛

健康的猪，眼睛明亮有神；若眼睛昏暗、发红，眼屎过多，无精打采则为病猪。

### 6. 看尾巴

健康的猪，肛门干净无粪便，尾巴翘起左右摇晃。若肛门及周围，甚至尾巴上黏有稀粪，或尾下垂不动弹，甚至发现脱肛现象，则为病猪。若是仔猪，则要判断是否为传染性胃肠炎、流行性腹泻、轮状病毒、感染寄生虫等导致；是否因贼风或保暖不当等导致的腹泻；是否因圈舍卫生差、酸败饲料、水质差等导致的痢疾。

### 7. 看姿势

健康的猪在温度适宜的条件下睡觉多为侧卧，四肢多伸展，呼吸为腹式呼吸。若呈犬坐势，张口呼吸，则为病猪。

### 8. 听声音

健康的猪，叫声洪亮，不浑浊。否则要注意是否有呼吸道疾病（建议进行血清化验诊断）；是否有气喘病、传染性胸膜肺炎、猪肺疫等病史，并针对免疫情况可在饲料中加药治疗。

### 9. 看颈部

健康的猪，头颈部活动自如，无肿硬疱现象。若猪头颈部活动不自如或有肿胀、硬疱现象，则为病猪，尤其是种猪多见，则要建议免疫。治疗时注射部位应消毒，针头应定头或定舍更换。猪不同生长阶段要用相应的针头，黏稠的疫苗或药液要对应用较长的针头，以免影响效果。

### 10. 看呼吸

健康的猪，正常呼吸为 10～20 次/min，若腹式呼吸过快（超过 40 次/min）或过慢则为不正常。要详细了解是否因疫苗、药物等过敏所致；是否有发病症状或已发过病处于恢复期等。为防止发病或继发性感染，针对群体猪最好用拌药饲料预防。

### 11. 看脱肛

若猪群中脱肛（多发生在育成育肥猪和仔猪阶段）现象较多，则要寻找原因，对症下药。可考虑是否为腹泻、咳嗽气喘、寒气堆积、饲料霉变或圈舍地面坡度过大等原因所致；是否为饲料中添加林可霉素或泰乐菌素等初期引起的直肠水肿所致。对于母猪来说，脱肛是否因产前、产后综合病及因便秘、妊娠后期子宫压力过大等所致。

### 12. 看咬尾

若猪群中（主指保育、育肥阶段）咬尾现象较多，则要及时处理。判断是否因通风不良、卫生差、气温过高等所致；是否因猪群密度过大所致；是否因饲料中维生素、微量元素等含量或比例不合适所致；是否因限料、饮水不足等所致；是否因怪异猪所致（挑出单独饲喂）；是否因寄生虫严重，特别是猪疥癣所致；是否因并栏、混群等所致等。

### 13. 看瘫痪

猪瘫痪主要发生在妊娠后期、哺乳期母猪及保育、育肥阶段。若此现象较多，应具体分析：产后瘫痪是否因饲料问题、助产损伤神经所致；产前瘫痪是否因饲料中钙、磷缺乏，比例不适或维生素 D 量不足等所致；是否因药物中毒（特别是臀部肌注）而使后躯神经麻痹所致；是否因咬尾严重而使尾根神经麻痹所致；是否因布氏杆菌病、佝偻病、软骨病、腰扭伤等所致。

### 14. 看关节炎

若猪的关节肿大、有炎症，瘸腿现象较多，则要及时治疗。判断是否因地板粗糙或光滑所致；是否因链球菌（多发生在仔猪阶段）所致；是否因其他疾病所致：如猪丹毒关节炎、霉形体关节炎、葡萄球菌关节炎、嗜血杆菌关节炎等；是否为营养性跛足（矿物质元素、维生素等缺乏和比例不当等）；是否因圈舍潮湿、寒冷等引起的风湿性关节炎、肌肉肿痛等所致。并应仔细观察四肢；是否跛行不敢触地，是否流血、溃疡、肿大。

### 15. 判断有无猪萎鼻、气喘病、猪疥癣、肺丝虫等疾病

猪萎鼻表现为黑眼圈、鼻歪、流血等征兆；气喘病有干咳、气喘、弓背、胸膜痉挛、低头张嘴等征兆；猪疥癣有皮肤粗糙角化、皮肤瘙痒并蹭栏、蹭墙等征兆；肺丝虫有呼吸较快、干咳时胸腹呈强直性痉挛、声音响亮宏大等征兆。这些疾病在早晨和采食运动时更易有征兆出现。

## 二、提出建议

分析猪群的观察结果，提出饲养管理建议。

**【任务总结】**

任务总结如表 2-6 所示。

表 2-6 任务总结表

| 内容 | | 要点 |
|---|---|---|
| 知识 | 为什么观察猪群 | 1. 各种传染病的征兆<br>2. 营养缺乏症的征兆<br>3. 生存环境的优劣 |
| | 猪的生物学特性 | 1. 多胎高产，世代间隔短，生产周期快<br>2. 生长快，发育迅速，沉积脂肪能力强<br>3. 杂食性，饲料利用率高<br>4. 小猪怕冷，大猪怕热<br>5. 嗅觉、听觉灵敏，视觉不发达 |
| | 猪的行为学特性 | 1. 采食行为<br>2. 排泄行为<br>3. 群居行为<br>4. 争斗行为<br>5. 性行为<br>6. 母性行为<br>7. 活动与睡眠<br>8. 探究行为<br>9. 异常行为<br>10. 后效行为 |
| 技能 | 观察猪场猪群状态 | 1. 观察动作<br>2. 观察皮肤和毛色<br>3. 看粪便<br>4. 看鼻盘<br>5. 看眼睛<br>6. 看尾巴<br>7. 看姿势<br>8. 听声音<br>9. 看颈部<br>10. 看呼吸<br>11. 看脱肛<br>12. 看咬尾<br>13. 看瘫痪<br>14. 看关节炎<br>15. 判断有无猪萎鼻、气喘病、猪疥癣、肺丝虫等疾病 |
| | 根据观察结果进行分析，提出饲养管理的建议 | 思维开阔、全面、清晰 |

**课后自测**

**一、填空题**

1. 健康的猪，机灵、精神（　　），抬头观望，并不断（　　）。

2. 健康的猪，肛门干净（　　），尾巴翘起左右摇晃；若肛门及周围，甚至尾巴上黏有稀粪或尾下垂不动弹，甚至发现（　　）现象，则为病猪。

3. 健康的猪正常呼吸为（　　）次/min，若腹式呼吸过快（超过 40 次/min）或过慢则为不正常。

    4．猪在群体中的位次关系的形成是靠（      ）。

## 二、简答题

    1．猪场兽医保健日常工作包括哪些方面？

    2．从哪些方面观察猪群？

    3．猪皮肤和毛色如何观察？

    4．猪群看粪便有何技巧？

# 任务 2.4 育肥猪猪群的调教

**【任务描述】**

    育肥猪饲养过程中存在转栏、分群的过程。为了使猪群能顺利转群，也为了减少饲养员清洁的工作量，对育肥猪进行合理的分群及调教是必须做的工作。

**【任务目标】**

    （1）了解猪的生物学特性。

    （2）掌握分群的原则。

    （3）能够对猪进行分群、"三定位"调教。

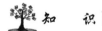 知 识

## 一、合理分群

    猪具有群居的生物学特性，在育肥猪饲养中，群饲可充分利用猪舍和设备，便于管理，又可提高劳动效率。群饲还可利用猪的同槽争食增进其食欲，促进其生长发育，但群饲应以同窝为一群最好。

    来源不同的猪并群时，往往会出现剧烈的咬斗，相互攻击，强行争食，分群躺卧，各据一方，这一行为将严重影响猪生产性能的发挥，个体间增重差异可达13%。而原窝猪在哺乳期就已经形成的群居秩序，育肥期仍会保持不变，这对育肥猪生产极为有利。如果需要把不同窝、不同来源的猪合群饲养时，应尽量把品种相同，体重、体质强弱和吃料快慢相近的猪编为一群，把弱小或有病的猪挑出单独分批饲养。即使同窝猪，难免也会出现些弱猪或体重轻的猪，可把来源、体重、体质、性格和吃食等方面相近似的猪合群饲养。同一群猪个体间体重差异不能过大，在小猪（前期）阶段，群体内体重差异不宜超过2～3kg，分群后要保持群体的相对稳定。

    猪群位次关系确定后，要保持稳定，直至出栏。在育肥期间不要变更猪群，否则每重新合群一次，由于猪间咬斗会影响增重，从而会使育肥期延长。为尽量减轻合群时咬斗对增重的影响，一般把较弱的猪留在原圈，把强的猪调进弱的圈舍内，因为猪到了新环境，会产生一定的恐惧心理，这样会减轻强猪的攻击性。此外，还可把数量少的猪群

留在原圈，把数量多的外群猪调入数量少的群中。合群应在猪未吃食的晚上合并。总之，应采取"留弱不留强""拆多不拆少""夜并昼不并"等方法。

为了减少猪只并群的争斗，可采取下列一些措施：在每个栏内绑个饲料袋，让仔猪啃咬玩耍，分散注意力；喷洒有气味的液体（如含氯消毒剂），使猪只嗅觉敏感性降低，不能识别非同群（窝）猪只。有条件的猪场可增置一些福利性的玩具，如塑料瓶、铁链、废轮胎等，减轻咬斗的强度。在猪合群后要有人看管，干涉咬斗行为，控制并制止强猪的攻击。如果猪群大时，则咬斗常有发生，固定的位次关系不能建立，会影响猪的增重，因此，在育肥猪分群时，最好同窝猪为一群。

每头猪所占面积越大，对猪的生长越有利，一般每头猪占 $1\sim1.2m^2$ 时，育肥的效果可达较佳水平。饲养密度与猪舍形式有关，如部分漏缝地板育肥，或全漏缝地板育肥，或自由采食时，密度均可加大。为提高猪舍利用率，密度也不宜过大，否则，环境单调易发生猪的自残现象，如咬耳、咬尾等行为。大量试验表明，猪群以 10 头左右一舍育肥效果最佳，考虑到猪舍的合理利用，以不超过 20 头为宜。

## 二、耐心调教

调教就是根据猪的生物学特性和行为学特性进行引导与训练，使猪只养成在固定地点排泄、躺卧、进食的习惯，这不仅减轻饲养员的劳动强度，又能保持栏内的清洁、干燥，既有利于猪自身的生长发育和健康，也便于进行日常的管理工作。猪在适宜的栏养密度下，约有 60%的时间为卧或睡。猪一般喜睡卧在高处、平地、栏角阴暗处、木板上、垫草上；热天喜欢睡在风凉之处，冬天喜欢睡在避风暖和之处。猪爱清洁，排粪尿有固定的地点，一般在洞口、门口、低处、湿处、栏角排粪尿，并在喂食前后和睡觉刚起来时排粪。猪有合群性，但也有强欺弱、大欺小的特性。猪只之间主要是靠气味进行联系；对吃喝声很敏感。掌握以上猪的习性，就能做好调教工作。

猪在合群或调入新圈时，要抓紧调教。调教应抓好以下两项工作。

第一，防止强夺争食。在重新组群和新调圈时，猪要建立新的群居秩序。为使所有猪都能均匀采食，除了要有足够的饲槽长度外，对于争食的猪要勤赶，使不敢采食的猪能够得到采食，帮助建立群居秩序，分开排列，均匀采食。

第二，固定生活地点，使吃食、睡觉、排便三定位，保持猪圈干燥清洁。通常将守候、勤赶、积粪、垫草等方法单独或交错使用进行调教。进猪前 1h 让饮水器长流水，一方面让仔猪辨认喝水位置，另一方面诱惑仔猪在此附近排尿粪。把保温板（垫子）放置料槽前且靠近走道之处，如果保温板无缝隙，可尝试撒少量饲料在上面，可起诱食和防止仔猪在附近排泄的作用。对于刚进圈的猪，前几天喂料时，可把少量饲料撒到料槽前垫板上，一旦发现仔猪乱排粪尿现象就要马上呵斥。在猪调入新圈时，应把圈栏打扫干净，将在猪床上铺少量垫草，饲槽放入饲料，并在指定排便处堆放少量粪便，然后将猪赶入新圈，督促其到固定地点排便。一旦有的猪未在指定地点排粪尿，应将其排泄在地面的粪尿清扫干净，并坚持守候、看管和勤赶，这样，很快就会使猪只养成定位排粪尿的习惯。有的猪经积粪引诱其排便无效时，可利用猪喜欢在潮湿处排便的习性，洒水于排便处进行调教。

**技 能**

（1）评价猪群分群的合理性。

（2）进行猪群分群、调教操作。

**【任务总结】**

任务总结如表 2-7 所示。

表 2-7　任务总结表

| 内容 | | 要点 |
|---|---|---|
| 知识 | 合理分群 | 1. 原则<br>2. 猪舍面积和猪的密度<br>3. 看护 |
| | 耐心调教 | 1. 防止强夺争食<br>2. 固定生活地点，使吃食、睡觉、排便三定位 |
| 技能 | 评价猪群分群的合理性 | 是否均一，相处是否融洽 |
| | 进行猪群分群、调教操作 | 耐心，细致 |

**课后自测**

**一、填空题**

1. 仔猪并窝原则是"留弱不留强"（　　　）"夜并昼不并"。

2. 猪在合群或调入新圈时，要抓紧调教。调教重点抓好两项工作：第一，（　　　），第二，固定生活地点，使吃食、睡觉、（　　　）三定位。

**二、简答题**

1. 猪的生物学特性有哪些？

2. 如何减少猪群合群时的争斗？

3. 如何调教仔猪三点定位？

# 任务 2.5　分析影响育肥猪生产力的因素

**【任务描述】**

分析育肥猪生产力是否正常是饲养员应具备的基本技能，同时也为饲养员未来岗位转换为销售打下良好的基础。

**【任务目标】**

（1）了解影响育肥猪生产力的因素。

（2）对育肥猪生长情况进行分析、评价，并提出解决办法。

🌳 知　识 ▬▬▬▬▬▬▬▬▬▬▬

# 一、育肥猪机体组织的生长和沉积变化分析

## 1. 育肥猪的生长发育规律

育肥猪的体重增长，综合反映了猪体内各部位的生长情况。在正常的饲料供给与饲养管理条件下，猪体的每月绝对增重是随着年龄的增长而增长的，而每月的相对增重是随着年龄的增长而下降的。一般猪在 100kg 前，猪的日增重由少到多，而在 100kg 以后，猪的日增重由多到少，即从幼龄的高速生长出现一个开始减慢下降过程的转折点，到了成年则稳定在一定的水平。体重增长速率的变化规律，是决定育肥猪适宜出售或屠宰体重（期）的重要依据之一。因此，在育肥猪生产上要抓住转折点以前的饲养，充分发挥这一阶段的生长优势，通常是指 6 月龄以前的阶段，这阶段增长速率快，饲料利用率高。

## 2. 猪体组织的生长规律

猪体骨骼、肌肉、脂肪、皮肤的生长速率也是不均衡的，即"小猪长骨，中猪长肉，大猪长膘"。随着年龄的增长，猪的骨骼最先发育，先向纵方向长（即向长度长），后向横方向长，并最早停止生长。肌肉在 20～100kg 这个主要生长阶段沉积，随后每日沉积蛋白质 80～120g。脂肪是最晚发育的组织，幼龄沉积不多，后期突出，从出生到 6 月龄（体重 100kg），猪体脂肪随年龄增长而提高。它的沉积强度以腹腔较早（花板油），皮下次之（肥膘），肌肉间隙最晚（五花肉或呈大理石样）。小肠生长速率随年龄增长而下降，大肠生长速率则随着年龄的增长而提高，胃的生长速率则随年龄的增长而提高。总的来说，育肥期猪只重 20～60kg 为骨骼发育的高峰期，60～90kg 为肌肉发育的高峰期，100kg 以后为脂肪发育的高峰期。所以，一般杂交育肥猪适宜 90～110kg 进行屠宰。

## 3. 猪体化学成分的变化

猪体的化学成分常随猪的年龄和饲料营养供应情况而变化，即随着年龄和体重的增长，体内水分相对减少，脂肪相对增加，但蛋白质和灰分含量在体重 45kg（或 4 月龄）以后趋于稳定。从猪体增重成分看，年龄越大，则增重部分所含水分越少，脂肪越多。同时，随着脂肪含量的增加，饱和脂肪酸的含量也增加，而不饱和脂肪酸含量则逐渐减少。在饲养生长猪时，前期应特别注意饲料中蛋白质和矿物质的供给；后期可适当减少蛋白质，增加碳水化合物，但育肥期不宜太长，否则猪宜沉积大量脂肪，增加了饲料的消耗，降低了饲料报酬，经济效益也会下降，甚至亏本。如果以猪空腹体重（宰前活重－胃肠道内容物）分析猪体化学成分的动态变化，可以清楚地看到，蛋白质和灰分基本稳定，占 20% 左右，水分和脂肪变化较大，脂肪随猪的生长逐渐增多，水分逐渐减少，脂肪和水分之和约占 80%（表 2-8）。

表 2-8　猪体化学成分含量

| 日龄（体重） | 水分/% | 蛋白质/% | 灰分/% | 脂肪/% |
|---|---|---|---|---|
| 初生 | 79.95 | 16.25 | 1.06 | 2.45 |
| 25 天 | 70.67 | 16.56 | 3.06 | 2.97 |
| 45kg | 66.76 | 14.95 | 3.12 | 16.16 |
| 68kg | 65.07 | 14.03 | 2.85 | 29.08 |
| 90kg | 53.99 | 14.48 | 2.66 | 28.54 |
| 114kg | 51.28 | 13.37 | 2.75 | 32.14 |
| 136kg | 42.48 | 11.63 | 2.06 | 42.64 |

猪体化学成分变化的内在规律，是制定育肥猪不同体重时期最佳营养水平和科学饲养技术措施的理论依据。掌握育肥猪的生长发育规律后，就可以在其生长的不同阶段，控制营养水平，加速或抑制猪体某些部位和组织的生长发育，以改变猪的体型结构、生产性能、胴体品质。

## 二、育肥猪的品种和类型分析

不同品种的猪，由于其培育条件、选择程度和生产方向不同，形成了遗传差异，即使饲料供给、饲养时间、饲养方法等条件都相同，育肥效果和胴体组成也不会相同。例如在以精料为主的饲养条件下，国外引进猪种的增重速率一般比我国地方猪种快，但在以青饲料为主的饲养条件下，国外引进猪种的增重速率反而不如我国地方猪种。不同品种和生长育肥猪的饲养效果见表 2-9，猪不同品种间胴体组织的差别见表 2-10。

表 2-9　不同品种生长育肥猪的饲养效果

| 品种 | 20～90kg 的饲养时间/天 | 平均日增重/g | 饲料利用率 |
|---|---|---|---|
| 约克夏猪 | 127 | 558 | 3.62 |
| 长白猪 | 112 | 635 | 3.50 |

表 2-10　猪不同品种间胴体组织的差别

| 品种 | 胴体长/cm | 背膘厚/cm | 板油量/% | 总脂肪量/% | 总肌肉量/% | 眼肌面积/cm$^2$ |
|---|---|---|---|---|---|---|
| 长白猪 | 97.6 | 2.57 | 2.37 | 28.07 | 56.38 | 31.33 |
| 东北民猪 | 90.01 | 3.18 | 4.46 | 35.61 | 45.36 | 23.18 |

不同的杂交猪，其增重速率也不同，例如陆川母猪×约克夏公猪，平均日增重为500g，约克夏杂 1 代母猪×长白公猪，平均日增重 600g。一般杂种后代，比本地亲本的增重平均值可提高 15%～25%。

我国的地方猪种多属脂肪型品种，育肥期生长速率慢，饲料报酬差，脂肪率高达 35% 左右，胴体瘦肉率低（38%～42%），但其优点是肉的品质好，肌肉脂肪含量高，肌纤维细，肉质细嫩多汁。而现代培育品种，特别是瘦肉型猪种，育肥期肌肉生长能力强，省饲料，胴体瘦肉率高，它代表了现代育肥猪的生产方向，但缺点是肉质品质差。

不同品种猪的消化机能及耐粗性差异很大，这必然影响其增重速率和增重部位，因而也就导致了肥育性能和经济效益的差别。因此，为了提高育肥效果，必须了解该猪的品种和类型的肥育性能，根据不同品种和类型的猪，合理调整饲养方法，按照猪的生长发育规律，合理调整其营养水平。

## 三、经济杂交分析

通过不同品种或品系之间的有效杂交，利用杂种优势提高育肥猪生产性能，是增加养猪效益的有力手段之一。国内外大量杂交试验表明，三元杂种育肥猪比二元杂种育肥猪的生长速率快 12.18%，每千克增重可节省饲料 8.22%，胴体瘦肉率可提高 10%，经济效益可提高 16%。杂交效果决定于品种的配合力，由于配合力不同，各种杂交组合的杂种优势存在着很大的差异，并非所有的杂交都会表现出杂种优势。因此为避免盲目杂交，通过配合力测定和杂交组合试验，可筛选出最优杂交组合运用于猪生产中。我国已有 27 个省、市、自治区，通过试验和生产应用，筛选出优良的二元和三元杂种猪，在我国育肥猪生产中发挥了很大的作用。

## 四、营养水平与饲料品质分析

育肥猪的主要产品是肌肉和脂肪，肌肉和脂肪的生长在很大程度受众多饲养因素的制约。各种营养充分满足需要并保持相对平衡时，育肥猪获得最佳的生产成绩和产品质量。任何营养的不足或过量，对育肥都是不利的。因此，控制营养水平，才能获得育肥生产的最佳效益。

### 1. 日粮的能量水平

能量供给水平与猪的增重和胴体品质有着密切关系。一般来说，在日粮中，蛋白质、必需氨基酸水平相同的情况下，育肥猪摄取能量越多，日增重越快，饲料利用率越高，背膘越厚，胴体脂肪含量也越多。试验表明，猪在体重 50kg 前，蛋白质沉积、日增重和膘厚随日粮能量含量的增加而上升，每千克增重的饲料消耗则随着日粮浓度的提高而下降。所以，猪体重在 18～50kg 阶段，最佳的饲喂手段是尽可能地提高日粮的能量摄入量，从而充分发挥肌肉的生长潜力，也能降低饲料的消耗。

针对我国具体饲料条件，在不限量饲养的条件下，兼顾育肥猪的增重速率、饲料利用率和胴体瘦肉率，饲粮消化能水平 11.9～13.3MJ/kg 为宜。为了获得较瘦的胴体，饲粮能量浓度还可降低，但饲粮消化能应不低于 10.87MJ/kg。否则，虽可得到较瘦的胴体，但增重速率、饲料利用率会大幅度降低。

### 2. 日粮的蛋白质和氨基酸水平

日粮中的蛋白质不仅是猪肌肉生长的营养要素，而且又是酶、激素和抗体的主要成分，对维持机体生命活动和正常生长发育有着重要的作用。日粮的蛋白质水平对商品育肥猪的日增重、饲料转化率和胴体品质影响极大，并受猪的品种、日粮的能量水平及蛋白质的配比所制约。蛋白质和必需氨基酸的不足会使猪的生长受阻，日增重降低，饲料消耗增加。大量试验表明，体重在 20～90kg 阶段的育肥猪，日粮粗蛋白质含量在 11%～

18%，日增重速率会随蛋白质水平的提高而加快，但超过 17.5%时，日增重不再提高，反而有下降的趋势。另外，由于蛋白质饲料紧缺，价格高，因此，在生产上不采用提高蛋白质水平来提高育肥猪胴体瘦肉率，应根据猪的肌肉生长潜力和肌肉的生长规律，在肌肉高速生长期适当提高猪的蛋白质水平。

饲料中能量和蛋白质应保持一定比例，比例不当就会影响猪的生长发育和饲料利用率，这种比例关系称为能量蛋白比（能朊比）。猪对蛋白质需要的实质是对氨基酸的需要，必需氨基酸中赖氨酸达到或超过需要量时，可节省粗蛋白质 1.5～2 个百分点。

育肥猪营养物质的供给应根据各组织在其不同生长阶段的重点不同而有所侧重。前期与中期应满足矿物质、蛋白质、维生素的需要，而后期应当供应大量的能量饲料。营养水平应采用前高后低式，粗蛋白质含量由前期的 16%～18%逐渐过渡到 13%～14%，日粮中粗纤维含量不宜超过 5%，过高会影响饲料利用率，降低增重效果。

### 3. 日粮中的矿物质和维生素水平

育肥猪日粮中应含有足够数量的矿物质元素和维生素，特别是矿物质中某些微量元素不足或过量时，会导致育肥猪代谢紊乱，轻者使育肥猪增重速率缓慢，饲料消耗增多，重者能引发疾病或死亡。育肥猪必需的矿物质有十几种，在调配饲粮时，主要考虑钙、磷和食盐的供给。育肥猪对维生素的需要量会随其体重的增加而增多。在现代育肥猪生产中，饲粮必须添加一定量的多种维生素。猪对各种维生素的需要量，查阅、计算较麻烦，生产中若每天给育肥猪饲喂 1～2.5kg 青绿饲料，基本上就可以满足其对维生素的需要。若没有或缺少青饲料时，可按说明添加育肥猪专用的多种维生素添加剂。育肥猪生产时，特别在小猪阶段，应适当添加微量元素添加剂，以提高育肥猪的日增重和饲料转换率。

### 4. 日粮中粗纤维水平

粗饲料中含有较多的粗纤维，适量的粗纤维能促进猪胃肠蠕动，也可以起到一定的充饥作用。但粗纤维所产能量较少，特别是粗纤维中的木质素根本不能为猪所消化利用。如日粮内掺入过多质量低劣的粗饲料，就会使猪在咀嚼、消化、排泄这些粗纤维时消耗的能量超过从这部分粗纤维中所得到的能量，结果是得不偿失，会出现掉膘或生长停滞的现象。因此，育肥猪日粮中粗纤维含量有其最高界限，每超过一个百分点，就可降低有机物（或能量）消化率 2 个百分点、粗蛋白 1.5 个百分点，从而使采食量减少，日增重降低和背膘变薄，胴体瘦肉率上升。

由于现代化养猪生产中的育肥猪要求快速生长，所以，日粮粗纤维含量不能太高。我国地方猪对日粮粗纤维的消化率为 74.2%，约克夏猪（肉脂型）为 54.9%，瘦肉型猪耐受不了粗食和低营养水平的日粮。研究证明，育肥猪日粮中粗纤维含量在 5%～6%为最佳，而生长育肥猪日粮粗纤维最适水平是 6.57 %（增重最适条件）和 6.64%（经济最适条件）。中国地方猪的生长育肥猪日粮粗纤维最高水平不应超过 16%。在日粮消化能和粗蛋白水平正常情况下，体重 20～35kg 阶段粗纤维含量为 5%～6%，35～100kg 阶段为 7%～8%，不能超过 9%。

5. 水对育肥猪的影响

育肥猪缺水或长期饮水不足，常使育肥猪健康受到损害。当育肥猪体内水分减少 8% 时，即会出现严重的干渴感觉，食欲丧失，消化物质作用减缓，并因黏膜的干燥而降低对传染病的抵抗力；水分减少 10% 时就会导致严重的代谢失调；水分减少 20% 以上时即可引起死亡。在高温季节育肥猪的缺水要比低温时对其伤害更为严重。通常，育肥猪的需水量是每千克饲料干物质的 3～4 倍，即体重的 16% 左右。

## 五、饲养环境的分析

现代育肥猪生产是高密度舍饲，猪舍内的小气候是主要的环境条件。猪舍的小气候包括舍内温度、湿度、气流、光照和饲养密度等。舍内二氧化碳、氨气、硫化氢等化学因素和尘埃、微生物等其他因素等都会对育肥猪生产造成影响。

1. 温度和湿度

现代育肥猪生产是在高密度环境条件下饲养的，猪舍的温度和湿度是育肥猪的主要环境，直接影响育肥猪的增重速率、饲料利用率和养猪生产的经济效益。猪在育肥期间的适宜温度为 15～23℃。当气温升至 23℃ 以上时，日增重下降，气温在 15～23℃ 时，体重增长最快。另外，猪的体重越大，对气温的升高越难适应。据试验，气温在 4℃ 以下时，增重速率会下降 50%，与此同时，按每千克增重计算饲料消耗，会增加到在最适温度时的 2 倍。温度过高时，为增强散热，猪的呼吸频率会增高，食欲降低，采食量下降，增重速率会减慢，如果再加之通风不良、饮水不足，还会引起中暑死亡。温度对胴体的组成也有影响，温度过高或过低均显著地影响猪脂肪的沉积。如果有意识地利用这种环境来生产较瘦的胴体则不经济，因其所得不足以补偿增重慢和耗料多；以及由于延长出栏时间而造成的圈舍设备利用率低等的损失。

俗话说"小猪怕冷，大猪怕热"，这表明不同体重的育肥猪要求的适宜温度是不一样的。研究证明，猪的适宜温度 11～45kg 重时是 21℃，45～100kg 重时为 18℃，135～160kg 重时为 16℃。在人工气候条件下，体重为 45～158kg 的育肥猪，猪舍温度由 22.8℃ 开始，随着猪体重的增加，舍内温度逐渐下降到 10.3℃ 可获得最高日增重。

育肥舍内温度对育肥猪增重的影响，还与相对湿度相关，获得最高日增重的最适宜温度为 20℃、相对湿度为 50%。实践证明，当温度适宜时，相对湿度从 45% 上升到 80% 都不会影响猪的采食量、增重和饲料利用率。空气相对湿度以 40%～75% 为宜。对猪影响较大的是低温高湿和高温高湿气候。低温高湿时，会加剧猪体热的散失，加重低温对猪的不利影响；高温高湿时，会影响猪体表蒸发散热，阻碍猪的体热平衡调节，加剧高温所造成的危害。同时，空气相对湿度过大时，还会促进微生物的繁殖，容易引起饲料、垫草的霉变。但空气相对湿度低于 40% 时，也容易引起猪皮肤和外露黏膜干裂，降低其防御能力，更会增加其呼吸道和皮肤疾患。

2. 气流

现代化高密度饲养的育肥猪一年四季都需通风换气，但是在各季必须解决好通风换气与保温的矛盾，不能只注意保温而忽视通风换气，这会造成舍内空气卫生状况恶化，使育肥猪增重减少并增加饲料的消耗。育肥舍内的通风换气与风速和通风量有直接关系，通风换气速率大小对育肥猪的日增重和饲料转化率有一定影响。有人用40kg以上育肥猪做试验，在不同气温下比较不同风速对猪生产性能的影响。当气温超过37.8℃以上时，加快风速，猪日增重下降，并增加了饲料消耗。当气温为4～19℃时，遭受"贼风"侵袭，猪也会降低日增重和增加饲料消耗。猪舍内的空气经常受到粪尿、饲料、垫草的发酵或腐败形成的氨气、硫化氢等有害气体的污染，猪自身的呼吸又会排出大量的水气和二氧化碳以及其他有害气体。如果猪舍设计不合理或管理不善，通风换气不良，饲养密度过大，卫生状况不好，就会造成舍内空气潮湿、污浊，充满大量氨气、硫化氢和二氧化碳等有害气体，从而降低猪的食欲，影响猪的增重和饲料利用率，并可引起猪的眼病、呼吸系统疾病和消化系统疾病的发生。因此，除在建设猪舍时要考虑猪舍通风换气的需要，即设置必要的换气通道，安装必要的通风换气设备之外，还要在猪场管理上注意经常打扫猪栏，保持圈舍清洁，减少污浊气体及水汽的产生，以保证舍内空气的清新和适宜的温度和相对湿度。

3. 光照

光照对育肥猪的日增重与饲料利用率均无显著影响。从猪的生物学特性看，猪对光也是不敏感的，因此育肥舍的光照只要不影响操作和猪的采食就可以了。强烈的光照会影响育肥猪的休息和睡眠，从而影响其生长发育。育肥舍人工光照提高到40～50lx，对猪的物质正常代谢是有利的，并能增强其抗应激性和增重速率。但过高的光照（120lx以上）能强烈激化氧化还原的过程，会引起猪增重下降。在无窗育肥舍人工光照40～50lx下的生长育肥猪，表现出最高的生长速率，而在5～20lx和120lx光照下，其平均日增重会下降3.3%～11.3%。有人进行过暗舍养育肥猪试验，结果可提高饲料转化率3%，提高日增重4%。光照饲养可使胴体瘦肉率较暗舍饲养增加16%～30%，而暗舍饲养可使胴体脂肪增加20%～30%。这个研究表明，一定的光照强度有利于提高猪的日增重，但过强的光照可使日增重降低，胴体较瘦；光照过弱能增加脂肪沉积，胴体较肥。

4. 饲养密度

饲养密度明显影响猪的群居和争斗、采食和饮水、活动和睡眠、排粪尿等行为。群体密度过大时，个体间冲突会增加，炎热季节还会使舍内局部气温过高而降低猪的食欲，从而影响猪的正常休息、健康和采食，进而影响猪的增重和饲料利用率。兼顾提高圈舍利用率和育肥猪的饲养效果两个方面，随着猪体重的增大，应使圈舍面积逐渐增大。为满足猪对圈栏面积的需求，又保证育肥期间不调群，最好的办法就是采取移动的栏杆圈栏，这样既可以随猪体重增大相应地扩大围栏面积，又可避免调群造成的应激。据试验，一栏养 10 头猪，每头猪占地面积 1.2m²，日增重 610g；另一栏养 15 头猪，每头猪占地面积 0.8m²，日增重 580g，可见，适当宽度对增重是有利的。育肥猪的最有利群体大小为 4～5 头，但这样会相应地降低圈舍及设备利用率。实际生产中，在温度适宜、通风良好的情况下，每圈以 10～15 头为宜，最多不宜超过 20 头，如超过 40 头时，不易建立固定的位次关系。因此，群体太大或密度升高都会造成猪肥育性能的下降。

## 六、仔猪初生重的分析

在正常情况下，仔猪初生体重的大小与断奶体重的大小关系十分密切，即仔猪初生体重越大，则生命活力就越强，生长速率也越快，断奶体重就越大。仔猪的断奶体重与育肥期增重关系十分密切，哺乳期体重大的仔猪，育肥期增重快，死亡率也低。在生产中可观察到那些小而瘦弱的仔猪，在育肥期中易患病，甚至中途死亡。为了获得初生重与断奶重的仔猪，必须重视并加强妊娠母猪、哺乳母猪的饲养管理工作，特别要注意加强哺乳仔猪的保育工作，才能提高仔猪的初生体重、断奶体重，为提高猪育肥效果打下良好的基础。

## 七、性别的分析

猪的性别和去势与否，不仅影响育肥期的增重速率和饲料利用率，而且还影响到猪的胴体品质和育肥的经济效果。瘦肉型猪性成熟晚，不去势公猪生长速率和胴体瘦肉率高于母猪，也高于去势猪。母猪不去势其胴体瘦肉率高于去势公猪，生长速率和饲料效率比公猪稍差。去势后的猪性情安静，食欲增强，增重加快，饲料利用率提高，脂肪的沉积增强，肉品品质提高。经去势的猪，随着性机能的消失，体内新陈代谢和体内的氧化作用及神经的兴奋性降低，同化过程加强，异化过程减弱，可将所吸收的营养更多地利用到增重。

随着育肥生产技术的提高，加之国外不少猪种性成熟较晚，达到屠宰体重的饲养期短，育肥的公猪、母猪也有不去势的。虽然不去势的公猪蛋白质和瘦肉量沉积最多，阉猪最差，母猪居中，但目前公猪不去势在生产上还是不宜采用的，主要是因为公猪肉中含有睾酮、甲基氮茚和甲基吲哚等物质，有膻气，直接影响肉品品质。目前农村养猪生产实践中，通常采用公猪、母猪均去势，去势的时间一般在 30～40 日龄。国内外的工厂化养殖中，小母猪一般不去势，直接用于育肥。

## 八、体重和年龄的分析

猪在正常的饲养管理条件下，随着体重和月龄的增长，单位体重的相对采食量下降，而维持营养所占比例相对增多。同时，由于增重中的瘦肉和脂肪绝对量增多，瘦肉量会相对下降，而脂肪的沉积量会相对上升，饲料利用率会降低。如 10kg 仔猪，每月增重 7kg，增重率为 70%，肉料比为 1∶2.1；80kg 的大猪，每月增重 20kg，增重率只有 25%，肉料比为 1∶3.4。因此，猪的育肥应争取在短期内，即幼龄时期达到适宜的经济利用体重，才能收到较好的经济效益。否则，猪的饲养期越长（年龄越大），饲料利用率、胴体瘦肉率越低，脂肪量越多，育肥效果越差。

## 九、屠宰体重的分析

掌握适宜的屠宰体重，可以提高胴体瘦肉率和育肥生产的经济效益。根据猪的生长发育规律可知，育肥猪随体重和月龄的增大，单位体重的相对采食量会下降，而维持营养所占比例增多。同时由于增重成分中肥肉相对增多，瘦肉相对减少，胴体内水分含量会下降，热量增多，因而单位增重的饲料消耗会增多。

瘦肉型商品育肥猪适宜屠宰体重的确定，要从提高胴体品质和养猪经济效益出发，兼顾胴体瘦肉率、屠宰率、增重速率和饲料效率4项指标。屠宰太早，猪的生长尚未充分，肉质不香，也不经济；屠宰太晚，饲料消耗多，且背膘增厚，消费者不欢迎。一般猪的年龄和体重越小，饲料利用率越高，随着体重的增长，饲料消耗相应增多，所以育肥猪养得越大，消耗的饲料也越多。相反，若没有达到屠宰体重，虽然饲料利用高一些，但育肥不够，肉质欠佳，屠宰率低，也不符合经济原则。适宜屠宰体重的大小，可因品种的体型大小、成熟早晚、饲养水平的不同有所区别。小型早熟种应在体重达 70~80kg 时屠宰，大型晚熟品种应在 90~100kg 体重时屠宰。对单一品种或同一杂交组合的猪来说，高水平饲养时，屠宰体重可稍减小；稍低水平饲养时，屠宰体重可适当增大。

综合分析，月龄越小，胴体瘦肉率越高，但产肉量越低；任何经济类型的猪，在 60~100kg 体重时都可达到生长高峰，为最佳屠宰体重。按单位体重的生长率和饲料报酬计算，月龄越小，屠宰越经济；按猪的消耗计算，最经济适宜的屠宰体重为 75~100kg。要提高胴体瘦肉率，在 75~100kg 体重范围内，屠宰月龄越小越好。随着人民生活水平的提高和出口需要，胴体瘦肉率越高越好。就经济效益而言，猪的体重越大，增重速率越慢，胴体瘦肉率下降，脂肪增多，饲料报酬降低，饲养成本增加；体重在 10~67.5kg 时，日增重随体重的增加而增加，体重在 67.5~100kg 时，日增重并不随体重的增加而上升，而是维持在一定水平，如果继续饲养，日增重则有下降趋势。

## 十、健康水平的分析

商品猪场及屠宰厂的抽样调查资料表明，猪的各种疾病，特别是亚临床症状的疾病和寄生虫病等，已成为危害育肥猪生产的主要因素，某些慢性消耗性传染病的潜在流行（有的疾病目前尚无有效疫苗和根治的药物），给育肥猪生产造成重大损失，寄生虫在有些猪场普遍存在。因此，加强疾病防治，提高猪群健康水平，已成为提高商品猪生产经济效益不可缺少的重要手段，国外对此也非常重视。有资料表明，健康情况优秀的猪群比基本健康猪群达到 90kg 日龄早 14.5 天。美国的研究报告表明，控制了疥螨比未能控制疥螨的育肥猪，育肥期平均日增重高 50g，可少用 8~9 天达到同样的出栏体重，同时饲料效率较好。据估计，母猪轻度感染疥癣后，每头每年将给育肥猪生产造成 1000 美元的损失。猪的呼吸系统病，如喘气病、胸膜肺炎、萎缩性鼻炎等在猪群中流行也较为广泛，染病猪比健康猪饲料效率低 22%。上述一些猪病在环境条件好、营养好时，病情较轻，反之病情加重。鉴于上述情况，为提高猪群健康水平，增进育肥效益，应采取如下措施。

（1）育肥猪应来自健康猪群。

（2）育肥期，特别是育肥前期，饲料中要添加一些抗生素，以提高健康水平，控制和防止某些疾病。

（3）应用来自无特定病原体猪群的健康仔猪进行育肥生产。当前无特定病原菌猪群，是指没有喘气病、胸膜肺炎、萎缩性鼻炎、血痢（猪红疾）、伪狂犬病等几种传染病病原体，同时没有虱、疥螨和弓形体的猪群。

 **技　能**

对某猪场或某批育肥猪进行生产力分析。

**【任务总结】**

任务总结如表 2-11 所示。

**表 2-11　任务总结表**

| | 内容 | 要点 |
|---|---|---|
| 知识 | 育肥猪机体组织的生长和沉积变化分析 | 1．育肥猪的生长发育规律<br>2．猪体组织的生长规律<br>3．猪体化学成分的变化 |
| | 育肥猪的品种和类型分析 | 1．国外引进猪种<br>2．我国地方猪种 |
| | 经济杂交分析 | 二元杂交、三元杂交的比较 |
| | 营养水平与饲料品质分析 | 1．日粮的能量水平<br>2．日粮的蛋白质和氨基酸水平<br>3．日粮中的矿物质和维生素水平<br>4．日粮中粗纤维水平<br>5．水对育肥猪的影响 |
| | 饲养环境的分析 | 1．温度和湿度<br>2．气流<br>3．光照<br>4．饲养密度 |
| 技能 | 仔猪初生重的分析 | 初生重大小 |
| | 性别的分析 | 去势的影响 |
| | 体重和年龄的分析 | 增重规律 |
| | 屠宰体重的分析 | 适宜屠宰体重 |
| | 健康水平的分析 | 疾病的影响 |
| | 对某猪场或某批育肥猪进行生产力分析 | 分析的全面性，原因的合理性 |

**课后自测**

**一、填空题**

1．猪体骨骼、肌肉、脂肪、皮肤的生长速率也是不均衡的，即"小猪长骨，（　　），大猪长膘"。

2．脂肪是最（　　）发育的组织，幼龄沉积不多，后期突出。

3．育肥期 20～60kg 为骨骼发育的高峰期，60～90kg 肌肉发育高峰期，（　　）kg 以后为脂肪发育的高峰期。

4．一般杂交商品猪应于（　　）进行屠宰为适宜。

5．猪在育肥期间的适宜温度为（　　　）。

**二、名词解释**

平均日增重

**三、简答题**

1．提高生长育肥猪生产力的主要技术措施是什么？

2．为什么育肥猪要去势？

3．影响育肥猪生产力的因素有哪些方面？

## 任务 *2.6* 育肥猪肉质的评定

**【任务描述】**

猪的肉质优劣，对猪肉销售和食用的适口性影响很大。长期以来，人们一直致力于提高猪的产肉性能，而忽视了猪的内在机能，加之高集约化的饲养管理，导致在提高胴体瘦肉率的同时，伴随着肉质变劣的发生。评判肉质的优劣主要依赖于肉质指标，常用的肉质指标有 pH、肉色、系水力、肌间脂肪、肌肉嫩度、滴水损失、品尝评定和风味等，此外还有许多活体早期评定肉质优劣的方法，如酯型、酶活性、氟烷测定、氟烷基因型 PCR 测定等。

**【任务目标】**

（1）能够对猪肉颜色、pH、肌间脂肪等指标进行评定。

（2）掌握肉质评定方法及原理。

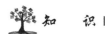

知 　 识

## 一、猪肉的品质

猪肉的品质在不同的国家、同一国家不同的市场上有着不同的标准。业内通常采用 Hoffman 提出的标准，即猪肉品质包括肉的感官特性、技术指标、营养价值、卫生（毒性或食品安全方面）状况等。研究猪肉品质有两个难点：首先，猪肉品质的评价指标涉及许多方面，其中许多指标尚无明确的定义，而且难以客观地测定。目前评价肉质的指标有：肉色、肌间脂肪（大理石纹）、肌肉嫩度、pH、蛋白质的溶解度、滴水损失、肌肉系水力、熟肉率、总脂肪含量、胆固醇含量、烹调损失、咀嚼性能、口感风味等。其次，影响猪肉品质因素很多，其中有些因素生产者无法控制，如肉的食用品质包括：肉色、风味（影响消费者可接收程度的主要因素）、系水力（影响猪肉加工和可售产量的主要因素）等。

1. 肉色

肉的颜色主要决定于其中的肌红蛋白含量和化学状态。肌红蛋白主要有 3 种状态：

紫色的还原型肌红蛋白（Mb）；红色的氧合肌红蛋白（MbO$_2$）；褐色的高铁肌红蛋白（Met-Mb）。当肉接触到空气 30min 后，切口表面由于与空气接触，肌红蛋白与氧结合成氧合肌红蛋白，肉色鲜红。随着时间延长，肌红蛋白的氧化也在进行，形成高铁肌红蛋白，这个过程比较慢。随着高铁肌红蛋白的逐渐增多（超过 30%时），肉的颜色开始变褐。肉的颜色可以用比色板、色度仪、色差计等以及化学方法评定。猪肉色的评定通常需在室内、白天正常光度下进行。评定时间：新鲜猪肉在宰后 1～2h；冷却肉样在宰后24h。评定部位为胸腰椎接合处、背最长肌横断面。

2. 肌肉嫩度

肌肉嫩度是肉的主要食用品质之一，是指肉在食用时的口感，反映了肉的质地，是由肌肉中各种蛋白质结构所决定。影响肌肉嫩度的因素很多，有品种、年龄、性别、肌肉部位、屠宰方法以及宰后处理等。对肌肉嫩度的主观评定主要根据其柔软性、易碎性和可咽性来判定。柔软性即舌头和颊接触肉时产生触觉，嫩肉感觉软糊，而老肉则有木质化感觉。易碎性，指牙齿咬断肌纤维的容易程度，嫩度很好的肉对牙齿无多大抵抗力，很容易被嚼碎。可咽性可用咀嚼后肉渣剩余的多少及吞咽的容易程度来衡量。对肌肉嫩度的客观评定可借助于仪器来衡量其切断力、穿透力、咬力、剁碎力、压缩力、弹力和拉力等。切断力又称剪切力，即用一定钝度的刀切断一定粗细的肉所需的力量，以千克为单位。由于影响肌肉嫩度的因素很多，所以测定程序必须标准化，所得结果才有可比性，如取样时间、取样部位、加热方法、测试样品的大小等。

3. 肌肉系水力

肌肉系水力是指肉保持原有水分和添加水分的能力。肌肉中通过化学键固定的水分很少，大部分是靠肌原纤维结构和毛细血管张力而固定的。肌肉系水力是一项重要的肉质性状，它不仅影响肉的色、香、味、营养成分、多汁性、肌肉嫩度等食用品质，而且有着重要的经济价值。利用肌肉系水力这一特性，在加工过程中可以添加水分，从而可以提高产品出品率。如果肌肉保水性能差，那么从猪屠宰后到肉被烹调前这一段过程中，肉会因为失水而失重，造成经济损失。pH 对肌肉系水力影响很大，当 pH 降到蛋白质的等电点（5.3）时，维持肌原纤维结构的电荷斥力最小，此时肌肉系水力最小。肌肉系水力的测定方法可分为 3 类。

（1）不施加任何外力，如滴水法。

（2）施加外力，加压法和离心法。

（3）施加热力，如用熟肉率来反映烹调水分的损失。

## 二、PSE 肉

随着多元杂交瘦肉型猪的推广，追求高的饲料报酬，采用封闭式饲养，饲喂高蛋白、高能量的全价饲料，对促进猪的生长、提高胴体瘦肉率和经济效益是有利的。但是由于瘦肉型猪应激性很强，在宰前处理过程中，会引起这类猪的应激反应。宰后会出现 PSE 肉（pale soft exudative meat），俗称水猪肉。

这种猪宰后的肌肉灰白、质地松软没弹性，并且肌肉表面渗出肉汁，俗称白肌肉，或 "水煮样" 肉，常发生于肥猪，常见于猪腰部及腿部肌肉。这种肉用眼观察呈淡白色，同周围肌肉有着明显区别；其表面很湿，呈多汁状；指压无弹力，呈松软状，也称 "热霉肉"。

### 1. 产生机理

PSE 肉的发生是因为应激敏感的猪受外部因素刺激后，线粒体能量代谢发生永久性缺陷，肌能代谢不足，内糖酵解加强，导致肌肉中 6-磷酸葡萄糖含量升高，1, 6-二磷酸果糖 ATP 和肌磷酸含量降低，因此机体的耗氧率增加，糖酵解加快，乳酸大量生成，肌肉 pH 迅速下降，从而肌动蛋白和肌球蛋白的凝结收缩呈颗粒状，水分解离，肌肉的持水性下降。简单地说，由于高代谢速率导致的持续高温以及低 pH，而使蛋白质产生剧烈、明显的变性。

### 2. 产生原因

PSE 肉的产生有遗传因素和环境因素之分。遗传因素主要是品种和个体差异两种。

遗传因素：猪的品种不同，其产生 PSE 肉的概率也不同。而个体与个体之间的机体状况不同，其产生 PSE 肉的难易程度也存在一定的差异。

不同品种的猪在屠宰后其肌肉 pH 变化的速率有差异。其原因，一种可能是由于酶组成不同，肌肉中糖原酵解速率不同，pH 变化速率也不同；另外一种为血容量和甲状腺机能活动的差异，血量不足或甲状腺功能亢进时，肌肉的氧供应不足，缺氧酵解会增加乳酸，因而肉中 pH 会降低。

环境因素：猪在受到驱赶、噪声、互相撕咬、电击、运输碰撞、击打、饲养不当、温度等因素作用下，通常会处于高度紧张状态，这时体温升高、肌肉收缩，能量被大量消耗，并且肾上腺素分泌亢进，肌肉对糖分解机能亢进，糖源酵解过程增强，最终结果是产生大量乳酸，肌肉 pH 下降。而在后续加工当中也存在温度或其他因素的刺激，同样也容易产生 PSE 肉，如肉尸胴体在 63～65℃下会自发产生一些反应，从而导致 PSE 肉的产生。

### 3. 鉴别方法

显微镜下观察 PSE 肉，有的肌纤维呈平行排列，有横纹，但许多纤维内膜破裂，肌纤维轻度变性，肌间组织明显水肿，但无炎症变化。有的肌纤维呈波状扭曲，其横纹密度比直立纤维稀疏，肌原纤维间有断裂和空隙。由于肌肉收缩，常见 PSE 肉中含粗大纤维，一般比正常肌纤维粗 3～4 倍。

pH 迅速降低是 PSE 肉的一个重要特征。因为宰后糖酵解速率较快，当宰后胴体的温度还很高时，pH 就下降到了 5.5，一般宰后 45min 的胴体的正常 pH 为 6.1～6.4，而 PSE 肉在宰后 pH 为 5.1～5.5。

## 三、DFD 肉

DFD 肉（dark，firm and dry muscle）是指育肥猪宰后肌肉 pH 高达 6.5 以上，表面

呈暗红色、质地坚硬、干燥的干硬肉。这类猪肉失水率＜5%。通常是由于猪屠宰前受长时间的刺激，肌糖原耗竭而几乎不产生乳酸，从而宰后肌肉 pH 会保持较高值，蛋白质变性程度低，失水少，从而出现猪肉表面渗水少。

 技　能

常用几种猪肉品质评定如下。

**1. 肉色**

肌红蛋白（Mb）和血红蛋白（Hb）是构成肉色的主要物质，起主要作用的是 Mb，它与氧的结合状态在很大程度上影响着肉色，且与肌肉的 pH 有关，其遗传力约为 0.30。肉色的评定方法很多，目前使用的主要有两大类：主观评定和客观评定。

主观评定是依据标准的图板进行 5 分制的比色评定：在猪宰后 1～2h，取胸腰椎接合处背最长肌横断面，放在 4℃左右的冰箱里存放 24h，1 分为灰白色（PSE 肉色），2 分为轻度灰白色（倾向 PSE 肉色），3 分为鲜红色（正常肉色），4 分为稍深红色（正常肉色倾向 DFD 肉色），5 分为暗红色（DFD 肉色）。

客观评定是利用仪器设备进行测定，目前使用较多的是色值测定、色素测定和总色素测定等，评定时间和部位与主观评定一致。将肉样切成约 1cm 厚的肉片，放置在仪器的测定台上，按读数键即可读出相应的色值。一般认为，色值越高，肌肉的颜色越苍白；色值越低，肌肉的颜色越暗，正常的色值一般在 10%～25%，色值与评分的关系是：2 分为 26%～35%，3 分为 15%～25%，4 分为 10%～14%。

**2. 肌肉系水力**

研究表明猪肌肉中水分约占 70%，其遗传力为 0.65，测定方法如下。

重量加压法。在宰后 2h 内，取第一、二腰椎处背最长肌，切成 1cm 厚的肉片，用天平称加压前肉样重，然后把肉样放在加压器上加压去水，并保持 5min，撤除压力后立即称量加压后肉样重。用饲料水分测定法测量出同部位肉样水分含量（%），结果计算：

肌肉系水力（%）＝［（肉样含水量－肉样失水量）/肉样含水量］×100

肉样含水量（g）＝肉样压前重（g）×该肉样水分（%）

肉样失水量（g）＝肉样压前重（g）－肉样压后重（g）

失水率（%）＝［（肉样压前重－肉样压后重）/肉样压前重］×100

滴水损失法。在宰后 2～3h，取第二、三腰椎处背最长肌，顺肉样肌纤维方向切成 2cm 厚的肉片，修成长 5cm、宽 3cm 的长条称重，用细铁丝钩住肉条的一端，使肌纤维垂直向下，悬吊于塑料袋中（肉样不得与袋壁接触），扎好袋口后吊挂于 4℃左右的冰箱内保持 24h，取出肉样称重计算。

滴水损失（%）＝（吊挂前肉条重－吊挂后肉条重）÷吊挂前肉条重×100%

无论是失水率还是滴水损失，其值越高，则肌肉系水力越差。

### 3. 熟肉率

宰后 2h 内取腰大肌中段约 100g 肉样，称蒸前重，然后置于锅蒸屉上用沸水蒸 30min。蒸后取出吊挂于室内阴凉处冷却 15～20min 后称重，并按下式计算熟肉率：

$$熟肉率（\%）=（蒸后重÷蒸前重）×100\%$$

### 4. pH

宰后肌肉活动的能量来源主要依赖于糖原和磷酸肌酸的分解，两者的产物分别是乳酸、磷酸及肌酸，这些酸性物质在肌肉内储积，导致肌肉 pH 从活体时 7.3 左右开始下降，肌肉酸度的测定最简单快速的方法仍是 pH 测定法。

一般采用酸度计测定法。在猪宰后煺毛前，于最后肋骨处距离背中线 6cm 处开口取背最长肌肉样，肉样置于玻璃皿中，将酸度计的电极直接插入肉样中测定，每个肉样连续测定 3 次，用平均值表示。若背最长肌的 pH＞6.5，并伴有肉色暗红、质地坚硬和肌肉表面干燥等现象，可判为 DFD 肉。

### 5. 肌间脂肪

肌间脂肪（大理石纹）主要以甘油酯、游离脂肪酸及游离甘油等形式存在于肌纤维、之间，其含量及分布因品种、年龄及肌群部位等因素而异。

主观评定——大理石纹评定。取最末胸椎与第一腰椎结合处背最长肌横断面，在 0～4℃的冰箱中存放 24h，与肉色评分同时进行。对照大理石纹标准评分图进行评定：1 分，脂肪呈痕迹量分布；2 分，脂肪呈微量分布；3 分，脂肪呈少量分布；4 分，脂肪呈适量分布（理想分布）；5 分，脂肪呈过量分布。两分之间允许评 0.5 分，结果用平均值表示。

客观评定——索氏测定脂肪含量。

### 6. 肌肉嫩度

肌肉中的蛋白质大致可分为肌浆蛋白质、结缔组织蛋白质和肌原纤维蛋白质等三大类。其中结缔组织蛋白质和肌原纤蛋白质对肌肉嫩度有较大的影响，肌肉嫩度的评定方法主要有客观评定和主观评定，影响肌肉嫩度的因素主要有遗传因素、营养因素和年龄等，其遗传力约为 0.4。

肉样的制备：取宰后 2h 内或熟化 24h 以上，第 1～4 腰椎处的背最长肌，顺肌纤维走向切成厚 2cm 的肉片，并修成长 5cm、宽 2cm 的长条，将肉条装入塑料袋中，隔水煮约 45min（肉条中心的温度达 80℃即可），迅速冷却至室温后编号。

主观评定就是人对评定的肉进行口感评定。

客观评定——剪切值测定法。将长 5cm、厚 1cm、宽 1cm 的肉条置剪切仪的剪切台上，按向下键剪切肉条，每个长条切 4 次，每个肉样切成 5 个长条，用平均值表示，剪切值越小，肌肉嫩度越好。

### 【任务总结】

任务总结如表 2-12 所示。

表 2-12　任务总结表

| 内容 | | 要点 |
|---|---|---|
| 知识 | 猪肉的品质 | 肉色、肌肉嫩度、系水力等 |
| | PSE 肉 | 1. 产生机理<br>2. 产生原因<br>3. 鉴别方法 |
| | DFD 肉 | 概念及产生原因 |
| 技能 | 猪肉品质测定 | 1. 肉色<br>2. 肌肉系水力<br>3. 熟肉率<br>4. pH<br>5. 肌间脂肪<br>6. 肌肉嫩度 |

## 课后自测

### 一、填空题

1. 猪肉品质包括肉的感官特性、技术指标、(　　　)、卫生（毒性或食品安全方面）状况等。

2. 肉的颜色主要决定于其中的(　　　)含量和化学状态。

3. 对肌肉嫩度的主观评定主要根据其(　　　)、(　　　)和可咽性来判定。

### 二、名词解释

1. PSE 肉　2. DFD 肉　3. 肌肉系水力

### 三、简答题

简述猪肉肌间脂肪的评定标准。

# 项目3

# 饲养管理种猪

■ **情景描述**

　　在完成育肥猪养殖实践后，李场长让李涛到种猪生产车间进行种猪的饲养管理。

■ **学习目标**

　　**能力目标：**能够正确饲养管理种母猪；能够正确饲养管理种公猪；能够为母猪接产并处理难产情况；能够护理初生及哺乳仔猪；能够为仔猪断奶；能够正确饲养管理保育猪；能够正确选择调运种猪。

　　**知识目标：**了解种猪饲养管理的重点；仔猪的饲养管理的重点；种猪选择、调运的注意事项。

　　**素质目标：**务实、严谨，实事求是，观察仔细。

# 任务 *3.1* 种母猪的饲养与管理

## 【任务描述】

母猪的生理周期分为空怀期、妊娠期、哺乳期三个时期。根据各时期的特点饲养管理好母猪，是提高母猪繁殖力的重要手段。空怀期饲养管理的重点是保证母猪正常发情排卵，妊娠期饲养管理的重点是保证胎儿正常生长发育，哺乳期饲养管理的重点是保证母猪正常泌乳等。要做到正确饲养母猪，做好各个时期的管理工作，必须根据母猪各生理周期的特点及营养需求，增强饲养工作的针对性，从而使空怀期母猪能正常发情排卵；妊娠期胎儿能正常生长发育；哺乳期母猪能正常泌乳，这样才能有效提高母猪的繁殖力。

## 【任务目标】

（1）了解空怀母猪、妊娠母猪的营养特点以及泌乳母猪泌乳的特点。

（2）掌握妊娠母猪、泌乳母猪、断奶母猪的饲养管理技术。

（3）掌握母猪淘汰更新的原则。

知　识

## 一、空怀母猪的饲养与管理

空怀母猪是指尚未配种的或是虽配种而没有受孕的母猪，包括初配的后备母猪和经产母猪。

空怀母猪饲养与管理的好坏直接影响其发情和排卵，因此应加强空怀母猪的饲养与管理，使其能迅速达到正常繁殖体况并保持一定的性机能，做到适时配种，力争全配全准，多胎多产。

### 1. 母猪的繁殖潜力

成年母猪每次发情平均能排卵 20 个左右，但每胎的实际产仔数仅在 10 头左右，主要原因是，在饲养管理不当的情况下，部分卵子不能受精或受精后中途死亡。

### 2. 初配年龄和体重

我国地方品种猪一般性成熟比较早，初配年龄小，母猪在出生后 6～8 个月龄，体重达 50kg 以上就可以配种。国外引进品种和培育品种的母猪一般在出生后 8～10 月龄，体重达 110～120kg 可以进行初配。

### 3. 母猪膘情

母猪膘情是衡量其营养状况好坏的主要标志之一。俗话说："待配母猪八成膘，容易怀胎产仔高"，可见保持中上等膘情是待配母猪饲养的关键。因此，对膘情异常的母猪要进行调整。特别是经产母猪，体况比较瘦的和上一胎产仔较多、体质较弱的母猪，应适当加料，给予特殊照顾，使其尽快恢复膘情；过胖的母猪易造成卵巢脂肪浸润，影响卵子成熟和正常发情，应减少精料的喂量，增加青绿多汁饲料的喂量，同时加强其运动，使其尽快恢复膘情，以利继续配种和连续利用。

**4. 短期优饲**

对初配母猪可以采取短期优饲，以增加排卵数，提高配种成功率。即在配种前 10～14 天加料，增加能量和蛋白质的供给，注意按营养需要供给全价优质饲料。对断奶后比较瘦弱的母猪，可采取配种优饲法，即在配种前一直饲喂高能量、高蛋白质的饲料。

**5. 加强放牧运动**

充足的阳光、适量的运动、新鲜的空气等对母猪正常发情排卵和保持良好的繁殖体况有着很大的促进作用。实践证明，配种前加强放牧，使母猪采食嫩草、野菜，接触阳光、土壤、新鲜空气等，能促进母猪的发情和卵子成熟。

**6. 促使母猪发情排卵的措施**

有些经产母猪在仔猪断奶后 10 天内不能正常发情，可以采取以下措施，促使其发情与排卵。

（1）改善饲养管理。 母猪久不发情，原因可能是日粮能量、蛋白质不足，或缺少维生素或矿物质；母猪膘情异常；长期缺乏运动等。可根据具体情况调整日粮，加强运动。

（2）诱情。 用试情公猪追逐久不发情的母猪。由于母猪接触到公猪，嗅到公猪的气味，以及公猪爬跨等刺激，使母猪垂体产生促卵泡素，从而促使母猪发情、排卵。有时用发情母猪或刚配过种的母猪爬跨或接触不发情的母猪，也能收到催情、排卵的效果。

（3）乳房按摩。乳房按摩分表层按摩和深层按摩。表层按摩的方法是，在每排乳房的两侧用手掌前后反复抚摩，可促使母猪发情。深层按摩的方法是，在每个乳房的周围用手指捏摩（不捏乳头），可促使排卵。每日早饲后，可表层按摩 10min，母猪发情后可表层按摩与深层按摩各 5min。配种当天，改为深层按摩 10min。

（4）药物催情。对不发情的母猪可皮下注射孕马血清促性腺激素，连续 3 天，第一次注射 5～10mL，第二次注射 10～15mL，第三次注射 15～20mL，诱导发情和促使卵泡发育，再注射 1000IU 人绒毛膜促性腺激素。母猪一般在 2～5 天会发情并排卵，即可进行配种。也可采用中药催情，如催情散等，混合在饲料内饲喂，也可加水煎服，一般饲喂 3～5 天即可发情。

## 二、妊娠母猪的饲养与管理

### （一）妊娠母猪的营养特点

妊娠期的母猪处于"妊娠合成代谢"状态，饲料的利用率高，体重增加快，主要是胎儿、子宫内容物和自身膘情的增加。胎儿生长发育情况见表 3-1。研究表明，母猪饲料消耗量在妊娠期与哺乳期之间是相反关系，这个发现很重要，因为在哺乳期的饲料消耗量与产奶量的高低有直接关系。

表 3-1 胎儿生长发育情况

| 项目<br>妊娠时间 | 生长情况 | | 生长情况 |
|---|---|---|---|
| | 胚胎重量/g | 胚胎长度/cm | |
| 第 30 天 | 2 | 1.5 | 已具猪形，能区分性别 |
| 第 60 天 | 110 | 8.0 | 长骨开始成骨 |
| 第 90 天 | 550 | 15.0 | 在唇、耳部出现软毛 |
| 第 114 天（产前） | 1200～1500 | 25.0 | 周身长满猪毛，出现门齿，犬齿发育良好 |

母猪哺乳期间，通过增加饲料的摄入量，可使产奶量达到一个较高的水平。但妊娠期间，母猪的营养水平过高，会使母猪过于肥胖，也会造成饲料浪费，即饲料中的营养物质在经猪体消化吸收后变成脂肪等储存在体内的过程中会消耗一部分，泌乳时在由脂肪转化为母乳营养的过程中又会消耗一部分，两次的营养损失将超过哺乳母猪将饲料中的营养直接转化成猪乳的一次损失。其次，妊娠母猪过于肥胖，往往会出现难产、奶水不足、食欲不振、产后易压死仔猪和不发情等现象。因此，妊娠母猪应采用适度限制饲养，以有利于分娩和泌乳。

（二）早期妊娠诊断

1. 外部观察法

母猪配种后经 21 天左右，如不再发情、贪睡、食欲旺、易上膘、皮毛光、性温驯、行动稳、夹尾走、阴门缩，则表明已妊娠。相反，如精神不安、阴户微肿，则是没有受胎的表现，应及时补配。个别母猪配种后 3 周会出现假发情，发情不明显，这种状况通常会持续 1～2 天，虽稍有不安，但食欲不减，对公猪反应也不明显。

2. 超声波早期诊断法

母猪早期妊娠诊断可利用超声波诊断仪（图 3-1）通过超声波感应效果测定猪的胎儿心跳数。打开电源，在母猪腹底部后侧的腹壁上（最后乳头上 5～8cm）处涂些植物油，将探触器贴在测量部位，若诊断仪发出连续响声（似电话通了的声音），说明已妊娠，若发出间断响声（似电话占线声），几次调整方位均无连续响声，则说明没妊娠。

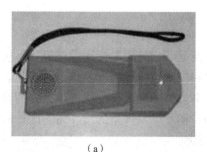
（a）

（b）

图 3-1 便携式妊娠诊断仪

实验证明，配种后 20～29 天诊断的准确率约为 80%，40 天以后的准确率为 95%以上。

### 3. 激素注射诊断法

（1）孕马血清促性腺激素（PMSG）法。于配种后 14～26 天的不同时期，在被检母猪颈部注射 700IU 的 PMSG 制剂，5 天内不发情为妊娠；5 天内出现正常发情，并接受公猪交配者判定为未妊娠，确诊率均为 100%。该法不会造成母猪流产，母猪产仔数及仔猪发育均正常，具有早期妊娠诊断和诱导发情的双重效果。

（2）雌激素法。在母猪配种后 16～17 天，耳根皮下注射 3～5mL 人工合成的雌激素，5 天内不发情的为妊娠，发情的为未妊娠。要注意，使用此法时间必须准确，若注射时间太早，会扰乱未孕母猪的发情周期，延长黄体寿命，造成长期不发情。

### 4. 尿液碘化检查法

在母猪配种 10 天以后，采集被检母猪早晨第一次尿液 20mL 放入烧杯中，再加入 5%碘酊 2mL，摇匀，然后，将烧杯置于火上加热，煮沸后观察烧杯中尿液颜色，如呈现淡红色，说明此母猪已妊娠；如尿液呈现淡黄色或绿色，说明此母猪未妊娠，准确率达 98%。

### （三）胚胎生长发育规律

精子和卵子通常在输卵管上 1/3 处的壶腹部结合，胎胚在输卵管内停留 2 天左右，移行至子宫角，在子宫角游离生活 5～6 天，第 9～13 天开始着床，第 18 天左右着床完成，第四周左右可与母体胎盘进行物质交换。

胚胎在妊娠前期（1～40 天）主要是组织器官的发育，绝对增重很小，40 日胚龄时重量不足初生重的 1%。中期（41～80 天）增重亦不大，80 日龄胚胎重约 400g，约占初生重的 30%。而后期（81 天至出生）特别是最后 20 天生长最快，仔猪初生重的 60%～70% 是在此期生长的。

根据胚胎发育的这种规律性，母猪妊娠前期、中期不需要高营养水平，但营养必须保持全价，特别是保证各种维生素和矿物质元素的供给；同时保证饲料的品质优良，不喂发霉、变质、有毒、有害、冰冻饲料及冰水。妊娠后期必须提高营养水平，适当增加蛋白质饲料，同时要保证日粮的全价性。

### （四）妊娠母猪的饲养和管理

母猪妊娠后新陈代谢旺盛，在喂同量饲料的情况下，妊娠母猪比空怀母猪不仅可以生产一窝仔猪，还可以增加体重，这种生理现象叫"妊娠合成代谢"状态。研究表明，母猪饲料消耗量在妊娠期与哺乳期之间是相反关系。妊娠期采食量增加 1 倍，哺乳期采食量则下降 20%。母猪妊娠期适宜的增重比例为：初产母猪体重的增加量为配种时体重的 30%～40%，经产母猪为配种时体重的 20%～30%。

1. 妊娠母猪的饲养

妊娠母猪的饲养，必须从保持母猪的良好体况和保证胎儿正常发育两个方面去考虑。所以必须满足其营养需要，特别是对能量、蛋白质、矿物质、维生素的需要。

（1）能量需要。母猪在妊娠前期，对能量的需要是很少的，一般多喂些青粗饲料就可以满足它的需要。但从母猪妊娠的第三个月起，体内能量沉积迅速增加，特别是妊娠的最后 1 个月，对能量的需要量是很多的，如果加上母猪妊娠后期因代谢增强（一般代谢率可提高 25%～40%）而消耗的能量，就需要增加更多的能量。因此，妊娠后期的母猪，必须加强饲养，增加营养，除了保证供给青饲料之外，应适当减少粗饲料，增加精饲料，以充分满足其能量的需要。

（2）蛋白质需要。母猪在妊娠期间，需要保证足量品质良好的蛋白质，因为胎儿和子宫内容物的干物质中含有 65%～70%的蛋白质。一般一窝仔猪的初生体重为 6～15kg，含蛋白质为 11.9%～19.4%，即需要蛋白质 0.7～2.9kg。饲料中所含蛋白质的生物学价值平均为 60%～65%，则母猪生产一窝仔猪需要 1.2～4.8kg 可消化纯蛋白质。此外，母猪本身在妊娠期间所储备的蛋白质，往往比胎儿所含的蛋白质还要多，按相同数量计算，母体和胎儿共需要 2.4～9.6kg 可消化纯蛋白质。

（3）矿物质需要。矿物质，特别是钙和磷，是妊娠母猪不可缺少的营养物质。因为胎儿的骨骼形成需要矿物质，如初生仔猪平均含矿物质 3.0%～4.3%，其中主要是钙和磷（约占 80%）；同时母猪本身在妊娠期间体内也需要储备大量的钙和磷，一般为胎儿需要量的 1.5～2 倍。因此饲料中缺乏钙和磷时，势必影响胎儿骨骼的形成和母猪体内钙和磷的储备，甚至导致胎儿发育受阻，母猪流产、产死胎，幼猪生活力不强、先天性软骨症，母猪还会出现健康恶化，产后容易发生瘫痪、缺奶或骨质疏松症等。因此，对于妊娠母猪，必须从饲料中供给充分的钙和磷，且钙磷比以（1～1.5）：1 为适宜。

（4）维生素需要。维生素特别是维生素 A、维生素 D、维生素 E，不仅是妊娠母猪体内强烈代谢活动的保证，同时也能直接影响到胎儿的发育。如果饲料中维生素 A 缺乏，往往会引起子宫、胎盘的角质化或坏疽，因而影响胎儿对营养物质的吸收，造成母猪流产或产死胎，或者胎儿出现畸形、怪胎、眼病，进而发展为抗病力和生活力低下。维生素 D 缺乏时，母猪和胎儿都会发生钙、磷代谢障碍，营养不足，也会直接影响到胎儿骨骼的正常形成，出现流产、早产、畸形或死胎等现象。维生素 E 缺乏时，胚胎早期会被吸收，或出现胎盘坏死、死胎等。因此，必须充分供给维生素 A、维生素 D 和维生素 E。

2. 妊娠母猪的管理

（1）低妊娠、高泌乳的饲养体制。根据妊娠母猪的饲料摄入量对母猪产后泌乳的影响，可考虑采用母猪妊娠期适量饲喂，哺乳期充分饲养的方法，即充分利用母猪哺乳期新陈代谢旺盛的特点，妊娠期只保证供给胎儿所需营养物质和母猪适当增加体重的营养物质，到哺乳期再增加营养，充分饲养，争取多产奶，提高仔猪的哺育成活率。

（2）饲养方式的选择。

① "抓两头、带中间"的饲养方式。此法适于断奶后膘情差的经产母猪。具体做法：在母猪配种前 10 天到配种后 20 天的 1 个月时间内，提高其营养水平，日平均给料量在妊娠前期饲养标准的基础上增加 15%～20%，这有利于母猪体况恢复和受精卵着床；体况恢复后改为妊娠中期一般饲粮供给；妊娠 80 天后，再次提高营养水平，即日平均给料量在妊娠前期喂量的基础上增加 25%～30%，这样就形成了一个高→低→高的营养水平。

② "步步登高"的饲养方式。此法适于初产母猪和哺乳期间配种及繁殖力特别高的母猪。因为初产母猪不仅需要维持胚胎生长发育的营养，而且本身生长发育也需要营养供给。具体做法：在母猪整个妊娠期间，可根据胎儿体重的增加，逐步提高日粮营养水平，到分娩前 1 个月达到最高峰。

③ "前粗后精"的饲养方式。此法适于配种前体况良好的经产母猪。母猪妊娠初期，不增加营养，到妊娠后期，胎儿发育迅速，增加营养供给，但注意不能把母猪养得太肥。

这 3 种饲养方式有一个共同的基本原则，即饲养妊娠母猪要根据母猪的膘情与生理特点，以及胚胎的生长发育区别对待，绝不能按统一模式来饲养。

在分娩前 5～7 天，对体况良好的母猪，减少日粮中 10%～20% 的精料，以防母猪产后患乳腺炎或仔猪下痢；对体况较差的母猪，在日粮中应添加一些富含蛋白质的饲料；分娩当天，可少喂或停喂，并提供适量的温麸皮盐水汤。

（3）饲养技术。

① 日粮应具有一定体积，即含一定量的粗饲料，使猪吃后有饱腹感，但不能压迫胎儿。粗饲料所提供的氨基酸、维生素与微量元素要丰富，这样有利于胚胎的发育。同时，青粗饲料可防止母猪的卵巢、子宫、乳房发生脂肪浸润，有利于提高母猪的繁殖力与泌乳力。

② 适当增加轻泻性饲料，如麸皮，防止便秘。

③ 日粮要营养全价、多样、适口。母猪妊娠 3 个月后就要限制青粗饲料的给量。

④ 严禁喂发霉、变质、冰冻、有毒和有害的饲料；生饲并供足饮水。175～180kg 体重经产七八成膘的妊娠母猪日喂量：前期（40 天内）每头每天 2kg 左右，中期（41～80 天）每头每天 2.1～2.3kg，后期（81 天以后）每头每天 2.5kg 左右。青年母猪增加日粮 10%～20%。整个妊娠期母猪增重应控制在 35～45kg，青年母猪增重：第一个妊娠期为 45kg，第二个妊娠期为 40kg，第三个妊娠期为 35kg，日喂 2～3 次为宜。

（4）管理措施。

① 单栏或小群饲养。母猪从妊娠到产仔前，均应饲养在限位栏（单栏）内。小群饲养是将配种期相近、体重大小和性情强弱相近的 4～6 头母猪，放在同一栏内饲养，占地面积为 1.5～2m²/头，并应配有足够的饲槽（槽长与全栏母猪肩宽等长），饮水器高度为平均肩高加 5cm，一般为 55～65cm。

② 创造良好环境。妊娠母猪圈舍内应卫生、清洁，地面不能过于光滑，坡度为 3% 左右，舍温为 15～20℃，妊娠前期应保持安静。

③ 适当运动。妊娠母猪前期应限制运动，中后期应适当运动，有利于增强体质和胎儿发育，产前 1 周应停止运动。

④ 做好日常管理，防止流产。对妊娠母猪态度要温和，避免惊吓、打骂，可经常触

摸其腹部。对初产母猪，产前可进行乳房按摩；每天刷拭猪体，保持皮肤清洁。每天应注意对母猪的观察，观察其采食、饮水、粪尿和精神状态的变化，以预防因疾病发生和机械刺激（如挤、斗、咬、跌、骚动）等而致流产。

⑤ 搞好预产期推算。

（五）胚胎死亡规律及其原因

卵子在输卵管的壶腹部受精（在受胎的猪中，大约只有 5%的卵子未受精），受精卵在输卵管部位呈游离状态，借助输卵管上皮层纤毛转向子宫方向的颤动和输卵管的分节收缩，不断向子宫移动，到达子宫时通过黄体酮的作用，将受精卵附植在子宫角的子宫系膜侧的对侧上，并在它的周围形成胚盘，这个过程需 12～24 天。

1. 胚胎死亡的规律

（1）3 个死亡高峰。第一个高峰，在配种后 9～13 天，这是受精卵附植初期，即胚胎着床期；第二个高峰是配种后 3 周，这是器官形成期，这两个时期胚胎死亡数共占受精卵数的 30%～40%；第三个死亡高峰为配种后 60～70 天，是胎儿迅速生长期。此时胎盘发育停止，而胎儿迅速生长，相互排挤，会造成营养供应不均，也会致使一批胚胎死亡。此期死亡数占受精卵的 15%。此外，母猪配种后 3 周特别是第一周内，如遇高温天气，即使 32～39℃仅持续 24h，也会造成产仔数减少或产死胎。

（2）母猪的化胎、死胎和流产。胚胎死亡若发生在早期（36 天前），则不见任何东西排出而被子宫吸收，叫化胎。若发生在中期，胎儿不能被母体吸收而形成僵尸，叫木乃伊胎（黑仔）。如胎儿死亡发生在后期随同活仔一起产出，叫死胎。如果胎盘失去功能早于胎儿死亡，就很快会发生流产。

2. 胚胎死亡的原因及防制措施

（1）遗传因素。公猪或母猪染色体畸形会引起胚胎死亡；品种不同，子宫乳成分不同，对合子滋养效果不同（梅山猪胚胎成活率达 100%，大约克夏猪只有 46%），近亲繁殖等都会使胚胎生命力降低。

（2）营养因素。日粮中缺少维生素和矿物质，如维生素 A、维生素 E、维生素 D、维生素 $B_1$、维生素 $B_2$、维生素 $B_6$、维生素 $B_{12}$、泛酸、叶酸、胆碱、硒、锰、碘、锌等都会导致胚胎死亡、畸形、早产、假妊娠等。如果母猪妊娠前期能量水平过高，母猪过胖，还会引起子宫壁血液循环受阻，也会导致胚胎死亡。

（3）环境因素。如果猪舍内温度超过 32℃，通风不畅，湿度过大，会引起母猪发生应激反应，体内促肾上腺素和肾上腺素骤增，从而抑制垂体前叶促性腺激素的释放，母猪的卵巢功能会紊乱或减退。高温也会导致母猪体内发生不良变化，从而造成胚胎附植受阻。这种现象通常发生在 7、8、9 三个月交配的母猪群中，此时可在饲料中添加抗应激物质，如维生素 C、维生素 E、硒、镁等，同时应注意圈舍内降温。

（4）疾病因素。妊娠母猪若患生殖疾病、高烧疾病（如猪瘟、猪繁殖与呼吸障碍综合征、细小病毒病、口蹄疫）等，都易造成胚胎的死亡。

（5）其他因素。铅、汞、砷、有机磷、龙葵素中毒，疫苗反应、公猪精液品质不良或配种时机不当等。

针对以上原因，可采取相应措施，就能减少胚胎死亡率。

## 三、哺乳母猪的饲养与管理

（一）泌乳规律

### 1. 母猪的乳腺结构

母猪乳房没有乳池，不能随时挤出乳汁。每个乳头有 2~3 个乳腺，每个乳腺有小乳头管通向乳头，各乳头之间互不联系。一般猪体前部乳头的乳头管较后部多，所以，前部乳房比后部乳房泌乳量高。

### 2. 母猪的泌乳特点

母猪每昼夜平均泌乳 22~24 次，每次相隔约 1h。母猪放乳时间很短，只有十几秒到几十秒。

### 3. 反射性排乳

猪乳的分泌在分娩后最初 2~3 天是连续的，以后属反射性放乳，即仔猪用鼻嘴拱揉母猪乳房，母猪即产生放乳信号，信号在中枢神经和内分泌激素的参与下形成排乳。

### 4. 泌乳量

泌乳量是指哺乳母猪在一个哺乳期的泌乳总量。泌乳期通常用泌乳力表示。在自然状态下，母猪的泌乳期为 57~77 天。在人工饲养条件下，一般为 28~60 天，我国猪种多为 45~60 天。在工厂化养猪条件下，泌乳期多为 28~35 天。泌乳量按 60 天计算，一般为 300kg，一般在产后 4~5 天泌乳量逐渐上升，20~30 天达到高峰，然后逐渐下降。

不同乳头的泌乳量不同，前部 3 对乳头的泌乳量多，约占总泌乳量的 67%，而后部 4 对占总泌乳量的 33%。

### 5. 乳的成分

猪乳可分为初乳和常乳。母猪产后 3 天内所分泌的乳为初乳，3 天后所分泌的乳为常乳。

初乳中蛋白质（白蛋白、球蛋白和酪蛋白）和灰分含量特别高，乳糖少；维生素 A、维生素 D、维生素 C、维生素 $B_1$、维生素 $B_2$ 相当丰富；酸度高，并含有免疫抗体，蛋白质中含有大量免疫球蛋白，仔猪从初乳中可以获得抗体。初乳中还含有大量的镁盐，有利于胎便的排出。

（二）影响哺乳母猪泌乳量的因素

（1）品种。不同品种或品系的哺乳母猪其泌乳量不同。一般大型瘦肉型品种猪泌乳量高，小型脂肪型品种猪泌乳量低。

（2）年龄（胎次）。初产母猪的泌乳量低于经产母猪。这是因为，第一次产仔，母猪的乳腺发育尚不完善，对仔猪哺乳的刺激，经常处于兴奋或紧张状态，排乳较慢。从第二次产仔开始，泌乳量会上升，以后可保持一定水平，6～7 胎后会有所下降。

（3）带仔数。带仔头数多的母猪泌乳量高。仔猪有固定吃乳的习性，母猪放乳必须通过仔猪拱揉乳头刺激产生兴奋，使母猪垂体后叶分泌生乳素才能放乳。而未被拱揉吮吸的乳头，分娩后不久便萎缩，不产生乳汁，致使总泌乳量减少。生产中可采用调整母猪产后的带仔数，使其带满全部有效乳头，这样可提高母猪泌乳潜力。将产仔少的母猪所产的仔猪寄养出去后，可以促使其乳头尽早萎缩，并促进母猪很快发情配种，进而提高母猪的利用率。

（4）饲养管理的影响。哺乳母猪饲料的营养水平、饲喂量、环境条件、管理措施均会影响其泌乳量。

（三）哺乳母猪的饲养和管理

带仔数超过 10 头的母猪，如果到哺乳期结束，母猪体重下降的幅度不超过 15%～20%，一般认为比较理想。若体重下降幅度太大，且不足以维持七八成膘情，常会推迟断奶后的发情配种时间。因母猪在泌乳期能有效地转化饲料中能量和蛋白质为乳中的营养，所以应以满足维持正常代谢和泌乳需要为标准，采取高饲养水平。

1. 营养提供

（1）营养需要。

能量需要包括维持正常代谢需要、泌乳需要以及泌乳期失重需要。肉脂型母猪为 12.1MJ/kg；瘦肉型母猪为 11.66～12.36MJ/kg。由于受母猪营养水平、哺乳期体重、产仔数、哺乳期长短不一的影响，其能量需要量也不相同，可参看哺乳期母猪的营养需要或饲养标准。

粗蛋白质。饲料中粗蛋白的含量，肉脂型母猪为 14%；瘦肉型母猪为 15%。若饲料中加入鱼粉、胎衣、小鱼虾等动物性蛋白质饲料，将有利于提高其泌乳量与仔猪断奶窝重。此外，品质好的青绿多汁饲料含游离氨基酸较多，有利于提高泌乳量。

矿物质需要。母猪 2 个月泌乳，乳汁中可排出 2～2.5kg 矿物质。猪乳的含钙量约为 0.25%，含磷量约为 0.166%。一头哺育 10 头仔猪的母猪，每天可排出 13g 左右的钙和 8～9g 的磷。若钙、磷的利用率为 50%，则每天产乳需 26g 钙和 16～18g 的磷，维持正常代谢还需要额外量的钙、磷。如果日粮中钙与磷不足，母猪就要动用自身骨骼中储备的钙、磷，长期下去，就会使母猪食欲减退，产乳量下降，还会发生骨质疏松症。因此，母猪饲料中还应供给食盐，以提高食欲并维持体内酸碱平衡。饲料中骨贝粉应占 2%，食盐应占 0.25%～0.30%。

维生素需要。缺乏维生素 A，会造成母猪泌乳量和乳的品质下降。缺乏维生素 D，会造成母猪产后瘫痪。因此，在哺乳母猪的饲料中，应适当多喂一些青绿多汁饲料，以补充维生素和提高泌乳力。

（2）饲喂技术。

饲料应品种多样，保证供给母猪全价饲粮。原料要求新鲜优质、易消化、适口性好，体积不易过大。有条件时，可加喂优质青绿饲料或青储饲料，如用紫粒苋青储。

母猪刚分娩后，处于高度的疲劳状态，消化机能弱。开始2～3天应喂给稀粥料，之后改喂湿拌料，并逐渐增加，分娩后第一天喂0.5kg，第二天喂2kg，第三天喂3kg。5～7天后，达到正常标准。

饲喂要遵循少给勤添的原则，采用生湿拌料或颗粒饲料饲喂。一般每天3～4次，达泌乳高峰时，可视情况在夜间加喂一次。产房内应设置自动饮水器，以保证母猪随时饮足清水。

2. 管理措施

（1）提供安静、舒适的环境。舍内应干燥、清洁，温度适宜，阳光充足，空气新鲜，垫草要勤换、勤垫、勤晒，以防母猪弄脏乳房引起乳腺炎与仔猪下痢。

（2）合理运动和观察。母猪适量的运动，可促进食欲，增强体质，提高泌乳量。饲养员在日常管理中，应经常观察母猪采食、粪便、精神状态及仔猪的生长发育和健康表现，若有异常，应及时采取措施，妥善处理。

（3）保护好乳房及乳头。母猪乳腺的发育与仔猪的吮吸有很大关系，特别是头胎母猪，一定要使所有乳头都能均匀利用，以免未被利用的乳头萎缩。当带仔数少于乳头数时，可以训练仔猪吃两个乳头的乳。

## 四、断奶母猪的饲养与管理

如果断奶母猪当日调入配种舍，当天应不喂料和适当限制饮水。下床或驱赶时，要正确驱赶，以免肢蹄损伤。迁回母猪舍后1～2天，群养的母猪应注意看护，防止咬架致伤致残。断奶后3天内，注意观察母猪乳房的颜色、温度和状态，发现乳腺炎应及时诊治。断奶后母猪、空怀母猪应喂空怀料，饲料量为2.5～3kg，可增加瘦弱母猪配种前的排卵数，待母猪配种成功饲料量应立即降到2kg，看膘投料。断奶后3～7天，母猪开始发情即可配种，流产后第一次发情母猪不予配种，生殖道有炎症的母猪应治疗后配种。配种宜在早、晚进行，每个发情期应配2～3次，配种间隔期为12～18h。注意母猪乳腺炎及子宫炎的及时处理。配种后18～25天应注意检查是否返情，并做好配种各项记录。

## 五、种猪的淘汰与更新

种猪是猪群增殖的基础，是整个养猪生产的核心。由于种猪的使用是有年限的，自然交配时公猪一般不超过2年，母猪不超过8胎，采精公猪使用为3～4年，母猪不超过8胎，而且种猪个体间生产性能差异很大，因此，只有实行科学、合理的种猪淘汰与更新制度，才能实现稳定或提高种猪的生产水平，达到提高猪场经济效益的目的。随着集约化养猪生产的发展和管理手段的提高，生产者为了追求猪群生产的高效率，对猪群质量（品种、生产性能、健康状况）的要求越来越高。同时猪群在严格的生产计划控制下，都实行满负荷的生产运转，使得基础猪群自然淘汰和异常淘汰的比例有所增加，而且自然淘汰的比率相对减小，异常淘汰的比率相对增加。过高的猪群淘汰率将会给正常的生产带来压力，增加种猪群和后备猪群的生产成本，同时对整个猪群生产的稳定性也会产生不良的影响。实践中，管理者应根据猪群的情况，掌握种猪群的淘汰原则，尽量减少和避免种猪异常淘汰带来的损失。

（一）种猪群淘汰的原因

1. 品种因素

由于种猪品种本身的种质特性，不同品种（品系）的遗传繁殖力不同，如杜洛克母猪的繁殖性能和泌乳力相对较低。品种的其他特征也会影响其繁殖力，如老品系的长白猪四肢胫骨较细，承受力低，易造成母猪肢蹄发病率较高，配种困难。解决的方法是在引种、选种和选育的过程中，有针对性地进行选择，加大对母猪繁殖力以及相关指标的选择强度，可以在一定程度上提高母猪的繁殖力。

2. 营养因素

营养与母猪的繁殖有着密切的关系，营养水平和结构的不合理，会导致母猪繁殖性能的下降。后备母猪在培育过程中，饲给过高的蛋白质日粮，则会较多地发生软骨病。当日粮中钙、磷缺乏，或钙、磷比例不平衡时，也会使四肢，尤其是后肢承受力不够，致使配种困难。初生仔猪补硒漏补或后期日粮中缺硒，在种猪的培育过程中也可能由于缺硒导致后肢瘫痪。软骨病多见于后备母猪和初产母猪；后肢瘫痪多见于经产和产后母猪。预防办法是注意日粮结构和钙、磷平衡。治疗可采用肌肉注射维丁胶钙，也可以饲料中适当提高钙、磷和维生素 D 的供给量。

3. 管理因素

饲养条件和管理方法的不当也是母猪繁殖问题产生的重要因素。猪舍地面和运动场地面过于粗糙或光滑，舍内粪尿清理不净，圈养头数过多，母猪在运动、抢食或争斗时，由于磨损、摔倒或劈跨，可造成肢蹄损伤。配种场所地面如果坡度不合理，地面过滑，公猪体重过大，母猪体重过小，也会造成母猪接受配种时，站立不稳，或肢蹄损伤。频繁的调群、并圈，猪只相互殴斗也是造成肢蹄病的因素之一。预防方法是改善舍饲条件，加强日常管理来避免意外损伤的产生。对于不能治愈的严重损伤个体，需要及早淘汰，以提高母猪群的繁殖性能和利用率。

（二）种猪更新率的计算

现以 100 头基础母猪为例，猪场分娩指数为 2.3，计算如下。

公猪：在自然交配条件下，一般公母猪比例不应超过 1∶25，则 100 头基本母猪需公猪为 100÷25＝4（头），年更新头数为 4÷2＝2（头）（即年更新 2 头）。

母猪：按一个有效生命周期繁殖 8 胎，每头母猪年产 2.3 胎计算，则母猪平均使用年限为 8÷2.3＝3.48≈3.5（年），年淘汰率为 1÷3.5×100%＝28.6%≈30%。

100 头基本母猪的猪场年应淘汰、更新数为 100×30%＝30（头），每月应淘汰与更新头数为 30÷12＝2.5（头）（如是大型猪场，还应算出每周淘汰、更新的头数）。

上述数据为理论计算值，实际操作应按照以下原则对种猪进行淘汰与更新。

（三）母猪淘汰的原则

1. 自然淘汰

母猪群年龄和胎次结构要保持适当的比例，才能发挥猪群的最大生产性能。在一个组成较好的母猪群中，通常 2 胎以下（包括后备猪）的母猪所占的比例为 30%，2～6 胎的母猪所占比例为 45%～55%，6 胎以上的母猪所占的比例要小于 20%，8 胎以上的母猪比例应小于 5%。生产中母猪的自然淘汰是保持猪群良好生产性能和遗传改良计划必不可少的部分，自然淘汰亦包括衰老淘汰和计划淘汰。

（1）衰老淘汰。到了一定的使用年限（7～8 年），难以维持正常生产性能的母猪，应予以淘汰。

（2）计划淘汰。由于生产计划的变更、引种、换种、疫病等因素，对原有生产性能较低或患有疾病的母猪群应进行淘汰或处理。

2. 异常淘汰

生产中引起母猪异常淘汰的原因很多，主要包括：繁殖机能障碍、遗传缺陷、产科病、营养性疾病、肢蹄病等因素。

（1）后备母猪不发情。有些后备母猪已达到配种日龄和体重，但没有表现出性周期。其原因主要有 3 个方面：后备母猪生殖器官先天发育不良或畸形；脑垂体前叶分泌的促卵泡素和促黄体素较少，使卵泡不能正常发育和成熟，导致母猪乏情。此类母猪可以用公猪试情的方式，促进其发情排卵，也可用激素诱导发情；后备母猪饲养过肥，可导致卵巢内脂肪浸润、卵巢上皮脂肪变性、卵泡萎缩，从而引起后备母猪不发情、不受孕。这类母猪应减少精饲料供给量，加强运动，便可促使其发情。对于后备猪群中 3%～5%经处理后确实不能正常发情的个体，应予以淘汰。

（2）产后母猪不发情。有些母猪断奶后 20 天仍没有发情症状或发情不明显，其主要原因可能是：卵巢机能减弱，可用雌激素帮助恢复卵巢正常机能，使母猪正常发情；子宫内可能存在异物（瘀血、胎衣、感染等）导致子宫炎症而不能正常发情，可通过冲洗和消炎使母猪正常发情；个别母猪在哺乳期内形成持久黄体而导致"假孕"，断乳后无任何发情症状，可用前列腺激素处理，促使母猪排出异物，消除黄体，使子宫对激素产生刺激而引起发情；由于饲养管理不当，导致母猪过肥、过瘦，都会使母猪不能按时恢复发情，可通过调整日粮结构，加强运动，使母猪恢复良好体况，便可正常发情配种。

（3）隐性发情。有些母猪，如长白猪的某些品系，由于发情症状不明显，无爬跨行为，阴户红肿不明显，黏液较少，外观几乎看不出发情，但母猪却正处在发情期，如果不进行查情和试情，极有可能导致漏配，对这类母猪，应根据断乳或上次发情时间记录，在拟定的发情时间内观察其微妙的变化，及时采用公猪试情、爬跨，争取适时配种。

（4）屡配不孕。母猪经过多次配种，而每次配种后间隔 18～25 天后又重新发情，其主要原因有：母猪生殖器官发炎，不能正常发情，可用青霉素、链霉素进行消炎和冲洗子宫；对卵巢囊肿的母猪，虽有发情，但不排卵，此时可肌注黄体酮进行治疗，待下次发情就有可能配种成功。有些母猪由于感染了乙脑或细小病毒等，会导致胚胎早期死亡和流产，或因饲料缺乏维生素 A 和维生素 E 而引起胚胎被母体吸收，也会导致母猪重新发情或长期乏情。

（5）异常分娩和死胎。母猪感染伪狂犬、乙脑、细小病毒、流感等传染病都会引起母猪流产、死胎。产前由于环境突变、管理条件恶劣、饲料中毒等原因也会引起母猪流产、早产和死胎。这种异常分娩的情况在一些猪场中时有发生。预防的方法是改善饲养环境，加强管理，进行相应的免疫接种。妊娠母猪后期要单圈或小群饲养，以防止相互间的咬斗，并注意保证饲料的营养和品质。

（6）超期不产。有些母猪配种后，没有返情现象，也无妊娠迹象，甚至超过预产期也不分娩，其原因是母猪感染了病毒或缺乏维生素 A、维生素 E 等，造成流产或死胎。木乃伊化的胚胎可造成持久黄体，使母体无法识别妊娠而处于"假孕"状态，遇到这种情况，应及早确诊和处理。对假孕母猪首先要去除黄体，并结合使用催情药物，使母猪进入正常的繁殖状态，几次处理仍不能正常发情配种的个体应及早淘汰。

（7）低产母猪。有些处于生产高峰期的母猪，连续 2～3 胎产仔数较少，主要原因是本身器官发育不全、卵巢机能较差、排卵数少，也可能因为妊娠前期饲养、营养、管理不当而致胚胎早期死亡。如果能够排除管理方面的因素，而确认是母猪本身的原因，这种母猪应予以淘汰。

（8）泌乳力差。有些母猪虽然产仔性能较好，但表现出泌乳力差，不能正常哺育所产仔猪。主要原因有：母猪泌乳系统发育不全、泌乳能力不够，如果连续 2～3 产都表现出泌乳力差，这种母猪就应淘汰。母猪妊娠期体况过瘦或过肥，都会造成泌乳量少或乳质差，这种情况可以通过调整饲料结构和采食量进行解决；经产母猪在上次断乳时，没有做好乳头的消毒和密封，会使细菌或病原体侵入乳腺，形成乳房（腺）炎而丧失泌乳能力。这种情况可以通过加强饲养管理，过渡断乳，搞好清洁卫生，做好乳房消毒工作来进行预防。

（9）异食癖。极少数母猪，母性差，有食仔恶癖，仔猪出生后，不能被很好地哺育，而且仔猪被挤死、压死的概率大大增加。虽然产仔数量不少，但育成率极低，在排除饲料、疾病及管理方面的原因后，这种由母体本身缺陷带来的生产率下降的个体，应予以淘汰。

（10）疾病母猪。在正常的生产管理中，少数青年母猪由于某种因素导致的非传染性个体疾病，久治不愈，身体衰弱，已经失去进行正常生产繁殖的能力，在经过现场兽医和畜牧技术人员的综合评定后，确认已无饲养价值的个体，应予以淘汰。生产中减少疾病繁殖损失的方法是以预防为主，加强日常管理工作，发现疾病，及早治疗，防止恶化。

（11）肢蹄病。肢蹄病主要表现为母猪四肢无力、后肢损伤、瘫痪及蹄病。在限喂栏个体饲养和高床限喂栏分娩饲养的条件下，由于母猪缺少应有的自由运动，加上高床金属或塑料漏缝地板对蹄壳的磨损，可使肢蹄病发病率升高，从而影响母猪的繁殖性能，导致母猪淘汰率增加。

 **技 能**

## 一、比较母猪三个生理时期的采食量不同（图3-2）

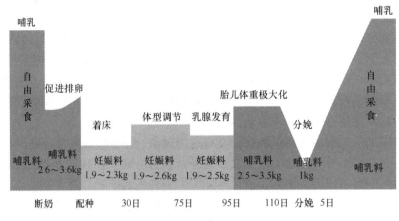

图3-2 母猪3个生理时期的采食量

## 二、增加空怀母猪的排卵数

### （一）短期优饲，增加母猪排卵数

实行短期优厚饲养，即实行"短期优饲"，对增加排卵数、提高卵子质量有良好影响。据报道，在后备母猪饲料中加喂18%的苜蓿干草粉，能使每次排卵数由11.9枚增加到13.5枚。一般在配种前10～14天开始，到配种日结束，在原日粮的基础上，加喂2kg左右的混合精料，可提高日粮的能量水平，能增加排卵数2枚左右，这对后备母猪有明显的效果，对经产母猪虽无明显效果，但可提高卵子质量，也有利于受胎。

### （二）保证母猪正常发情排卵

为保证母猪正常发情排卵，可用公猪追逐久不发情母猪，或将公猪、母猪临时关在一起，即"诱情"。有时也可给母猪注射激素或类激素来促进母猪发情，这些措施都必须建立在正常的饲养管理的基础上，否则，没有实际效果。应当指出的是，无论采取什么措施，发情只是第一步，关键是促使母猪排卵和多排卵，只发情不排卵达不到受胎的目的。因此，生产上，不能将注意力只集中在促使母猪发情的一些措施上，应调整母猪饲养管理，促使母猪发情排卵，这样才能提高母猪受胎率。

## 三、提高泌乳母猪的泌乳量

要想提高泌乳母猪的泌乳量，必须给予丰富、全价的营养。

（1）应尽其所能给泌乳母猪加料，"低妊娠、高泌乳"是母猪饲养中的基本原则。

高泌乳，就是对泌乳母猪实行高水平的饲养，可采取不限量顿喂或自由采食的方法。这样做，不但能提高母猪泌乳的数量和质量，而且能避免母猪泌乳期失重过多，这也有利于母猪断奶后的正常发情与配种。在给产后母猪加料时，要特别注意：从"低妊娠"

向"高泌乳"转变时，要有适宜过渡阶段，即每天增加料量为 0.5kg 左右，大约有 1 周的过渡时间即可。

一般来说，180～200kg 母猪，在泌乳盛期，每天每头喂给精料 5.6～6.0kg（每 1kg 消化能不得低于 11.72MJ），粗蛋白应在 15% 左右（不得低于 13%）。还必须保证日粮中矿物质、微量元素、维生素的供给。日粮骨贝粉应占 2%，食盐为 0.25%～0.30%，最好给予一定量（参照产品说明）微量元素添加剂。若青饲料充足，则基本上可满足母猪对维生素的需要，若缺少青饲料，则必须添加猪用复合维生素添加剂。

泌乳母猪一般日喂 4～5 次，并供给充足、清洁的饮水（水槽或自动饮水器供水）。有条件的饲养场，应加喂一些豆浆汁、南瓜、甜菜、胡萝卜等催乳饲料。夜间，尤其是冬季夜长，应加喂一遍夜食，对抵御寒冷、提高泌乳量大有益处。

（2）泌乳期不宜骤变饲料；严禁喂发霉变质饲料；避免误食有毒有害的植物，以防引起乳质变坏和仔猪中毒或下痢。保护母猪的乳房，特别是头胎母猪，一定要使所有的乳头都能均匀利用。

（3）要保持泌乳母猪圈舍的干暖、清洁、安静的环境。粪便要随时清扫，保持清洁干燥和良好的通风。如果栏圈肮脏、潮湿会影响仔猪的生长发育，严重的会患病死亡。冬季应注意防寒保温，哺乳母猪产房应有取暖设备，防止贼风侵袭。在夏季应注意防暑，增设防暑降温设施，防止母猪中暑。

（4）可让母猪带领仔猪在就近的牧场上活动或做自由运动，这对提高母猪泌乳量、改善乳质，促进仔猪生长发育、降低仔猪发病及死亡率等十分有利。

## 四、管理妊娠母猪

（1）单栏或小群饲养。单栏饲养是母猪从妊娠到产仔前均应饲养在限位栏内，特点是采食均匀，但不能自由运动，肢蹄病较多。小群饲养是将配种期相近、体重大小和性情强弱相近的 3～5 头母猪，放在同一栏（圈）内饲养，特点是母猪能自由运动，采食时因争抢可促进食欲，但分群不当，有些母猪的采食，会因胆小而受到影响。

（2）适当运动。母猪妊娠中后期应适当运动，这将有利于增强体质和胎儿发育，产前 1 周应停止运动。

（3）做好日常管理，防止流产。饲养员对妊娠母猪要态度温和，避免惊吓、打骂，可经常触摸其腹部，为将来接产创造方便条件。每天应刷拭猪体以保持皮肤清洁，特别是对初产母猪，产前应进行乳房按摩。另外，应每天观察母猪的采食、饮水、粪尿和精神状态的变化，以预防因疾病发生和机械刺激（如挤、斗、咬、跌、骚动）等而致流产。

## 五、处理母猪异常情况

### 1. 乳腺炎

乳腺炎常见于母猪分娩后。母猪由于饲喂精料过多，缺乏青绿饲料即会引发便秘、发高烧、乳汁停止分泌等症状发生，从而出现乳腺炎。此外，由于哺乳期仔猪中途死亡，个别乳房没有仔猪吮乳，或母猪断奶过急也会使个别乳头肿胀、乳头损伤、细菌侵入而引发乳腺炎。治疗时可用手或湿布按摩乳房，将残存的乳汁挤出，每天挤 4～5 次，2～3

天乳房即出现皱褶，逐渐上缩。如乳房已变硬，挤出的乳汁呈脓状，可注射抗生素或磺胺类药物进行治疗。

### 2. 产褥热

母猪产后感染，体温会上升到41℃，全身痉挛，停止泌乳，该病多发生在炎热季节。为预防此病的发生，母猪产前要减少饲料的喂量，分娩后最初几天喂一些轻泻性的饲料，减轻母猪消化道负担。若患病母猪停止泌乳，必须把全窝仔猪进行寄养，并对母猪及时进行治疗。

### 3. 产后少奶或无奶

产后少奶或无奶最常见的有4种情况：母猪妊娠期饲养管理不善，特别是妊娠后期饲养水平太低，母猪消瘦，乳腺发育不良；母猪年老体弱，食欲不振，消化不良，营养不足；母猪妊娠期喂给大量的碳水化合物饲料，而蛋白质、维生素和矿物质供给不足；母猪过肥，内分泌失调；母猪体质差，产舍未消毒，分娩时发生产道和子宫感染。为避免出现以上情况，必须搞好母猪的饲养管理，及时淘汰老龄母猪，做好产舍的消毒和接产护理。对消瘦和泌乳不足的母猪，可喂给催乳饲料，如豆浆、麸皮汤、小米粥、小鱼汤等；亦可用中药催乳，药方：木通30g，茴香30g，加水煎煮，拌少量稀粥，分2次喂服。因母猪过肥造成的无奶，可减少饲喂量，适当加强运动。母猪产后感染，可用2%的温盐水灌洗子宫，同时注射抗生素。

【任务总结】

任务总结如表3-2所示。

表3-2　任务总结表

| | 内容 | 要点 |
|---|---|---|
| 知识 | 空怀母猪的饲养与管理 | 1. 母猪的繁殖潜力<br>2. 初配年龄和体重<br>3. 母猪膘情<br>4. 短期优饲<br>5. 加强放牧运动<br>6. 促使母猪发情排卵的措施 |
| | 妊娠母猪的饲养与管理 | 1. 妊娠母猪的营养特点<br>2. 早期妊娠诊断<br>3. 胚胎生长发育规律<br>4. 妊娠母猪的饲养和管理<br>5. 胚胎死亡规律及其原因 |
| | 哺乳母猪的饲养与管理 | 1. 泌乳规律<br>2. 影响哺乳母猪泌乳量的因素<br>3. 哺乳母猪的饲养和管理 |
| | 断奶母猪的饲养与管理 | 饮水、饲料、运动等 |
| | 种猪的淘汰与更新 | 1. 种猪群淘汰的原因<br>2. 种猪更新率的计算<br>3. 母猪淘汰的原则 |

续表

| 内容 | | 要点 |
|---|---|---|
| 技能 | 比较母猪三个生理时期的采食量不同 | 观察仔细 |
| | 增加空怀母猪的排卵数 | 1. 短期优饲，增加母猪排卵数<br>2. 保证母猪正常发情排卵 |
| | 提高泌乳母猪的泌乳量 | 1. 加料<br>2. 不宜骤变饲料<br>3. 改善环境<br>4. 带仔运动 |
| | 管理妊娠母猪 | 1. 单栏或小群饲养<br>2. 适当运动<br>3. 做好日常管理，防止流产 |
| | 处理母猪异常情况 | 1. 乳腺炎<br>2. 产褥热<br>3. 产后少奶或无奶 |

## 课后自测

### 一、填空题

1. 母猪产后有 3 次发情，第一次是（　　　　　　　　　　　）、第二次是（　　　　　　　　），第三次是（　　　　　），一般在第（　　　）次发情时配种。

2. 母猪流产的原因大致分为（　　　　　　　　）、（　　　　　　　　）、（　　　　　　）、其他方面。

3. 母猪的发情周期为（　　　）天，持续期平均为（　　　）天，妊娠期平均（　　）天。

4. 妊娠母猪饲粮，应本着（　　　　　）的原则。

5. 群养母猪一般每圈（　　　）头为宜。

### 二、名词解释

1. 静立发情　2. 母猪年生产力

### 三、选择题

1. 猪的泌乳力常用（　　）来表示。

　　A. 14 日龄窝重　　B. 18 日龄窝重　　C. 21 日龄窝重　　　D. 28 日龄窝重

2. 利用 B 超对母猪妊娠诊断时，检出率较高的时间是配种后的第（　　）天。

　　A. 18　　　　　　B. 21　　　　　　C. 25　　　　　　　D. 28

3. 母猪产后突然发生的严重代谢紊乱的疾病，以知觉丧失和四肢瘫痪为特征，此病称为（　　）。

　　A. 产后瘫痪　　　B. 产后风　　　　C. 麻痹性肌红蛋白尿症　D. 产前截瘫

### 四、判断题

（　）1. 待配母猪十成膘，容易怀胎产仔高。

（　）2. 小配早，老配晚，不老不小配中间。

（　）3．生产上一旦发现母猪发情应立即配种。

（　）4．母猪妊娠期营养水平的控制应采取"前高后低"的饲养方式。

（　）5．胎儿重量有 2/3 是在妊娠期的后 1/4 时间内增长的。

（　）6．小母猪发情后应该早配种，因其发情持续期短。

（　）7．母猪的妊娠期是 150 天。

（　）8．母猪的初配年龄最好在第一个发情周期。

（　）9．占有前、中部乳头的仔猪生长快、发育好。

## 五、简答题

1．母猪有哪些发情表现？

2．刺激母猪发情排卵的方法有哪些？

3．影响泌乳量的因素是什么？

4．母猪配种后如何利用外部观察法观察配种结果？

5．简述早期妊娠的诊断方法。

6．试述母猪淘汰更新的原则。

# 任务 3.2　种公猪的饲养与管理

## 【任务描述】

俗话说：母猪好，好一窝；公猪好，好一坡，可见种公猪在养猪生产中的重要性。根据种公猪的生理特点，了解猪的营养需求与饲养和繁殖等相关信息和技术，科学地对种公猪进行饲养管理，可使种公猪持续提供大量健康的后代，使猪的繁殖能力发挥到极致。

## 【任务目标】

（1）掌握后备公猪调教的方法及注意事项。

（2）了解种公猪的营养需求和饲养管理重点。

### 知　识

## 一、后备公猪的调教

### 1．爬跨假台猪法

调教用的假台猪高度要适中，以 45～50cm 为宜，可因猪不同自行调节，最好使用活动式假台猪。调教前，先将其他公猪的精液、或其胶体、或发情母猪的尿液涂在假台猪上面，然后将后备公猪赶到调教栏，公猪一般闻到气味后，都会愿意啃、拱假台猪，此时，若调教人员再发出类似发情母猪叫声的声音，刺激公猪性欲的提高。一旦有较高的性欲，公猪就会慢慢爬上假台猪了。如果公猪有爬跨的欲望，但没有爬跨，最好第二天再调教。一般 1～2 周可调教成功。

### 2. 爬跨发情母猪法

调教前，将一头发情旺期的母猪用麻袋或其他不透明物盖起来，不露肢蹄，只露母猪阴户，赶至假台猪旁边，然后将公猪赶来，让其嗅、拱母猪，刺激其性欲的提高。当公猪性欲高涨时，迅速赶走母猪，而将涂有其他公猪精液或母猪尿液的假台猪移过来，让公猪爬跨。一旦爬跨成功，第二、三天就可以用假台猪进行强化了，这种方法比较麻烦，但效果较好。

### 3. 后备公猪调教的注意事项

（1）准备留作采精用的公猪，从 7～8 月龄就应开始调教，效果比从 6 月龄开始调教要好得多，这不仅易于采精，而且可以缩短调教时间并延长使用时间。

（2）后备公猪在配种妊娠舍适应饲养的 45 天，人要经常进栏，使后备公猪熟悉环境。训练后备公猪进出猪圈及在道路上行走，在训练过程中可抓住公猪尾巴。

（3）进行后备公猪调教时，要有足够的耐心，不能粗暴地对待公猪。调教人员态度应温和，方法得当，调教时发出一种类似母猪叫声的声音或经常抚摸公猪，使调教人员的一举一动或声音渐渐成为公猪行动的指令。

（4）调教时，应先调教性欲旺盛的公猪。公猪性欲的好坏，一般可通过分泌唾液的多少来衡量，唾液越多，性欲越旺盛。对于那些对假台猪或母猪不感兴趣的公猪，可以让它们在其他公猪采精时观望，以刺激其性欲的提高。

（5）对于后备公猪，每次调教的时间一般不超过 15～20min，每天可训练 1 次，但 1 周最好不要少于 3 次，直至爬跨成功。调教时间太长，容易引起公猪厌烦，起不到调教效果。调教成功后，1 周内隔日要采精 1 次，以加强其记忆。以后，每周可采精 1 次，至 12 月龄后每周采 2 次，一般不要超过 3 次。

## 二、人工授精

### （一）准备工作

公猪 1 头、待配种母猪若干头、假台猪 1 个（图 3-3）、集精杯 1 个、带恒温电热板的显微镜 1 台（图 3-4）、普通天平 1 台、500mL 量杯 2 个、温度计 1 支、200mL 烧杯 5 个、滤纸 1 盒、50mL 储精瓶 10 个、输精管 5 根、玻璃棒 2 根、载玻片 1 盒、盖片 1 盒、染色缸和可控温保温箱 1 个、蒸馏水 25L、高锰酸钾 1 瓶、医用乳胶手套 1 盒、一次性塑料手套 1 盒、95%酒精 1 瓶、蓝墨水 1 瓶、甲紫 1 瓶、3%来苏儿 1 瓶、精制葡萄糖粉 1 袋、柠檬酸钠 1 瓶、青霉素钾（钠）1 盒、链霉素 1 盒、面盆 1 个、毛巾 1 条。所有接触精液的器材均应高压消毒备用。

### （二）采精

把经过采精训练成功的公猪赶到采精室假台猪旁。采精者戴上医用乳胶手套，将公猪包皮内尿液挤出去，并将包皮及假台猪后部用 0.1%高锰酸钾溶液擦洗消毒。待公猪爬跨假台猪后，根据采精者操作习惯，蹲在假台猪的左后侧或右后侧，当公猪爬跨抽动3~5次，阴茎导出后，采精者迅速用右（左）手，手心向下将阴茎握住，用拇指顶住阴茎龟头，握的松紧度以阴茎不滑脱为宜，然后用拇指轻轻拨动阴茎龟头，其余四指则一紧一松有节奏地握住阴茎前端的螺旋部分，使公猪产生快感，促进公猪射精。公猪开始射出的精液多为精清，并且常混有尿液和其他脏物，不必收集。待公猪射出较浓稠的乳白色精液时，立即用另一只手持集精杯，在距阴茎龟头斜下方3~5cm处将其精液通过纱布过滤后，收集在杯内，并随时将纱布上的胶状物弃掉，以免影响精液滤过。根据输精量的需要，在一次采精过程中，可重复上述操作方法促使公猪射精3~4次。公猪射精完毕，采精者应顺势用手将阴茎送入包皮中，防止阴茎接触地面损伤阴茎或引发感染，并把公猪轻轻地从假台猪上驱赶下来，不得以粗暴态度对待公猪。

图3-3　假台猪

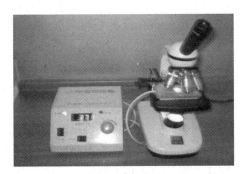

图3-4　带恒温电热板的显微镜

采精者在采精过程中，精神必须集中，防止公猪滑下踩伤人。同时要注意保护阴茎以免损伤。采精者不得使用化妆品，谨防异味干扰采精或影响精液品质。

（三）精液处理及品质检查

将采集的精液马上拿到20~30℃的室内，迅速置于32~35℃的恒温水浴锅内，防止温度突然下降对精子造成低温损害，并立即进行精液品质检查。

具体检查项目有以下几种。

（1）数量。把采集的精液倒入经消毒烘干的量杯中，每头公猪的射精量为200~400mL。

（2）pH。简单的方法是用pH试纸比色测定。另一种比较准确方法是使用pH仪测定。猪正常精液pH为7.3~7.9。猪最初射出的精液为碱性，之后精液浓度高时则呈酸性。公猪患有附睾炎或睾丸萎缩时，精液呈碱性。

（3）气味。正常精液有腥味，但无臭味，有异味的精液不能用于输精。

（4）颜色。正常精液为乳白色或灰白色；如果精液颜色异常应弃掉，停止使用。精液若为微红色，说明公猪阴茎或尿道中有出血；精液若带绿色或黄色，可能精液中混有尿液或脓液。

（5）活力。将显微镜置于37~38℃的保温箱内，用玻璃棒蘸取一滴精液，滴于载玻片的中央，盖上盖玻片，置于显微镜下放大 400～600 倍目测评估，所有精子均做直线运动的评为 1 分，90%做直线运动的为 0.9 分，80%的为 0.8 分，以此类推，分为 10 个等级。输精用的精子活力应高于 0.5 分，否则弃掉。

（6）精子形态。用玻璃棒蘸取一滴精液，滴于载玻片一端；然后用另一张载玻片将精液均匀涂开、自然干燥；再用 95%酒精固定 2～3min 后，放入染色缸内，用蓝墨水（或甲紫）染色 1～2min；最后用蒸馏水冲去多余的浮色，干燥后放在 400～600 倍显微镜下进行检查。正常精子由头部、颈部和尾部构成，其形态像蝌蚪一样。如果畸形精子超过 18%时，该精液不能使用。畸形精子分头部畸形、颈部畸形、中段体部畸形和尾部畸形 4 种。头部畸形表现为头部巨大、瘦小、细长、圆形、轮廓不清、皱缩、缺损、双头等；颈部畸形时可在显微镜下看到颈部膨大、纤细、曲折、不全、带有原生质滴、不鲜明、双颈等；中段体部畸形表现为膨大、纤细、曲折、不全、带有原生质滴、弯曲、双体等；尾部畸形表现为弯曲、曲折、回旋、短小、缺损、带有原生质滴、双层等。正常情况下，头、颈部畸形较少，而中段体部和尾部畸形较多见。

（7）密度。精子密度分为密、中、稀、无 4 级。实际生产中用玻璃棒将精液轻轻搅动均匀，用玻璃棒蘸取 1 滴精液放在显微镜视野中，精子间的空隙小于 1 个精子的为密级（3 亿个/mL 以上），1～2 个精子的为中级（1 亿～3 亿个/mL），2～3 个精子的为稀级（1 亿个/mL 以下），无精子应弃掉。

（四）精液稀释与保存

精液稀释的目的是扩大配种头数、延长精子保存时间，便于运输和储存。稀释精液首先应配制稀释液，然后用稀释液进行稀释。现介绍一种稀释液配制方法。

1. 稀释液配制方法

用天平称取精制葡萄糖粉 0.5g、柠檬酸钠 0.5g，量取新鲜蒸馏水 100mL，将三者放在 200mL 烧杯内，用玻璃棒搅拌充分溶解，用滤纸过滤后蒸汽消毒 30min。待溶液晾至 35～37℃时，将青霉素钾（钠）5 万单位、链霉素 5 万单位倒入溶液内搅拌均匀备用，也可从市场购买稀释粉进行稀释液配制。

2. 精液稀释方法

根据精子密度、活力、需要输精的母猪头数、储存时间确定稀释倍数，密度密级，活力 0.8 分以上的可稀释 2 倍；密度中级，活力 0.8 分以上稀释 1 倍；密度稀级，活力 0.8～0.7 分者，可稀释 0.5 倍。总之要求稀释后精液中每毫升应含有 1 亿个活精子。活力不足 0.6 分的精液不宜保存和稀释，只能随采随用。稀释倍数确定后，即可进行精液稀释，要求稀释液温度与精液温度保持一致。稀释时，将稀释液沿瓶壁慢慢倒入原精液中，并且边倒边轻轻摇匀。稀释完毕应用玻璃棒蘸取一滴精液进行精子活率检查，用以验证稀释效果。

### 3. 精液保存

将稀释好的精液分装在 50mL 的储精瓶内，要求装满不留空气，封好。在 17℃条件下可保存 48h 左右。若原精液品质好，稀释处理得当，可保存 72h。

（五）发情鉴定

### 1. 判断母猪是否发情

1）外部观察法判断

母猪发情时表现为兴奋不安、哼叫、食欲减退。未发情的母猪喂食后上午均喜欢趴卧睡觉，而发情的母猪却常站立于圈门处或爬跨其他母猪。母猪外阴部表现为潮红、水肿，有的有黏液流出。工厂化养猪单体栏内的母猪由于活动空间有限，通常采用人为按压或骑坐的方法，观察其是否出现"呆立反射"。

2）试情公猪法判断

将公猪赶入圈栏内，发情母猪会主动接近公猪。

工厂化养猪通常两种方法结合使用，以"呆立反射"为主要标志。

### 2. 确定配种时间

精子在母猪生殖道内保持受精能力时间为 10～20h，卵子保持受精能力时间为 8～12h。母猪发情持续时间一般为 40～70h，但因品种、年龄、季节不同而异。瘦肉型品种的猪发情持续时间较短，地方猪种发情持续时间较长。青年母猪比老龄母猪发情持续时间要长，春季比秋冬季节发情持续时间要短。

具体的配种时间应根据发情鉴定结果来决定，一般大多在母猪发情后的第二天到第三天。老龄母猪要适当提前做发情鉴定，防止错过配种佳期。青年母猪可在发情后第三天左右做发情鉴定，母猪发情后每天至少进行 2 次发情鉴定，以便及时配种。本交配种应安排在"呆立反射"产生时，而人工授精的第一次输精应安排在"呆立反射"（公猪在场）产生后的 12～16h，第二次输精安排在第一次输精后 12～14h。

母猪发情期配种，如果没有受孕，则间情期过一段时间之后又进入发情前期；如已受孕，则进入妊娠阶段，但是母猪产后发情却不遵循上述规律。母猪产后有 3 次发情，第一次发情是产后 1 周左右，此次发情绝大多数母猪只有轻微的发情表现，但不排卵，所以不能配种受孕。第二次发情是产后 27～32 天，此次既发情又排卵，但只有少数母猪（带仔少或地方猪种）可以配种受孕。第三次发情是仔猪断奶后 1 周左右，工厂化养猪场绝大多数母猪在此次发情期内完成配种。

（六）人工输精

（1）先用消毒水清洁母猪外阴周围、尾根，再用温清水洗去消毒水，抹干外阴。

（2）将试情公猪赶至待配母猪栏前（注：发情鉴定后，公猪、母猪不再见面，直至输精），使母猪在输精时与公猪有口鼻接触，输完几头母猪应更换一头公猪以提高公母猪的兴奋度。

（3）从密封袋中取出无污染的一次性输精管（手不准触其前 2/3 部），在前端涂上对精子无毒的专用润滑剂，以利于输精导管插入时的润滑。

（4）用手将母猪阴唇分开，将输精管斜向上插入母猪的生殖道内，当感觉到有阻力时再稍用一点力（插入 25～30cm），同时用手将输精导管逆时针旋转，稍一用力，顶部则进入子宫颈第 2～3 皱褶处，发情好的母猪便会将输精管锁定，回拉时则会感到有一定的阻力，此时便可进行输精，见图 3-5。

（a）用润滑剂或精液润滑输精管前端

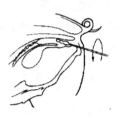

（b）向前上方插入输精管

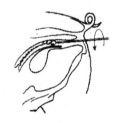

（c）逆时针方向转动输精管，使前端的螺旋体锁定在子宫颈内

（d）将储精瓶与输精管尾部连接，并抬高储精瓶，驱使精液自动流入

图 3-5　插入输精管方法、步骤示意图

（5）从储存箱中取出精液，确认标签正确。

（6）小心混匀精液，剪去储精瓶的瓶嘴，将储精瓶接上输精管，开始输精。

（7）轻压储精瓶，确认精液能流出。为了便于精液的吸收，可在用针头在储精瓶底扎一小孔，利用空气压力促进吸收。储精袋输精时，只要将输精管尾部插入储精袋入口即可。

（8）输精时，输精人员同时要对母猪阴户、大腿内侧、乳房进行按摩或压背，增加母猪的性欲，使子宫产生负压将精液吸纳，绝不允许将精液强行挤入母猪的生殖道内。

（9）通过调节储精瓶的高低来控制输精时间，一般 3～5min 输完，最快不要少于 3min，防止吸得快，倒流得也快。

（10）输完后在防止空气进入母猪生殖道的情况下，将输精管后端折起塞入储精瓶中，让其留在生殖道内，慢慢滑落，这样既可防止空气进入，又能防止精液倒流。结束后收好输精管，冲洗输精栏。

（11）输完一头母猪后，立即登记配种记录。

## 三、种公猪的营养提供与管理

（一）种公猪饲养的重要性及生理特点

### 1. 种公猪饲养的重要性

种公猪分纯种、杂种两类。目前，我国所饲养利用的大多数是纯种公猪，除用于纯繁外，还用于杂交生产。杂种公猪应用于配套系生产。饲养种公猪的目的是获得数多、质优的后代。若本交，一头公猪一年可配母猪 20～30 头，每头产仔 10 头左右，则可繁殖 200～300 头仔猪；若人工授精，则一年可配母猪 600～1000 头，每年可繁殖仔猪近万头。

### 2. 种公猪的生理特点

（1）射精量大。射精量一般为 150～300mL，有的甚至高达 900～1000mL。

（2）交配时间长。交配时间一般为 5～10min，有的长达 20min 以上。

（3）精液内蛋白质含量高。公猪的精液内，干物质占 5%，粗蛋白占 3.7%，因此粗蛋白占干物质的 60%以上。因此必须供给种公猪适宜的能量、优质蛋白质饲料。生产上，种公猪应保持中上等膘情（不肥不瘦的七八成膘）和结实的体质，以利于配种。

（二）种公猪的正确饲养

### 1. 营养需求

配种公猪的营养需求包括维持正常代谢、配种活动；精液生成和自身生长发育的需要。所需主要营养包括能量、蛋白质、矿物质及维生素等。各种营养物质的需要量应根据其品种、类型、体重、生产情况而定。

（1）能量需要。合理供给能量，是保持种公猪体质健壮、性机能旺盛和精液品质良好的重要因素。一般瘦肉型成年公猪（体重 120～150kg）每天在非配种期的消化能需要量为 25.1～31.3MJ，配种期消化能需要量为 32.4～38.9MJ。在能量供给量方面，未成年公猪和成年公猪应有所区别。未成年公猪由于尚未达到体成熟，身体还处于生长发育阶段，故能量需要量（消化能）要高于成年公猪25%左右。北方冬季，圈舍温度不到15～20℃时，能量需要应在原标准的基础上增加 10%～20%。南方夏季天气炎热，公猪食欲降低，按正常饲养标准营养浓度进行日粮配合，公猪很难全部采食所需营养。因此，可以通过增加各种营养物质浓度的方法使公猪尽量摄取所需营养，满足种公猪生产需要。在生产实践中，人为地提高或降低日粮能量浓度，会影响种公猪的体况，降低其繁殖性能。

（2）蛋白质。种公猪一次射精液通常有 200～500mL，其中粗蛋白含量在 3.7%左右，是精液干物质中的主要成分。因此，饲料中蛋白质的含量和质量对于种公猪的精液品质、精子寿命、活力等都有重要影响。同时，种公猪饲料中蛋白质数量和质量、氨基酸的水平直接影响种公猪的性成熟、体况。种公猪的每 1kg 日粮中应含有 14%的粗蛋白，过高或过低均会影响其精液中精子的密度和品质。过高不仅增加饲料成本，浪费蛋白质资源，而且多余蛋白质会转化成脂肪沉积体内，使得种公猪体况偏胖而影响配种，同时加重肝肾负担；过低则精子密度和品质下降。在考虑蛋白质供应的同时，要考虑某些必需氨基酸的水平，尤其是饲喂玉米-豆粕型饲料时，赖氨酸、蛋氨酸及色氨酸供给尤为重要。因此，在配种季节，饲料中应多补加一些优质的动物性蛋白质，如鱼粉、骨肉粉和豆粉等，必要时可喂一定量的鸡蛋。

（3）矿物质和维生素。矿物质尤其是钙、磷，对精液品质影响很大，日粮中含量不足时，种公猪性腺会发生病变，从而使精子活力下降，并出现大量畸形精子和死精子。锌、碘、钴和锰对提高种公猪精液品质有一定的效果，尤其是在机械化养猪条件下，补饲上述微量元素效果尤为显著。

（4）维生素。维生素对于种公猪也是十分重要的，在封闭饲养条件下更应注意维生素添加，否则，容易导致维生素缺乏症。饲料中长期缺乏维生素 A 会导致青年公猪性成熟延迟、睾丸变小、睾丸上皮细胞变性和退化，从而降低精子密度和质量。但维生素 A 过量时，会出现被毛粗糙、鳞状皮肤、过度兴奋、触摸敏感、蹄周围裂纹处出血、血尿、血粪、腿失控不能站立及周期性震颤等中毒症状。饲料中维生素 D 缺乏会降低公猪对钙和磷的吸收，间接影响睾丸产生精子和配种性能。种公猪日粮中若长期缺乏维生素 E 还会导致成年公猪睾丸退化，永久性丧失生育能力。其他维生素在一定程度上也会直接或间接地影响着公猪的健康和种用价值，如缺乏 B 族维生素，会出现食欲下降、皮肤粗糙、被毛无光泽等不良后果。因此，应根据饲养标准酌情添加给予满足，一般维生素的添加量应是标准的 2～5 倍。

## 2. 饲养技术

（1）饲料供应。饲料除遵循饲养标准外，还需根据品种类型、体重大小、配种强度等合理调整。常年配种的猪场，要给均衡饲料，可采取一贯加强营养的饲养方式。季节配种的猪场，可在配种前 1 个月提高营养水平，比非配种期的营养需增加 20%～25%；在配种前 2～3 周进入配种期饲养，配种停止后，逐渐过渡到非配种期的饲养标准。冬季寒冷时要比饲养标准提高 10%～20%，青年公猪要增加饲料供给量的 10%～20%。

（2）饲料要求。营养要全面，并应保证一定量的全价优质蛋白质和适量的微量元素，且易消化，适口性好，以精料为主，体积不宜过大。有条件时，补充适当的青储饲料，如补充饲用胡萝卜；配种繁忙季节可适当补充动物性饲料，如鱼粉供给量可提高 1%～2%，或每头公猪每天喂 2～3 枚带壳生鸡蛋，或加入 5%煮熟切碎的母猪胎衣等。严禁饲喂发霉变质和有毒的饲料（如棉粕、菜粕），并应供给充足的饮水。

（3）饲喂技术。采用限量饲喂方式。应定时定量，日喂 2～3 次，每次都不要喂得太饱，每天喂料量为 2.0～3.0kg。种公猪体重在 90kg 之前自由采食，90kg 之后限制饲养。

例如，某原种猪场的丹系长白公猪，非配种期的营养水平：配合饲料含消化能为12.55MJ/kg、粗蛋白为 14%、日喂量为 2.0～2.5kg；配种期营养水平：配合饲料含消化能为 12.97MJ/kg、粗蛋白为 15%，日喂量为 2.5～3.0kg。

（三）种公猪的科学管理

（1）单圈或小群饲养。成年公猪最好单圈饲养，每头占地 4m²。小群饲养公猪要从断奶开始，每栏 2～3 头。合群饲养的公猪，配种后不能立即回群，待休息 1～2h，气味消失后再归群。

（2）合理的运动。运动形式有自由运动、驱赶运动和放牧运动。理想的运动场为面积 7m×7m，驱赶运动可每天上下午各一次，每次 1～2h，每次运动量为 2km，方法是慢—快—慢。夏天应在早晨或傍晚进行，冬天可在中午进行。配种期应适当运动，非配种期应加强运动。放牧运动一般在天气允许的情况下可每天一次，要求放牧地地面平整，没有有毒植物。

（3）刷拭和修蹄。每天刷拭猪体 1～2 次，时间为 5～10min，夏季可结合洗浴进行。对蹄匣过长的公猪应及时修整，以免过长影响公猪的正常活动和配种。

（4）定期称重和检查精液品质。种公猪在使用前 2 周应进行精液品质检查。人工授精的公猪，每次采精后都要检查；本交的公猪，每月应检查 1～2 次；后备公猪即将配种之前，或成年公猪由非配种期转入配种期之前，均要及时检查。

（5）避免刺激。种公猪舍应处于上风向，远离配种点。种公猪要合理使用、加强运动，否则会过度消耗体力和精液，造成公猪未老先衰，降低种用年限，形成自淫恶癖，待配种时无成熟精子，严重影响母猪受胎率。

（6）防止种公猪咬架。每隔 6 个月剪牙一次，用钢锯或钢钳，在齿龈线处将獠牙剪断，防止其咬架。种公猪咬架时，应迅速放出发情母猪将公猪引走，或用木板将公猪隔离开。防止种公猪咬架最有效办法，是不让其相遇，如设立固定的跑道。

（7）防寒防暑。种公猪适宜的舍温是 14～16℃，环境温度超过 30℃可使种公猪的造精功能受到影响，所以 30℃是公猪造精产生障碍的极限温度。一般情况下，猪的睾丸温度比体温低 4～5℃，有特殊的调节能力，但是一旦高温引起睾丸温度升高，就成为繁殖力下降的主要原因。猪的正常体温为 38～39℃，据报道：肛门温度只要提高 1℃达 72h，精子的产生就会减少 70% 以上，并需 7～8 周才能恢复正常。种公猪发烧时体温在 40℃以内，需停止配种 3 周；体温至 40℃以上时，治愈后需休息 1 个月才能配种。

（四）种公猪的淘汰

1. 自然淘汰

自然淘汰通常指对老龄公猪的淘汰，也包括由于生产计划变更、种群结构调整、选育种的需要，而对公猪群中的某些个体（群体）进行针对性的淘汰。自然淘汰包括以下几种形式。

（1）衰老淘汰。生产中使用的种公猪，由于已经达到了相应的年龄或使用年限较长（3～4 年），年老体衰，配种机能衰弱、生产性能低下，则应进行淘汰。

（2）计划淘汰。为了适应生产需要和种群结构的调整，对在群公猪进行数量调整、品种更新、品系选留、净化疫病等，则应对原有公猪群进行有计划、有目的地选留和淘汰。

2. 异常淘汰

异常淘汰是指由于生产中饲养管理不当、使用不合理、疾病发生或种公猪本身未能预见的先天性生理缺陷等诸多因素造成的青壮年公猪在未被充分利用的情况下而被淘汰。种公猪异常淘汰的原因一般包括以下几种。

（1）体况过肥。由于日粮营养水平过高或后备公猪前期限饲不当，可能造成种公猪过肥、体重过大、爬跨笨拙，或母猪经不住种公猪爬跨，造成配种困难或不能正常配种，此时应对种公猪进行限制饲养和加强运动，降低膘情。若不能取得预期效果，应对种公猪进行淘汰。

（2）体况过瘦。由于前期日粮营养水平过低、限饲过度或疾病原因，造成种公猪参加配种时体况过瘦、体质较差，爬跨困难或不能完成整个配种过程，导致配种操作不利和配种效果较差，此时应对种公猪加强营养，减少配种频率，或有针对性地治疗疾病，使其恢复配种理想体况。通过以上操作仍难以恢复的个体，则应进行淘汰。

（3）精子活力差。已入群的后备公猪或正在使用的种公猪在连续几次检查精液品质后，死精率、畸形率过高，且后裔同胞个体数较少，通过调整营养、加强管理和治疗后，仍不能得到改善的个体，应及时淘汰。

（4）性欲缺乏。由于种公猪过度使用或饲料中缺乏维生素 A、维生素 E、矿物质等，引起性腺退化、性欲迟钝、厌配或拒配，这种种公猪应加强饲养管理，防止过度使用，并加强饲料中维生素和矿物质的营养，注意适当运动，一般可以调整过来。但对于不能恢复的个体，应该进行淘汰。

（5）繁殖疾病。因某些疾病，如睾丸炎、附睾炎、肾炎、膀胱炎、布氏杆菌病、乙型脑炎等引起的种公猪性机能衰退或丧失；或由于其他疾病造成的公猪体质较差、繁殖机能下降或丧失；以及患有不能治愈的繁殖疾病和繁殖传染病的种公猪，应立即进行淘汰。

（6）肢蹄病。种公猪由于运动、配种或其他原因（如裂蹄、关节炎等），造成肢蹄的损伤，尤其是后肢，又没有得到及时治疗，致使种公猪不能爬跨或爬跨时不能支持本身重量，站立不定，而失去配种能力，这种种公猪应及时进行治疗，在不能治愈或确认无治疗价值时应予以淘汰。

（7）恶癖。个别种公猪由于调教和训练不当，可能会在使用过程中形成恶癖，如自淫、咬斗母猪，攻击操作人员等。这种种公猪在使用正确手段不能改正其恶癖时，应及早淘汰，以免引起危害。

### 技　能

（1）调教后备公猪。

（2）人工授精操作。

（3）根据种公猪的体况饲喂种公猪。

（4）挑选淘汰的种公猪。

**【任务总结】**

任务总结如表 3-3 所示。

表 3-3　任务总结表

| 内容 | | 要点 |
|---|---|---|
| 知识 | 后备公猪的调教 | 1. 爬跨假台猪法<br>2. 爬跨发情母猪法<br>3. 后备公猪调教注意事项 |
| | 人工授精 | 1. 准备工作<br>2. 采精<br>3. 精液处理及品质检查<br>4. 精液稀释与保存<br>5. 发情鉴定<br>6. 人工输精 |
| | 种公猪的营养提供与管理 | 1. 饲养种公猪的重要性及生理特点<br>2. 种公猪的正确饲养<br>3. 种公猪的科学管理<br>4. 种公猪的淘汰 |
| 技能 | 调教后备公猪 | 1. 辅助时机<br>2. 注意安全 |
| | 人工授精操作 | 1. 准备工作全面<br>2. 采精、精液处理及品质检查、精液稀释与保存、人工输精等操作规范<br>3. 发情鉴定方法得当，鉴定结果准确 |
| | 根据种公猪的体况饲喂种公猪 | 1. 体况和年龄的认定<br>2. 注意安全 |
| | 挑选淘汰的种公猪 | 遵循淘汰原则 |

### 课后自测

**一、填空题**

1. 种公猪具有（　　），本交配种时间长的特点。

2. 配种方式有（　　）、重复配种和双重配种。

3. 公猪的 1 个或 2 个睾丸滞留在腹腔内，称为（　　），单睾和双隐睾都是不育的。

4. 种公猪单圈饲养，每间猪舍面积一般为（　　）。

**二、简答题**

1. 养好成年种公猪的关键点有哪些？

2. 饲养种公猪时，为何要进行刷拭和修蹄？

3. 如何合理利用种公猪进行配种？

4. 如何利用爬跨假台猪法调教种公猪？

5. 试述种公猪的科学管理。

6. 种公猪的淘汰原则是什么？

# 任务 *3.3*　猪的接产

## 【任务描述】

接产是分娩哺乳舍饲养员重要的日常工作，保证及时地为母猪接产，提高仔猪的成活率是分娩哺乳舍饲养员的工作目标。

## 【任务目标】

（1）能够正确推算妊娠母猪的预产期。

（2）能够顺利为正常分娩的母猪接产。

 知　识

### 预产期的推算

种猪配种以后根据母猪的配种日期可推算出预产期，以便做好接产准备。现将妊娠母猪预产期的推算方法介绍如下。

母猪从交配受孕日期开始，妊娠期一般在 108～123 天，平均为 114 天。为了做好母猪分娩的接产、护理准备工作，提高初生仔猪成活率，饲养员往往根据"母猪一年两窝半"和乳房、阴门的变化以及分娩前的动态来判断母猪分娩日期。

下面介绍几种常用推算母猪预产期的简便易记的方法。

（1）"333"推算法。此法是常用的推算方法，从母猪交配受孕的月数和日数加"3 个月 3 周 3 天"即 3 个月为 90 天，3 周为 21 天，另加 3 天，正好是 114 天，即是妊娠母猪的预产大约日期。例如配种期为 12 月 20 日，12 月加 3 个月（90 天），20 日加 3 周（21 天），再加 3 天，则母猪分娩日期，即在次年的 4 月 14 日前后。

（2）"月加 4，日减 6"推算法。即从母猪交配受孕后的月份加 4，交配受孕日期减 6，其得出的数，就是母猪大致的预产日期。用这种方法推算月加 4，不分大月、小月和平月，但日减 6 要按大月、小月和平月计算。用此推算法要比"333"推算法更为简便，可用于推算大群母猪的预产期。例如配种日期为 12 月 20 日，12 月加 4 为次年的 4 月，20 日减 6 为 14，即母猪的分娩日期大致在次年的 4 月 14 日。使用上述推算法时，日不够减可借 1 个月（按 30 天计算）。如需要较准确的预产期，需要对经过的大月、平月的个数进行校对，增补平月漏掉的天数，减去大月多出的天数。

（3）查表法。表 3-4 为母猪分娩日期推算表。

表 3-4　母猪分娩日期推算表

| 配种日 | 配种月 | | | | | | | | | | | |
|---|---|---|---|---|---|---|---|---|---|---|---|---|
| | 1 月 | 2 月 | 3 月 | 4 月 | 5 月 | 6 月 | 7 月 | 8 月 | 9 月 | 10 月 | 11 月 | 12 月 |
| 1 | 4.25 | 5.26 | 6.23 | 7.24 | 8.23 | 9.23 | 10.23 | 11.23 | 12.24 | 1.23 | 2.23 | 3.25 |
| 2 | 4.26 | 5.27 | 6.24 | 7.25 | 8.24 | 9.24 | 10.24 | 11.24 | 12.25 | 1.24 | 2.24 | 3.26 |

| 配种日 | 配种月 | | | | | | | | | | | |
|---|---|---|---|---|---|---|---|---|---|---|---|---|
| | 1月 | 2月 | 3月 | 4月 | 5月 | 6月 | 7月 | 8月 | 9月 | 10月 | 11月 | 12月 |
| 3 | 4.27 | 5.28 | 6.25 | 7.26 | 8.25 | 9.25 | 10.25 | 11.25 | 12.26 | 1.25 | 2.25 | 3.27 |
| 4 | 4.28 | 5.29 | 6.26 | 7.27 | 8.26 | 9.26 | 10.26 | 11.26 | 12.27 | 1.26 | 2.26 | 3.28 |
| 5 | 4.29 | 5.30 | 6.27 | 7.28 | 8.27 | 9.27 | 10.27 | 11.27 | 12.28 | 1.27 | 2.27 | 3.29 |
| 6 | 4.30 | 5.31 | 6.28 | 7.29 | 8.28 | 9.28 | 10.28 | 11.28 | 12.29 | 1.28 | 2.28 | 3.30 |
| 7 | 5.1 | 6.1 | 6.29 | 7.30 | 8.29 | 9.29 | 10.29 | 11.29 | 12.3 | 1.29 | 3.1 | 3.31 |
| 8 | 5.2 | 6.2 | 6.30 | 7.31 | 8.30 | 9.30 | 10.30 | 11.30 | 12.31 | 1.30 | 3.2 | 4.1 |
| 9 | 5.3 | 6.3 | 7.1 | 8.1 | 8.31 | 10.1 | 10.31 | 12.1 | 1.1 | 1.31 | 3.3 | 4.2 |
| 10 | 5.4 | 6.4 | 7.2 | 8.2 | 9.1 | 10.2 | 11.1 | 12.2 | 1.2 | 2.1 | 3.4 | 4.3 |
| 11 | 5.5 | 6.5 | 7.3 | 8.3 | 9.2 | 10.3 | 11.2 | 12.3 | 1.3 | 2.2 | 3.5 | 4.4 |
| 12 | 5.6 | 6.6 | 7.4 | 8.4 | 9.3 | 10.4 | 11.3 | 12.4 | 1.4 | 2.3 | 3.6 | 4.5 |
| 13 | 5.7 | 6.7 | 7.5 | 8.5 | 9.4 | 10.5 | 11.4 | 12.5 | 1.5 | 2.4 | 3.7 | 4.6 |
| 14 | 5.8 | 6.8 | 7.6 | 8.6 | 9.5 | 10.6 | 11.5 | 12.6 | 1.6 | 2.5 | 3.8 | 4.7 |
| 15 | 5.9 | 6.9 | 7.7 | 8.7 | 9.6 | 10.7 | 11.6 | 12.7 | 1.7 | 2.6 | 3.9 | 4.8 |
| 16 | 5.10 | 6.1 | 7.8 | 8.8 | 9.7 | 10.8 | 11.7 | 12.8 | 1.8 | 2.7 | 3.10 | 4.9 |
| 17 | 5.11 | 6.11 | 7.9 | 8.9 | 9.8 | 10.9 | 11.8 | 12.9 | 1.9 | 2.8 | 3.11 | 4.10 |
| 18 | 5.12 | 6.12 | 7.10 | 8.10 | 9.9 | 10.10 | 11.9 | 12.10 | 1.10 | 2.9 | 3.12 | 4.11 |
| 19 | 5.13 | 6.13 | 7.11 | 8.11 | 9.10 | 10.11 | 11.10 | 12.11 | 1.11 | 2.10 | 3.13 | 4.12 |
| 20 | 5.14 | 6.14 | 7.12 | 8.12 | 9.11 | 10.12 | 11.11 | 12.12 | 1.12 | 2.11 | 3.14 | 4.13 |
| 21 | 5.15 | 6.15 | 7.13 | 8.13 | 9.12 | 10.13 | 11.12 | 12.13 | 1.13 | 2.12 | 3.15 | 4.14 |
| 22 | 5.16 | 6.16 | 7.14 | 8.14 | 9.13 | 10.14 | 11.13 | 12.14 | 1.14 | 2.13 | 3.16 | 4.15 |
| 23 | 5.17 | 6.17 | 7.15 | 8.15 | 9.14 | 10.15 | 11.14 | 12.15 | 1.15 | 2.14 | 3.17 | 4.16 |
| 24 | 5.18 | 6.18 | 7.16 | 8.16 | 9.15 | 10.16 | 11.15 | 12.16 | 1.16 | 2.15 | 3.18 | 4.17 |
| 25 | 5.19 | 6.19 | 7.17 | 8.17 | 9.16 | 10.17 | 11.16 | 12.17 | 1.17 | 2.16 | 3.19 | 4.18 |
| 26 | 5.20 | 6.2 | 7.18 | 8.18 | 9.17 | 10.18 | 11.17 | 12.18 | 1.18 | 2.17 | 3.20 | 4.19 |
| 27 | 5.21 | 6.21 | 7.19 | 8.19 | 9.18 | 10.19 | 11.18 | 12.19 | 1.19 | 2.18 | 3.21 | 4.20 |
| 28 | 5.22 | 6.22 | 7.20 | 8.20 | 9.19 | 10.20 | 11.19 | 12.20 | 1.20 | 2.19 | 3.22 | 4.21 |
| 29 | 5.23 | — | 7.21 | 8.21 | 9.20 | 10.21 | 11.20 | 12.21 | 1.21 | 2.20 | 3.23 | 4.22 |
| 30 | 5.24 | — | 7.22 | 8.22 | 9.21 | 10.22 | 11.21 | 12.22 | 1.22 | 2.21 | 3.24 | 4.23 |
| 31 | 5.25 | — | 7.23 | — | 9.22 | — | 11.22 | 12.23 | — | 2.22 | — | 4.24 |

 技 能

## 母猪接产的操作要点

（一）临产征兆

母猪在临产前生理上会有一系列的变化，反映在乳房、乳头、产道和精神及行为表现上，据此可判断产仔时间。

1. 乳房的变化

母猪在产前 15～20 天，乳房由后向前增大，两排乳头呈"八"字形外张，乳头饱满，呈潮红色。

2. 乳头的变化

产前 1～2 天，母猪前面的乳头可挤出透明乳汁。中间乳头能挤出乳汁时，约在 12h 后产仔；最后一对乳头能挤出黏稠乳白色乳汁时，在 4～6h 产仔。

3. 产道的变化

母猪临产前 3～5 天，外阴部开始红肿下垂，皱纹消失展平，尾根两侧出现塌陷，这是骨盆开张的标志；临产前，阴部还会有羊水流出。

4. 精神及行为表现

临产前母猪神经敏感，紧张不安，突然停食，时起时卧，呼吸急促，频频排粪，拉小而软的粪便，每次排尿量少但次数频繁等，有的母猪还出现衔草絮窝或拱草趴地的现象。

在生产实践中，常以母猪衔草絮窝，最后 1 对乳头能挤出浓稠乳汁，挤时不费力，乳汁如水枪似射出，排小而软如柿饼状粪便，尿量少而排尿次数频繁等作为判断母猪即将产仔的主要征兆。有了这些征兆，一定要有专人看管，做好接产的准备工作。

（二）分娩前的准备

1. 产房的准备

产房的准备关键是保障母猪分娩安全，仔猪全活满壮，准备的重点是保温与消毒，空栏 1 周后进猪。工厂化猪场已实行流水式的生产工艺，均设置专门的产房。在产前要空栏彻底清洗，检修产房设备，之后用消毒威、2%烧碱等消毒水连续消毒 2 次，晾干后备用。第二次消毒最好采用火焰消毒或熏蒸消毒。产房要求：温暖干燥，清洁卫生，舒适安静，阳光充足，空气新鲜；温度在 20～23℃，最低也要控制在 15～18℃，相对湿度为 65%～75%。产栏应安装滴水装置，夏季可采用头颈部滴水降温。冬春季节要有取暖设备，尤其仔猪局部保温应在 30～35℃。产房内温度过高或过低、湿度过大都是仔猪死亡和母猪患病的重要原因。

2. 用具的准备

产前应准备好接产用具，如干净毛巾、细线、剪牙钳、断尾钳、秤、照明用灯等。冬季还应准备仔猪保温箱、红外线灯或电热板等，以及药品，如 5%的碘酒、2%～5%来苏儿、催产药品和 25%的葡萄糖（急救仔猪用）等。

3. 母猪的处理

（1）营养。应根据母猪的膘情和乳房发育情况采取相应的措施。产前 10～14 天起逐渐改用哺乳期饲料，母猪料添加 1～2 周多西环素等抗生素以预防产后仔猪下痢。对膘情及乳房发育良好的母猪，产前 3～5 天应减料，逐渐减到妊娠后期饲养水平的 1/2 或 1/3，并停喂青绿多汁饲料，以防母猪产后乳汁过多，而发生乳腺炎，或因乳汁过浓而引起仔猪消化不良，产生拉稀。发现临产征兆，应停止饲喂。若母猪膘情不好，乳房膨胀不明显，产前不仅不应减料，还应加喂含蛋白质较多的催乳饲料。

（2）管理。产前 2 周，应对母猪进行检查，若发现疥癣、虱子等体外寄生虫，应用 2%敌百虫溶液喷雾消毒，以免产后感染给仔猪。产前 3～7 天应停止驱赶运动或放牧，让其在圈内自己运动。安排好昼夜值班人员，密切注视，仔细观察母猪的征兆变化，做好随时接产准备。

（3）转移。产前 1 周将母猪赶入产房，以适应新环境。进产房前应对猪体进行清洁消毒，用温水擦洗腹部、乳房及阴门附近，然后用 2%～5%的来苏儿消毒，若做到全身洗浴消毒效果更佳，同时要注意减少母猪对产栏的污染。

（三）接产技术

母猪的妊娠期为 114 天，变化幅度较小，一般提前或推后 1～2 天均属正常。由于母猪分娩多在夜间，为避免死胎和假死现象的发生，使母猪正常分娩，并缩短产程，要求有专人看管。每天注意观察母猪分娩征兆，母猪分娩时，必须有饲养员在场接产，严禁人离现场，同时在整个接产过程要保持产房安静，动作迅速而准确。

母猪分娩的持续时间为 30min～6h，平均约为 2.5h，平均出生间隔为 15～20min。产仔间隔越长，仔猪就越弱，早期死亡的危险性越大。对于有难产史的母猪，要进行特别护理。

母猪分娩时一般不需要帮助，但会出现烦躁、极度紧张、产仔间隔超过 45min 等情况，此时就要考虑人工助产。

（1）一般母猪在破水后 30min 内即会产出第一头小猪。仔猪出生后，应立即将其口鼻黏液掏除，并用清洁抹布将口鼻和全身的黏液抹干，涂上爽身粉，以利仔猪呼吸和减少体表水分蒸发，避免发生感冒。个别仔猪在出生后胎衣仍未破裂，应立即撕破胎衣，避免发生窒息死亡。

（2）断脐。仔猪离开母体时，一般脐带会自行扯断，但仍会有 20～40cm 长，应及时进行人工断脐。先将脐带内的血液向仔猪腹部方向挤压，然后在距离腹部 4cm 处把脐带用手指掐断，断脐处用碘酒消毒。若断脐处流血过多，可用手指捏住断头 3～5min，直到不出血为止。考虑到在多数猪场有链球菌病存在，最好用在碘酒中浸泡过的结扎线扎紧，否则开放的脐带断端会成为链球菌侵入猪体的有效门户，许多猪场仔猪发生关节炎和脓肿均与此有关。留在仔猪腹壁上的脐带经 3～4 天即会干枯脱落。

（3）剪犬齿。仔猪出生时已有末端尖锐的上下第三门齿与犬齿 3 枚。在仔猪相互争抢固定乳头过程会伤及面颊及母猪乳头，使母猪不让仔猪吸乳。剪齿可与称重、打耳号同时进行，方法是左手抓住仔猪头部后方，以拇指及食指捏住口角将口腔打开，用剪齿钳从根部剪平即可。

（4）断尾。为防止日后咬尾，仔猪出生时应在尾根 1/3 处用钝钳夹断，断尾后须止血消毒，如用高温烙铁，既可消毒又可止血。

（5）必要时做猪瘟弱毒苗乳前免疫，剂量为 3 头份。切记，凡进行乳前免疫的仔猪注射疫苗后 1～2h 才可开奶。

（6）及时吃上初乳。初生仔猪不具备先天性免疫能力，必须通过吃初乳获得免疫力。仔猪出生 6h 后，初乳中的抗体含量会下降一半，因此让仔猪尽早吃到初乳、吃足初乳，是初生仔猪获得抵抗各种传染病抗体的唯一有效途径，推迟初乳的采食，会影响免疫球蛋白的吸收。初乳中除含有足够的免疫抗体外，还含有仔猪所需要的各种营养物质、生物活性物质。初乳中的乳糖和脂肪是仔猪获取外源能量的主要来源，可提高仔猪对寒冷的抵抗能力。初乳对促进代谢，保持血糖水平也有积极的作用。仔猪出生后应随时放到母猪身边吃初乳，它不仅能刺激消化器官的活动，促进胎粪排出，还可增加营养产热，提高仔猪对寒冷的抵抗力。初生仔猪若吃不到初乳，则很难养活。

（7）应将仔猪置于保温箱内（冬季尤为重要），箱内温度控制在 32～35℃。

（8）做好产仔记录，种猪场应在 24h 之内进行个体称重，并打耳号（见任务 3.5）。

（9）及时清理产栏。

产仔结束后，应及时将产床或产圈打扫干净，特别是母猪排出的血水、胎衣等污物应随时清理，保持产房干净，以避免母猪发生疾病和吃胎衣进而养成吃仔猪的恶癖。

（四）产后母猪的饲养管理技术

为了保证母猪的健康和旺盛采食欲，分娩前 10～12h 最好不再喂料，但应满足饮水，冷天水要加温，或喂热麸皮盐水（麸皮 250g、食盐 25g、水 2kg）。母猪分娩后第一天，若无食欲，则不要强迫喂食，让其躺卧休息。千万不可马上喂给大量浓厚的精饲料，特别是大量饼类饲料，以免引起消化不良和乳汁过浓而发生乳腺炎和仔猪拉稀。若有食欲，可喂少量饲料（每天喂 0.5～1kg）。第二天所有分娩母猪都要赶起站立，并投喂饲料。喂料量依母猪的食欲、有无乳腺炎和便秘等情况而定，以后逐天增加，到产后第七天，按规定的喂料量投喂饲料，日喂 3～4 次，喂量达到 6kg/天以上。

在母猪增料阶段，应注意母猪乳房的变化和仔猪的粪便。在分娩时和泌乳早期，饲喂抗生素能减少母猪子宫炎和分娩后短时间内偶发缺乳症的发生。产前产后日粮中应添加 0.75%～1.5% 的电解质、轻泻剂（小苏打、芒硝等）可以预防产后便秘、消化不良、食欲不振。夏季日粮中添加 1.2% 的碳酸氢钠可提高采食量。

母猪分娩后，除天气十分闷热外，要关上门窗（可用排气扇通风）。注意产房内不能有穿堂风，室温最好控制在 25℃ 左右。任何时候都应尽量保持产房的安静，饲养员不得在产房内嬉戏打闹，不得故意惊吓母猪及仔猪。要尽量保持产房及产栏的清洁、干燥，做到冬暖夏凉。任何时候栏内有仔猪均不能用水冲洗产栏，以防仔猪下痢。平时除工作需要外，工作人员不能踏入产栏内，应随时观察母猪的采食量、呼吸、体温、粪便和乳房情况，以防产后患病，特别是患高烧类疾病。任何时候若发现母猪有乳腺炎、食欲不振和便秘时，都要减少喂料量，并对母猪做治疗处理。

【任务总结】

任务总结如表 3-5 所示。

表 3-5　任务总结表

| | 内容 | 要点 |
|---|---|---|
| 知识 | 预产期的推算 | 1. "333" 推算法<br>2. "月加4，日减6" 推算法<br>3. 查表法 |
| 技能 | 母猪接产的操作要点 | 1. 临产征兆<br>2. 分娩前的准备<br>3. 接产技术<br>4. 产后母猪的饲养管理技术 |

### 课后自测

**一、填空题**

1．推断母猪预产期的方法有（　　　）、（　　　）和查表法。

2．配种期为 12 月 20 日，12 月加（　　　）个月，20 日加（　　　）周（21 天），再加 3 天，则母猪分娩日期，即在（　　　）前后。

**二、名词解释**

产活仔数

**三、判断题**

（　　）1．母猪通过嗅觉可辨认自己的仔猪。

（　　）2．母猪分娩过程中一般不吃食，分娩完毕后，要马上喂给大量混合精料，特别是饼类，以补充能量消耗。

（　　）3．母猪产前 3～5 天，对膘情好的母猪应适当减料，以防产后乳汁过浓而患乳腺炎或使初生仔猪因消化不良而拉稀。

**四、简答题**

1．母猪临产征兆有哪些？

2．简述接产技术。

## 任务 3.4 猪的难产处理

**【任务描述】**

在养猪生产中，有时由于一些原因会碰到母猪在分娩过程中难产。能否正确判断难产，并正确处理仔猪和母猪，不仅影响到猪的生命，更影响到猪场的生产效率。

**【任务目标】**

（1）能够说出母猪难产的原因。

（2）能够正确判断出母猪难产。

（3）能够正确处理难产的母猪及仔猪。

 知　识

## 一、难产的原因

在接产过程中，如果发现胎衣破裂、羊水流出，母猪用力时间较长，但仔猪生不下来，可能是发生难产了。

难产在生产中较为常见，产生原因为：母猪骨盆发育不全，产道狭窄，子宫弛缓，胎位异常、胎儿过大或死胎引致分娩时间拖长，如不及时处置可能造成母仔死亡。母猪过肥可造成产道狭窄，过瘦则体弱分娩无力。妊娠期母猪营养过度，还会造成胎儿过大。近亲繁殖，也会使胎儿畸形。母猪妊娠期缺乏运动，也会造成胎位不正。产仔时，人多杂乱，其他动物如狗、猫进入猪圈，也会使母猪神经紧张。母猪因先天性发育不良，或配种过早而发育不良，曾经开过刀有伤疤等情况，都会造成产道狭窄。母猪年老体衰，子宫收缩力弱，以及患其他病，也会使母猪体弱而分娩无力。

## 二、难产的判断

母猪如果有下列情况出现，即可判断为难产。

（1）超过预产期 3～5 天，仍无临产症状之母猪。

（2）有羊水排出，强烈努责后 1h 仍无仔猪排出的母猪。

（3）产出 1～2 头后，仔猪体表已干燥且活泼，而间隔 60min 内仍不见后一仔猪出生，不再继续产出的母猪。

## 三、假死仔猪

仔猪出生后全身发软，张口抽气，甚至停止呼吸，但心脏仍然在跳动，用手指轻压脐带根部感觉仍在跳动的仔猪，称为假死仔猪。

造成仔猪假死的原因：仔猪在产道内停留的时间过长，吸进产道内的羊水或黏液造成窒息。仔猪在母猪产道内停留的时间过长的原因为：母猪年老体弱，分娩无力；母猪长期不运动，腹肌无力；胎儿过大并卡在产道的某一部位；母猪产道狭窄等。

技　能

## 一、人工助产

1. 药物注射法

（1）有难产史的母猪临产前 1 天应肌注律胎素或氯前列烯醇，或预产期当日注射缩宫素。

（2）临产母猪子宫收缩无力或产仔间隔超过 0.5h 者可注射缩宫素，但要注意在子宫颈口开张时使用。

（3）注射催产素仍无效，或由于胎儿过大、胎位不正、骨盆狭窄等原因造成难产，应立即人工助产。

2. 手掏法

人工助产时，应将指甲磨光滑，先用肥皂洗净手及手臂，再用 2% 来苏儿或 0.1% 高锰酸钾水将手及手臂消毒，涂上凡士林或油类。然后将手指捏成锥形，随着子宫收缩节律慢慢伸入，触及胎儿后，根据胎儿进入产道部位，抓仔猪的两后腿或下颌部将小猪拉出。若出现胎儿横位，应将头部推回子宫，捉住两后肢缓缓拉出；若胎儿过大，母猪骨盆狭窄，拉小猪时，一要与母猪努责同步，二要摇动小猪，慢慢拉动，拉出仔猪后应帮助仔猪呼吸。助产过程中，动作必须轻缓，注意不可伤及产道、子宫，待胎儿胎盘全部产出后，于产道局部抹上青霉素粉，或肌注青霉素，以防发生子宫炎、阴道炎。

对难产的母猪，应在母猪卡上注明发生难产的原因，以便下一产次的正确处理或作为淘汰鉴定的依据。

## 二、假死仔猪的急救

（1）以人工呼吸法最为简便，即饲养员把仔猪放在麻袋或垫草上，仔猪的四肢朝上，一手托着肩部，另一手托着臀部，然后一屈一伸反复进行，直到仔猪叫出声后为止。

（2）呼气法，即向假死仔猪鼻内或嘴内用力吹气，促其呼吸。

（3）拍胸拍背法，即提起仔猪两后腿，头向下，用手拍胸拍背，促其呼吸。

（4）药物刺激法，即在仔猪鼻部涂酒精等刺激物或用针刺的方法，促其呼吸。

（5）捋脐法，具体操作方法：尽快擦净仔猪口鼻内的黏液，将头部稍高置于软垫草上，在脐带 2~3cm 处剪断；操作者一手捏紧脐带末端，另一手自脐带末端捋动，每秒 1 次，反复进行不得间断，直至救活。一般情况下，捋 30 次时假死仔猪会出现深呼吸，40 次时仔猪会发出叫声，60 次左右仔猪可正常呼吸。特殊情况下，要捋 120 次左右，假死仔猪方能救活。

不管用哪种方法，在急救前必须先把仔猪口、鼻内的黏液或羊水用手捋出并擦干后，再进行急救，而且急救速率要快，否则假死会变成真死。

**【任务总结】**
任务总结如表 3-6 所示。

表 3-6　任务总结表

| 内容 | | 要点 |
|---|---|---|
| 知识 | 难产的原因 | 1. 母体原因<br>2. 仔猪原因 |
| | 难产的判断 | 1. 时间<br>2. 表现 |
| | 假死仔猪 | 表现及原因 |
| 技能 | 人工助产 | 1. 药物注射法<br>2. 手掏法 |
| | 假死仔猪的急救 | 1. 人工呼吸法<br>2. 呼气法<br>3. 拍胸拍背法<br>4. 药物刺激法<br>5. 捋脐法 |

### 🧩 课后自测

#### 一、填空题

1. 难产在生产中较为常见，由于母猪骨盆发育不全、（    ）、子宫弛缓、（    ）、胎儿过大或死胎引致分娩时间拖长所致。

2. 仔猪出生后全身发软，张口抽气，甚至停止呼吸，但（    ），用手指轻压脐带根部感觉仍在跳动的仔猪称为假死仔猪。

3. 在接产过程中，如果发现胎衣破裂，（    ），母猪用力时间较长，但仔猪生不下来，可能是发生难产。

#### 二、简答题

1. 如何判断难产？

2. 人工助产过程是什么？

3. 论述假死仔猪的急救方法。

# 任务 *3.5*  初生及哺乳仔猪的饲养与管理

#### 【任务描述】

哺乳仔猪是猪生长发育最快的时期，也是抵抗力最弱的时期。因此，如何科学地饲养管理，促进仔猪快速发育，缩短饲养期，降低饲料报酬，对仔猪获得最高的断奶体重有着十分重要的作用。本任务主要是哺乳仔猪的保暖、防压护理、固定奶头、编号、开食、补饲、寄养与并窝。

#### 【任务目标】

（1）了解哺乳仔猪的生理特点。

（2）掌握哺乳仔猪的营养需要并能正确饲喂。

（3）能够正确地对哺乳仔猪进行保暖、防压护理、固定奶头、编号、开食、补饲、寄养与并窝。

### 🌳 知  识

## 一、哺乳仔猪的生理特点

1. 生长发育快

猪出生后生长发育特别快。一般仔猪初生重在 1kg 左右，10 日龄时体重可达初生重的 2 倍以上，30 日龄增长 5～6 倍，60 日龄增长 10～13 倍或更多，体重可达 15kg 以上。如按月龄的生长速率计算，第一个月体重比初生重增长 5～6 倍，第二个月体重比第一个月体重增长 2～3 倍。

仔猪出生后的快速生长是以旺盛的物质代谢为基础的。仔猪对营养物质和饲料品质要求都较高，对营养不全的饲料反应敏感。因此，对仔猪补饲或供给全价日粮尤为重要。

### 2. 消化器官不发达，消化功能不完善

初生仔猪消化道相对重量和容积较小，机能发育不完善。初生时胃重 4~5g，容积为 25~40mL，以后才随年龄的增长而迅速扩大，到 20 日龄时，胃重增长到 35g 左右，容积扩大 3~4 倍。小肠在哺乳期内也迅速生长，长度约增 5 倍，容积扩大 50~60 倍。由于胃的容积小，胃内食物排空的速率快，15 日龄时约为 1.5h，30 日龄为 3~5h，60 日龄为 16~19h。因此，仔猪易饱、易饿。所以要求仔猪料容积要小、质量要高，适当增加饲喂次数，以保证仔猪获得足够的营养。

仔猪消化器官发育的晚熟，导致消化酶系统发育较差，消化机制不完善。同时，初生仔猪胃腺不发达，不能分泌盐酸，20 日龄前胃内无盐酸，20 日龄以后，盐酸浓度也很低。因此，抑菌、杀菌能力弱，容易发生下痢，且不能消化蛋白质，特别是植物性蛋白质。随着日龄的增长和食物对胃壁的刺激，盐酸的分泌不断增加，到 40 日龄时，胃蛋白酶才表现出对乳汁以外的多种饲料的消化能力。此外，由于初生仔猪胃和神经系统之间的联系还没有完全建立，缺乏条件反射性的胃液分泌，只有食物进入胃内直接刺激胃壁后，才能分泌少量胃液；而成年猪由于条件反射的作用，即使胃内没有食物，同样能大量分泌胃液。在胃液的组成上，哺乳仔猪在 20 日龄内胃液中仅有足够的凝乳酶，而唾液和胃蛋白酶很少，为成年猪的 1/4~1/3，到仔猪 3 月龄时，胃液中的胃蛋白酶才增加到成年猪的水平。为此，需给仔猪早开食、早补饲，以促进消化液的分泌，进一步锻炼和完善仔猪的消化功能。

### 3. 缺乏先天免疫力，易得病

猪的胚胎构造复杂，在母猪血管与胎儿脐血管之间被 6~7 层组织隔开（人 3 层，牛、羊 5 层），限制了母猪抗体通过血液向胎儿转移。因而，仔猪出生时先天免疫力较弱，只有吃到初乳后，靠初乳把母体的抗体过渡到自体并产生抗体才可获得免疫力。母猪初乳中蛋白质含量很高，每 100mL 中含总蛋白 15g 以上，但维持的时间较短，3 天后即降至 0.5g。仔猪出生后 24h 内，由于肠道上皮对蛋白质有通透性，同时乳清蛋白和血清蛋白的成分近似，因此，仔猪吸食初乳后，可将其直接吸收到血液中，免疫力会迅速增加。因仔猪肠壁的通透性会随肠道的发育而改变，36~72h 后会显著降低，因此仔猪出生后应尽早吃到初乳。

仔猪 10 日龄以后才开始自产免疫抗体，到 30~35 日龄前数量还很少，直到 5~6 月龄才达成年猪水平（每 100mL 含 γ-球蛋白约 65mg）。因此，仔猪 14~35 日龄是体内免疫球蛋白青黄不接的阶段，最易患下痢，为最关键的免疫期。同时，仔猪这时已吃食较多，胃液又缺乏游离盐酸，对随饲料、饮水进入胃内的病原微生物抑制作用较弱，因而此时的仔猪非常容易得病。

### 4. 体温调节能力差，行动不灵活，反应不灵敏

仔猪神经发育不健全，体温调节能力差，再加上初生仔猪皮薄毛稀，皮下脂肪少，因此，特别怕冷，容易冻昏、冻僵、冻死。特别是生后第一天，初生仔猪反应迟钝，行

动不灵活，也容易被踩死、压死。

## 二、哺乳仔猪的营养提供与管理

母猪泌乳量一般在产后第 20～30 天就可达到高峰，但许多试验表明，自产后第 20 天左右开始，泌乳量已不能满足仔猪增长的营养需要；产后第 28 天左右，泌乳量只能满足仔猪增长的营养需要的 80% 左右。为了保证仔猪的健康生长，从仔猪 3 周龄至断奶期间的护理，应达到以下要求。

（一）哺乳仔猪的营养提供

1. 合理配制日粮

饲料要新鲜，适口性要好，营养平衡，易消化。每次投喂时可加少量切碎的菜叶，也可以在熟马铃薯和甘薯中添加混合饲料饲喂，但要注意薯类喂量要适当，否则吃多了会拉稀，影响采食量。仔猪 20 日龄后可在饲料中加入 1%～2% 的酸化剂（如甲酸钙、柠檬酸、富马酸等）以增加肠道酸度，提高胃蛋白酶活性，同时可抑制有害菌繁殖，促进生长。还可加入适量复合酶以帮助消化。在有条件的猪场，乳猪料中可使用一定量的膨化大豆。

饮水条件较好的猪场，仔猪可采用生湿料；饮水条件较差时，应训练仔猪吃半热稠粥料，青饲料可切碎另加，尤其是冬春季。用热的稠粥料喂仔猪，不仅可减轻饮水不足造成的危害，且适口性好，易消化，可防止体热过多地消耗。

为增进仔猪食欲，便于投料，在投料时可结合开展声响训练，建立采食条件反射是一个有效的方法。

2. 增加补饲次数和采食量

早期补饲是现代养猪技术中应用广泛的一种实用技术。一般现代化猪场从仔猪 5 日龄开始就用乳猪料（又称教槽料）补饲，尽管 10 日龄前仔猪采食很少，但对其消化系统的生长发育极为有利。21～30 日龄仔猪每天的补饲次数应在前段的基础上，上午和下午各增加一次，达到 6 次，在 30 日龄左右时也可以在仔猪每哺完一次乳就补饲一次。同时，由于仔猪的采食量随着消化机能逐渐完善，日采食量会明显增加，30 日龄采食量几乎是开食时的 5～10 倍；平均日增重也相应逐日增加，30～60 日龄平均增重会达到 30 日龄前的 3 倍左右。因此，应根据采食情况，随时对饲喂量做出调整，但也不应盲目增量，投放的饲料，要求尽可能一次吃光。不同日龄的仔猪投料量可参考表 3-7。

表 3-7　不同日龄的仔猪投料量

| 日龄/天 | 11～20 | 21～30 | 31～40 | 41～50 | 51～60 |
|---|---|---|---|---|---|
| 投料量/g | 12 | 43 | 235 | 525 | 975 |
| 全期总量/kg | 17.9 | | | | |

（二）哺乳仔猪的饲养管理技术

（1）定时定量，少量多餐。据观察，30～40 日龄仔猪，每天的采食次数最多，且生长发育好的仔猪往往贪食，由于胃的容积小，食物排空快（一般 2h 左右），因此，对其补饲次数要多。

在一天中，仔猪通常旺食时间为 7:00～10:00，14:00～16:00。在夏季，傍晚为采食的高峰时间（采食量可占全天饲料一半以上），冬季为午后。

补饲时间可安排如下：

6:00～11:00，每隔 2h 左右补饲 1 次（在每次母猪放完乳进行），14:00～17:00 补饲 3 次，白天共补饲 6 次。21:00 左右、2:00 左右各补饲 1 次，不要一次投完，应分 3～4 次投给，要少给勤添，每餐不剩料。这种方法不仅符合仔猪争食习性，且更符合其爱吃新鲜饲料和胃容积小的特点，不影响下餐的采食量。

（2）限量饲喂。一般来说，限量（定时）饲喂的仔猪食欲比自由采食要好，且浪费饲料也少。因此采取限量饲喂的方法比较普遍。

（3）严格控制仔猪环境温度，减小猪舍内昼夜温差。

（4）改善猪舍卫生条件，勤换垫草，保持圈舍干燥、通风。

（5）仔猪补水。哺乳仔猪生长迅速，代谢旺盛，母猪乳中和仔猪补料中蛋白质含量较高，因此仔猪需要补充较多的水分。生产实践中经常看到仔猪喝尿液和脏水，这是仔猪缺水的表现，此时应及时给仔猪补喂清洁的饮水，防止仔猪因喝脏水而导致下痢。因此，在仔猪 3～5 日龄，给仔猪开食的同时，一定要注意补水，最好是在仔猪补料栏内安装仔猪专用的自动饮水器或设置适宜的水槽。

（6）做好疾病预防。

① 可在饮水中或拌料时添加维生素 C 粉和抗生素药物，如诺氟沙星、庆大霉素、卡那霉素等，预防疾病。

② 控制仔猪下痢。

③ 做好仔猪和母猪的免疫处理。如仔猪进行猪瘟、猪丹毒、仔猪副伤寒等疫苗的免疫；母猪传染性胃肠炎（TGE）、梭菌、大肠埃希氏菌的免疫接种等。

 技　能

初生及哺乳仔猪的护理过程和技术要点如下所述。

## 一、采取保温措施

哺乳仔猪调节体温的能力差，怕冷，寒冷季节必须防寒保温。猪舍的适宜温度随仔猪的日龄长短而异，出生后 1～3 日龄为 30～32℃，4～7 日龄为 28～30℃，15～30 日龄为 22～25℃，2～3 月龄为 22℃；且要求温度稳定，切忌忽高忽低和骤然变化。

集约化养猪实行常年均衡产仔，应设有专门供母猪产仔和育仔用的产房。产房环境温度最好保持在 21℃左右，同时在产栏一角应设置仔猪保温箱，为仔猪创造一个温暖舒适的小环境。在仔猪保温箱内可采用红外线灯照射仔猪，既保证仔猪所需的较高温度，又不影响母猪。红外线灯多采用 250W，悬挂在仔猪保温箱的上方。对用电有困难的小型饲养场，也可用热水袋或补液瓶子灌上热水（需常换）来保持保温箱内的温度，但要

用抹布或麻袋片将瓶子包上，以免烫伤仔猪。如果母猪在北方隆冬分娩，在入冬之前，猪舍最好罩上塑料薄膜，上面再盖上草帘子，以增加室内温度。

## 二、固定乳头

仔猪有固定乳头的习性，应在仔猪生后 2～3 天，进行人工辅助固定乳头。方法是仔猪自选为主，人工控制为辅，特别要控制个别好抢乳头的强壮仔猪，一般可把它放在一边，待其他仔猪都已找好乳头、母猪放奶时，再立即把它放在指定的乳头上吃奶，经过 3～4 天即可建立起吃奶的位次，完成固定乳头。

## 三、防止挤压

初生仔猪被挤压致死的比例相当大，所以必须采取措施防压。设置母猪限位架与倒卧板，从而限制母猪大范围地运动和躺卧方式，使母猪躺卧时不"放偏"倒下，而只能慢慢地腹卧，然后伸出四肢侧卧，这样可使仔猪有躲避的机会，以免被母猪压死。另外，要保持环境安静，避免惊动母猪。产房要有专人看管，夜间要值班，一旦发现仔猪被压，应立即轰起母猪救出仔猪。为防止或减少仔猪被压死、踩死、冻死、饿死等现象的发生，提高仔猪成活率，在产仔季节应建立昼夜值班制度。值班人员做好调整产圈的温度、固定乳头、把奶、添料、上水、除粪、更换垫草等工作；同时要加强看护。

## 四、寄养与并窝

寄养就是给仔猪找奶妈。在有多头母猪同期产仔时，对于那些母猪产仔头数过多，或无奶或少奶以及母猪产后因病死亡的仔猪，采取寄养是提高仔猪成活率的有效措施。当母猪产仔头数过少时也需要并窝合养。若要使一头母猪尽早发情配种，这只母猪的仔猪要放到其他哺乳母猪处寄养。

对多产或无乳仔猪采取并窝寄养应做到以下几点。

（1）乳母要选择性情温顺、泌乳量多、母性好的母猪。

（2）养仔应吃足半天以上初乳，以增强抗病力。

（3）两头母猪分娩日期应相近（2～3 天），两窝仔猪体重大小应相似，仔猪间大小要均匀。

（4）隔离母仔，使生仔与养仔气味混淆；使乳母胀奶，养仔饥饿，可促使母仔亲和。

（5）避免病猪寄养，殃及全窝。

## 五、补铁、补硒

补铁针剂种类很多，如血多素、富血来、牲血素、右旋糖酐铁和右旋糖酐铁钴合剂等。每头猪适宜的剂量为 200mg，一般在生后第一天注射 100～150mg，2 周龄时再注射一次。当然也可以口服补充铁。也可用 0.25%硫酸亚铁和 0.1%硫酸铜混合水溶液，在仔猪拱乳时，滴在母猪乳头上，让仔猪吸入，以达到补铁的目的。还可在圈内撒些没有被污染的干净红黏土供仔猪舔食。有条件的饲养场，在风和日暖的天气，可让仔猪跟随母猪一起在附近的牧场上活动，接触土壤，从中获得一些铁及其他微量元素。

## 六、弱仔及受冻仔猪的及时抢救

瘦弱的仔猪，在气温较低的环境中，首先表现为行动迟缓，有的张不开嘴，有的含不住乳头，有的不能吮乳，此时，应及时进行救助。可先将仔猪嘴巴慢慢撬开，用去掉针头的注射器，吸取温热的25%葡萄糖溶液，慢慢滴入口中，然后将仔猪放入一个临时的小保温箱中，放在温暖的地方，使仔猪慢慢恢复。等快到放奶时，再用小保温箱将仔猪拿到母腹下，用手将乳头送入仔猪口中。待放奶时，可先挤点奶给仔猪，当奶进入仔猪口中，仔猪会有较慢的吞咽动作，有的也能慢慢吸吮，这样反复几次，通过此种精心喂养，该仔猪即可免于冻昏、冻僵和冻死，从而提高仔猪成活率。

## 七、开食与补饲

仔猪出生后5~7天可使用教槽料，实行强制补饲，要求保持料槽清洁、饲料新鲜，勤填少添，每天补饲5~6次，晚间要补饲一次。具体方法如下：

（1）把料调成糊状，塞入仔猪口中。

（2）在每次吃奶之前，把糊状饲料抹到母猪奶头上。

（3）在每次吃奶之前，把仔猪关到已撒饲料的保温箱内，15min后放出吃奶。

（4）把料放入扎有多个小洞的易拉罐内，让其自由滚动，从而诱食，连续3~5天，仔猪即可认料，也可在教槽料中加入一些香味剂或诱食剂，如葡萄糖粉、乳香剂等。

## 八、打耳号

打耳号是规模化养猪场必须进行的工作，耳号是该猪名字的代号，编号多用剪耳法，即用耳号钳按照一定的规律，在猪左、右耳朵的上、下沿及耳尖处打上缺口，在耳中间打一洞，每一缺口或洞代表某一数字，其总和即为仔猪的个体号。仔猪编号通常在出生后12h内进行。现介绍两种生产上常用的耳号编号法。

（1）小数编号法，如图3-6（a）所示。原则是：左大右小，上一下三（或上三下一），公单母双，左尖100，右尖200，左孔400，右孔800，然后将两个耳朵上的所有数字相加即得耳号。

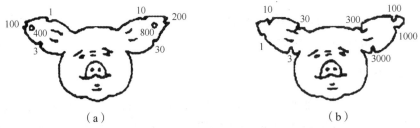

图 3-6　猪的耳号图

此法为传统的编号方法，所打的缺口少，标记和识读较准确，但用此法耳号最多只能表示到1599，只适用于中、小型猪场使用。

（2）个十百千法。如图 3-6（b）所示。原则是：左大右小，根三尖一，公单母双。

此法是随着规模化养猪生产的发展在小数编号法的基础上发展起来的一种编号方法。读数简单，从左耳下开始，按逆时针方向到左耳上，到右耳上，再到右耳下，依次从千、百、十到个位进行编号。这种方法可以编出相对较大的数字，因而可以在一定范围内防止猪只个体编号的重复与交叉，但某些数字需要打的缺口较多（如 8 号要在耳朵一边打 4 个缺口）。另外，在标记和识读时还易出错，如"根"和"尖"弄混，但此法是目前最流行的方法。

**【任务总结】**

任务总结如表 3-8 所示。

**表 3-8　任务总结表**

| | 内容 | 要点 |
|---|---|---|
| 知识 | 哺乳仔猪的生理特点 | 1. 生长发育快<br>2. 消化器官不发达，消化功能不完善<br>3. 缺乏先天免疫力，易得病<br>4. 体温调节能力差，行动不灵活，反应不灵敏 |
| | 哺乳仔猪的营养提供与管理 | 1. 哺乳仔猪的营养提供<br>2. 哺乳仔猪的饲养管理技术 |
| 技能 | 初生及哺乳仔猪护理 | 1. 采取保温措施<br>2. 固定乳头<br>3. 防止挤压<br>4. 寄养与并窝<br>5. 补铁、补硒<br>6. 弱仔及受冻仔猪的及时抢救<br>7. 开食与补饲<br>8. 打耳号 |

**课后自测**

**一、填空题**

1. 猪瘟疫苗首免日龄不得迟于（　　　　）日龄。

2. 仔猪（　　　　）日龄应对仔猪进行开食。

3. 仔猪编号方法有（　　　）、（　　　）、（　　　）。

**二、名词解释**

1. 初乳　2. 21 日龄窝重

**三、选择题**

1. 初生仔猪在出生头 3 天内必须补铁，目的是为了（　　　　）。

　　A. 提高日增重　　　B. 防止缺铁性贫血　　C. 防止下痢　　D. 增强免疫力

2. 给仔猪喂开食料的适宜时间为（　　　　）周龄。

　　A. 1　　　　　　　B. 2　　　　　　　　C. 3　　　　　　　D. 4

3. 初生仔猪的胃很小，容量仅为（　　　　）mL。

　　A. 5～10　　　　　B. 10～25　　　　　C. 25～50

4．仔猪黄痢最常发生的年龄是（　　　）。

    A．3日龄　　　　　　　B．7日龄以上　　　　　C．各种年龄　　D．1月龄

**四、判断题**

    （　　）1．要把强壮的仔猪固定在母猪最后边的乳头上吃奶。

    （　　）2．母猪乳池退化，故仔猪能够随时吃到母乳。

    （　　）3．大猪怕热，小猪怕冷。

    （　　）4．仔猪自身抗体在10日龄后会产生。

**五、简答题**

    1．哺乳仔猪生理特点有哪些？

    2．初生仔猪护理养育要点有哪些？

    3．仔猪出生后为什么要尽快吃到初乳？

    4．如何给仔猪开食补料？

    5．论述仔猪的编号方法。

# 任务 3.6　仔猪断奶

**【任务描述】**

    仔猪断奶前和母猪生活在一起，冷了有保温箱，平时有舒适而熟悉的环境条件，遇到惊吓可躲到母猪身边，有母猪的保护。其营养来源为母乳和全价的仔猪料，营养全面，同窝仔猪也十分熟悉。而断奶后，母仔分开，失去母猪的保护，仔猪仅吃料，不吃奶了，开始独立生活。因此，断奶是仔猪生活中营养方式和环境条件变化的转折点，如果处理不当，仔猪想念母猪，鸣叫不安，吃睡不宁，易掉膘；再加上其他应激因素，很容易发生腹泻等疾病，会严重影响仔猪的生长发育。因此，选好适宜的断奶时间，掌握好断奶方法，搞好断奶仔猪饲养管理十分重要。

**【任务目标】**

    （1）了解断奶仔猪的营养需求。

    （2）掌握僵猪产生的原因并能有效预防和解僵。

    （3）能够根据仔猪情况合理地确定断奶时间，采用合理的方法进行断奶。

    （4）正确饲养管理断奶仔猪。

## 一、断奶仔猪的营养提供与管理

    （一）断奶仔猪的营养需求

    断奶仔猪处于快速生长发育阶段，一方面对营养需求特别大；另一方面消化器官机

能还不完善。断奶后营养来源由母乳完全变成了固体饲料，母乳中的可完全消化吸收的乳脂、蛋白质由谷物淀粉、植物蛋白所代替，并且饲料中还含有一定量的粗纤维。仔猪对饲料的不适应是造成仔猪腹泻和死亡的主要原因之一，因此满足断奶仔猪的营养需求对提高猪场经济效益极为重要。断奶前期可饲喂人工乳，人工乳以膨化饲料为好，实践证明：膨化饲料不仅对仔猪消化非常有利，而且可有效降低仔猪腹泻。其原理是，膨化饲料不仅糊化了原料内的淀粉，提高了适口性，而且高温可杀灭病原微生物，因而可大大降低了仔猪腹泻的发生率。近几年的研究表明，18%～22%的粗蛋白质水平，可满足早期断奶仔猪对蛋白质的需要，但同时也要求各种氨基酸的量要保持平衡。美国国家研究委员会（NRC）（1988）确定，5～10kg 体重的仔猪料中，赖氨酸的适宜水平为 1.15%；英国农业研究委员会（ARC）得出的结果比 NRC 要高些。在试验中，采用 19%的蛋白质、1.10%～1.25%的赖氨酸水平，饲养效果最好。

（二）日粮配制

断奶仔猪的饲料必须是营养均衡，含高能量、高蛋白质、品质优、易消化的配合日粮。其营养成分应符合 10～20kg 体重阶段饲养标准要求，即每 1kg 饲料中应含消化能 13.85MJ，粗蛋白 19%，赖氨酸 0.78%，钙 0.64%，磷 0.54%，食盐 0.23%，脂肪 4%～6%。

为使断奶仔猪尽快适应断奶后的饲料，减少应激，提高增重，近年来，不少猪场对仔猪施行饲料添加剂技术，已取得较好的效果。

1. 添加调味剂

仔猪的嗅觉和味觉特别敏感，为了使仔猪提早开食，提早断奶，提高仔猪的采食量，可在仔猪饲料中添加调味剂，使饲料从嗅觉和味觉上母乳化。调味剂分甜味剂和香味剂。甜味剂主要是糖，用量不宜过高，一般为 2%～3%。香味剂可使用一些香精，添加量为 200～500g/t，效果较好。目前有些猪场常用的调味剂还有乳甜香精、乳猪香、巧克力、柠檬等，可使仔猪采食量增加 5%～7%，日增重提高 8%～11%，料肉比降低 5%。油脂也是一种香味剂，在仔猪饲料中添加 2%～3%，日增重可提高 3%，并能降低死亡率。

2. 添加外源消化酶

初生仔猪的消化率低，胃肠内消化酶的活性也较低，各种消化酶的活性随着年龄的增长而增强，但断奶后活性下降，需经 1～2 周才能恢复到断奶前的水平，这是早期断奶仔猪在断奶后消化不良、生长变慢的重要原因。解决的办法是，在仔猪饲料中添加外源消化酶，可提高增重幅度 6%左右，最成功的是添加植酸酶。

3. 添加有机酸

成年猪胃液 pH 为 2～3.5，这是胃蛋白酶发挥作用的最适环境，而仔猪胃液 pH 为 5.5，要等到 8～10 周龄胃液酸度才能达到成年猪的水平。由于酸度不足，饲料中的蛋白质不能得到充分的消化利用，同时由于大肠杆菌及其他病原菌的大量生长，也常导致仔猪消化不良和发生细菌性下痢。目前解决此问题的有效办法是，于 35 日龄前在仔猪饲料中添加有机酸来提高胃内酸度，常用的有机酸有延胡索酸和柠檬酸等。延胡索酸添加量为 1.5%～2%，柠檬酸添加量为 1%～3%，可使仔猪的日增重分别提高 5.3% 和 5.1%，其效益在 5～10kg 体重的仔猪中最明显。用乳酸杆菌作为哺乳仔猪的添加剂，亦可提高仔猪增重，降低下痢的发病率。仔猪生后 22～35 日龄，每头每天喂乳酸菌制剂 1mL；35～56 日龄，每头每天喂 0.5mL，平均日增重比不添加乳酸菌的对照组可提高 16～17g，仔猪下痢比对照组减少 72%～78%。据报道，有机酸与高铜、酶制剂、碳酸氢钠同时使用，具有累加效果。

### 4. 添加乳清粉

乳清粉主要含有乳糖和乳清蛋白。乳糖甜度高，很容易被仔猪消化。仔猪出生后，微生物是最大的应激因素，而乳糖对乳酸菌的增殖最为有利，从而可提高胃肠的酸度，既抑制了有害菌，又增加了各种酶的活性，起到了促进仔猪生长和提高饲料消化率的作用。适宜的添加量为 15%～20%，添加的时间为 35 日龄前，否则会造成浪费。

### 5. 添加油脂

添加油脂对仔猪可补充能量，改善其口味。早期断奶的仔猪对短链不饱和脂肪酸消化率高，因此以添加椰子油最为适宜，玉米油、豆油次之。仔猪饲料中脂肪的适宜添加量为 3.4%，最高可达 9%，在实际添加时可视成本和饲料加工条件而定。

## 二、防止僵猪的产生

生产中常有些仔猪生长缓慢，被毛蓬乱、无光泽，生长发育严重受阻，形成两头尖、肚子不小的"刺猬猪"，俗称"小老猪"，即僵猪。僵猪的出现会严重影响仔猪的整齐度和均质性，进而影响整个猪群的出栏率和经济效益。因此，必须采取措施，防止僵猪产生。

（一）僵猪产生的原因

（1）由于妊娠母猪饲养管理不当，营养缺乏，会使胎儿生长发育受阻，造成先天不足，形成"胎僵"。

（2）泌乳母猪如果饲养管理欠佳，母猪没奶或缺乳，也会影响仔猪在哺乳期的生长发育，造成"奶僵"。

（3）仔猪多次或反复患病，如营养性贫血、下痢、白肌病、喘气病、体内外寄生虫病等，都会影响仔猪的生长发育，形成"病僵"。

（4）仔猪开食晚、补料差，仔猪饲料质量低劣，也会使仔猪生长发育缓慢，形成"料僵"。

（5）一些近亲繁殖或乱交滥配所生的仔猪，生活力弱，发育差，易形成遗传性僵猪。

（二）防止僵猪产生的措施

（1）加强母猪妊娠期和泌乳期的饲养管理。保证蛋白质、维生素、矿物质等营养和能量的供给，可使仔猪在胚胎阶段先天发育良好；出生后能吃到充足的乳汁，使之在哺乳期生长迅速，发育良好。

（2）搞好仔猪的养育和护理，创造适宜的温度环境条件。早开食，适时补饲，并保证仔猪料的质量，满足仔猪迅速生长发育的营养需要。

（3）搞好仔猪圈舍卫生和消毒工作，使圈舍干暖清洁、空气新鲜。

（4）及时驱除仔猪体内外寄生虫，有效防止仔猪下痢等疾病的发生。对发病的仔猪，要早发现、早治疗，及时采取相应的有效措施，尽量避免重复感染，缩短病程。

（5）避免近亲繁殖和母猪偷配，以保证和提高其后代的生活力和质量。

（三）解僵办法

仔猪应从改善饲养管理着手。如需单独喂养、个别照顾，一般先对症治疗，如健胃、驱虫，然后调整日粮，增加富含蛋白质、维生素等营养性饲料，并多供给一些易消化、营养多汁、适口性好的青饲料，还可添加一些微量元素和抗菌抑菌药物。必要时，还可以采取饥饿疗法，让僵猪停食 24h，仅供给饮水，以达到清理肠道、促进肠道蠕动、恢复食欲的目的。

此外，还应常给僵猪洗浴、刷拭、晒太阳，并加强放牧运动。

## 三、降低断奶仔猪的死亡率

降低断奶仔猪的死亡率，应做好以下几方面的工作。

（一）供给充足的饮水

育仔栏内最好安装自动饮水器，以保证仔猪充足的饮水。仔猪采食干饲料后，渴感增加，需水较多，若供水不足则会阻碍仔猪生长发育，还会因口渴而饮用尿液和脏水，从而引起胃肠道疾病。采用鸭嘴式饮水器时，要注意控制其出水率，断奶仔猪要求的最低出水率为 1.5L/min。

（二）减少断奶仔猪腹泻

仔猪腹泻通常发生在断奶后 2 周内，所造成的死亡率可高达 40% 以上。因此，腹泻是对早期断奶仔猪危害性最大的一种断奶后应激综合征。引起仔猪断奶后腹泻的因素很多，一般可分为断奶后腹泻综合征、非传染性腹泻和传染性腹泻。腹泻综合征多发生于仔猪断奶后 7～10 天，主要是肠道中正常菌群失调，某些致病菌大量繁殖并产生毒素，毒素使仔猪肠道受损，进而引起消化机能紊乱，肠黏膜将大量的体液和电解质分泌到肠道内，从而导致腹泻综合征的发生。非传染性腹泻多在断奶后 3～7 天发生，这主要是断奶的各种应激因素造成的。若分娩舍内寒冷，仔猪抵抗力减弱，特别是弱小的仔猪腹泻发生率会更高。传染性腹泻是由病原体引起的下痢病，如痢疾、副伤寒、传染性胃肠炎，特别是哺乳仔猪的大肠杆菌性痢疾，若发生都有很高的死亡率，尤其表现在抵抗力弱的仔猪身上。

早期断奶仔猪的腹泻还与体内电解质平衡有很大关系。饲料中电解质不平衡极易造成仔猪体内和肠道内电解质失衡，最终导致仔猪腹泻。因此，补液是减少仔猪因腹泻而导致死亡的一项有效措施。

非专业化养猪中断奶后仔猪腹泻发生率很高，危害较大，特别是病愈后仔猪生长发育不良，日增重明显下降，往往造成很大的经济损失。目前现代化猪场已比较好地控制了仔猪腹泻。引发断奶应激的因素很多，诸如饲料中不易被消化的蛋白质比例过大，或灰分含量过高（特别是食盐），粗纤维水平过低或过高，日粮不平衡，如氨基酸和维生素缺乏，日粮适口性不好，饲料粉尘大、发霉或生螨虫，鱼粉混有沙门氏菌，或含盐量过高等。在饲喂方面，如开食过晚；断奶后采食饲料过多；突然更换饲料；仔猪采食母猪饲料；饲槽不洁净；槽内剩余饲料变质；水供给不足；只喂汤料及水温过低等因素也都可能导致仔猪下痢。因此，减少断奶仔猪腹泻发生的关键是减少仔猪断奶应激，消除上述应激因素，实现科学的饲养管理，就可减少断奶仔猪腹泻；如果腹泻不能及时控制，还会诱发大肠杆菌的大量繁殖，从而使腹泻加剧。

（三）断奶仔猪的网床培育

断奶仔猪网床培育是集约化养猪场实行的一项科学培育仔猪技术。与地面培养相比，网床培育有许多优点。首先是粪尿、污水可随时通过漏缝网格漏到网下，减少了仔猪接触污染源的机会，既可保持床面清洁、干燥，又能有效地预防和遏制仔猪腹泻病的发生和传播；其次是仔猪离开地面，减少了冬季地面传导散热的损失，提高了饲养温度。

断奶仔猪在产房内经过渡期饲养后，再转移到培育猪舍网床培养，可提高仔猪日增重，生长发育均匀，仔猪成活率和饲料转化率可大大提高，并可减少疾病的发生，为提高养猪生产水平、降低生产成本奠定了良好的基础。网床培育已在我国大部分地区试验并推广应用，取得了良好的效果，对我国养猪业的发展和现代化起到了巨大的推动作用。

# 一、确定断奶时间

断奶时间直接关系到母猪年产仔窝数和育成仔猪数，也关系到仔猪生产的效益。目前，国内不少地方仍于 40 日龄以后断奶，哺乳期偏长。规模化猪场多于 21～28 日龄断奶。总的趋势是适当提早断奶，这样，仔猪很早就能采食饲料，不但成活率高、发育整齐，而且由于较早地适应独立采食的生活，到育成期也好饲养。农户养猪可适当提早到 35～42 日龄断奶，最晚不超过 50 日龄。规模化猪场在早期补饲条件具备的情况下，可实行 21 日龄断奶。

提早断奶应注意以下问题：

（1）要抓好仔猪早期开食、补饲的训练，使其尽早地适应以独立采食为主的生活方式。

（2）早期断奶仔猪的饲料一定要全价。断奶的第一周要适当控制采食量，避免过食，以免引起消化不良而发生下痢。

（3）断奶仔猪应留在原圈饲养一段时间，以免因换圈、混群、争斗等应激因素的刺激而影响仔猪的正常生长发育。

（4）注意保持圈舍干燥、暖和，搞好圈舍卫生及消毒。

（5）将预防注射、去势、分群等应激因素与断奶时间错开。

## 二、用适宜的方法断奶

仔猪断奶可采取一次性断奶、分批断奶、逐渐断奶和间隔断奶的方法。

### 1. 一次性断奶法

一次性断奶法即到断奶日龄时，一次性将母仔分开。具体可采用将母猪赶出原饲养栏，留全部仔猪在原饲养栏饲养。此法简便，并能促使母猪在断奶后迅速发情。不足之处是突然断奶后，母猪容易发生乳腺炎，仔猪也会因突然受到断奶刺激，影响生长发育。因此，断奶前应注意调整母猪的饲料，降低泌乳量；细心护理仔猪，使之适应新的生活环境。

### 2. 分批断奶法

分批断奶法是指将体重大、发育好、食欲强的仔猪及时断奶，而让体弱、个体小、食欲差的仔猪继续留在母猪身边，适当延长其哺乳期，以利弱小仔猪的生长发育。采用该方法可使整窝仔猪都能正常生长发育，避免出现僵猪。但断奶期会拖得较长，从而会影响母猪发情配种。

### 3. 逐渐断奶法

逐渐断奶法是指在仔猪断奶前 4～6 天，把母猪赶到离原饲养栏较远的地方，然后每天将母猪放回原饲养栏数次，并逐日减少放回哺乳的次数，第一天 4～5 次，第二天 3～4 次，第 3～5 天停止哺育。这种方法可避免引起母猪乳腺炎或仔猪胃肠疾病，对母仔均较有利，但较费时费工。

### 4. 间隔断奶法

间隔断奶法是指仔猪达到断奶日龄后，白天将母猪赶出原饲养栏，让仔猪适应独立采食；晚上将母猪赶进原饲养栏，让仔猪吸食部分乳汁，到一定时间全部断奶。这样，不会使仔猪因改变环境而惊惶不安，影响生长发育，既可达到断奶目的，也能防止母猪发生乳腺炎。

## 三、饲养断奶仔猪

目前主要采取仔猪提前补饲、缓慢过渡的方法来解决仔猪的断奶应激问题。可以使仔猪断奶后立刻适应饲料的变化。

### 1. 断奶后的饲料过渡

断奶前 3 天减少母乳的供给（给母猪减料），迫使仔猪进食较多的乳猪料。断奶后 2 周内应保持饲料不变，并适量添加抗生素、维生素，以减少应激反应。断奶后 3～5 天采取限量饲喂，日采食量以 160g 为宜，逐渐增加，5 天后自由采食。2 周后饲料中逐渐增加仔猪料量减少乳猪料。3 周后全部采用仔猪料。应设立仔猪食槽口 4 个以上，以保证每头猪的日饲喂量均衡，避免因突然食入大量干料造成腹泻。最好安装自动饮水器，以保证供给仔猪清洁的饮水。断奶仔猪采食大量干料，常会感到口渴，如供水不足会影响仔猪的正常生长发育。

### 2. 控制仔猪的采食量

仔猪在断奶一段时间后限制采食量可减缓断奶后腹泻。限制采食量有助于避免消化不良及其副作用；有助于减少进入肠道的饲料蛋白质，从而减弱饲料蛋白质的抗原作用和腐败作用；限制采食量还可有助于减少大肠杆菌的增殖和大肠杆菌病的发生。但是，这个阶段是仔猪生长较快的阶段，断奶一定时间后，要提高仔猪的采食量。为提高仔猪断奶后采食量，最有效的一种办法是采用湿料和糊状料。对刚断奶后采食量极低的仔猪和轻体重的仔猪来说，采用湿料时采食量提高原因是行为性的，即仔猪不必在刚断奶后学习分别采食和饮水的新行为。采用湿料时，水和养分都可获自同一个来源，这与吸吮母乳有许多相似之处；但是湿喂时如采用自动系统则成本太高，且有实际困难，而采用手工操作则对劳力要求又太大，这些原因阻碍了其目前在商品猪生产上的广泛应用。但湿喂的上述优点将促使人们生产出在经济上可接受的湿喂系统。

## 四、管理断奶仔猪

### （一）环境过渡

仔猪断奶后头几天很不安定，经常嘶叫，寻找母猪。为减轻应激，最好在原饲养栏原窝饲养一段时间，待仔猪适应后再转入仔猪培育舍。此法的缺点是降低了产房的利用率，建场时需加大产房产栏数量。断奶仔猪转群时一般采取原窝培育，即将原窝仔猪（剔除个别发育不良个体）转入仔猪培育舍，关入同一栏内饲养。如果原窝仔猪过多或过少时，需重新分群，可按体重大小、强弱进行分群分栏，同栏仔猪体重差异不应超过 1～2kg。

为了避免并圈分群后的不安和互相咬斗，应在分群前 3～5 天使仔猪同槽进食或一起运动。然后，根据仔猪的性别、个体大小、吃食快慢进行分群。同群内体重以不超过 2～3kg 为宜。对体弱的仔猪宜另组一群，精心护理以促进其发育。每群的头数视猪圈面积大小而定，一般可为 4～6 头或 10～12 头。

（二）控制环境条件

1. 温度

断奶仔猪适宜的环境温度是：30～40日龄21～22℃，41～60日龄21℃，60～90日龄20℃。为了能保持上述温度，冬季要采取保温措施，除注意猪舍防风保温和增加舍内养猪头数外，最好安装取暖设备，如暖气、热风炉或煤火炉等，也可采取火墙供温。在炎热的夏季则要防暑降温，可采取喷雾、淋浴、通风等降温方法。近年来，许多猪舍采取纵向通风降温，效果较好。

2. 相对湿度

仔猪舍内相对湿度过大，夏季会使舍内温度上升，冬季会使舍内温度下降，对仔猪的成长不利。断奶仔猪适宜的相对湿度为65%～75%。

3. 清洁卫生

猪舍内应经常打扫、消毒，以防传染病发生。舍内应定期通风换气，保持舍内空气新鲜。

（三）调教管理

猪有定点采食、排粪尿、睡觉的习惯，这样既可保持栏内卫生，又便于清扫，但新断奶转群的仔猪需人工引导、调教才能养成这些习惯。仔猪培育栏最好是长方形（便于训练分区），在中间走道一端设自动食槽，另一端安装自动饮水器，靠近食槽一侧为睡卧区，另一侧为排泄区。训练的方法是：排泄区的粪便暂时不清扫，诱导仔猪来排泄，其他区的粪便及时清除干净。当仔猪活动时，对不到指定地点排泄的仔猪用小棍轰赶，当仔猪睡卧时可定时轰赶到固定区排泄，经过1周的训练可形成定位。

【任务总结】

任务总结如表3-9所示。

表3-9　任务总结表

| | 内容 | 要点 |
|---|---|---|
| 知识 | 断奶仔猪的营养提供与管理 | 1. 断奶仔猪的营养需求<br>2. 日粮配制 |
| | 防止僵猪的产生 | 1. 僵猪产生的原因<br>2. 防止僵猪产生的措施<br>3. 解僵方法 |
| | 降低断奶仔猪的死亡 | 1. 供给充足的饮水<br>2. 减少断奶仔猪腹泻<br>3. 断奶仔猪的网床培育 |

| | 内容 | 要点 |
|---|---|---|
| 技能 | 确定断奶时间 | 1. 断奶时间<br>2. 提前断奶应注意的问题 |
| | 用适宜的方法断奶 | 1. 一次性断奶法<br>2. 分批断奶法<br>3. 逐渐断奶法<br>4. 间隔断奶法 |
| | 饲养断奶仔猪 | 1. 断奶后的饲料过渡<br>2. 控制仔猪的采食量 |
| | 管理断奶仔猪 | 1. 环境过渡<br>2. 控制环境条件<br>3. 调教管理 |

### 课后自测

**一、填空题**

　　1. 断奶方法可分为（　　　）、（　　　）、（　　　）、（　　　）。

　　2. 合理分群分圈的原则（　　　）、（　　　）、（　　　）。

**二、名词解释**

　　1. 断奶仔猪　　2. 僵猪

**三、判断题**

　　（　　）1. 仔猪断奶多实行赶仔留母的办法。

　　（　　）2. 无机酸有副作用，故一般向仔猪饲粮中添加有机酸。

**四、简答题**

　　1. 断奶对仔猪是一种较大的应激，必须做好哪些工作？

　　2. 早期断奶有什么优点？

　　3. 僵猪产生的原因是什么？

　　4. 论述提早断奶应注意的问题。

## 任务 3.7　保育猪的饲养与管理

**【任务描述】**

　　相对于其他猪群来说，猪场中保育猪的日常管理工作相当重要。由于各猪场的规模、设施、布局、气候和管理方式等都有差异，所以在具体的操作方法上有所不同，但最关键的是要尽量做到全进全出，彻底冲洗消毒，以减少疾病的交叉传染，保证保育猪的健康成长。

【任务目标】

（1）能够正确做好保育猪进猪前的准备工作。

（2）能够正确对保育猪进行分群和调教。

（3）能够正确对保育猪进行饲养管理。

相关知识见任务 3.6。

# 一、进猪前的各项准备工作

### 1. 保育舍消毒

保育舍实行全进全出制度。在保育猪进入前，首先要把保育舍冲洗干净。在冲洗时，将舍内所有栏板、饲料槽拆开，用高压水冲洗，将整个舍内的天花板、墙壁、窗户、地面、料槽、水管等进行彻底的冲洗。同时将下水道的污水排尽，并冲洗干净。要注意凡是猪接触到的地方，不能有猪粪、饲料遗留的痕迹。

### 2. 保育舍设施卫生安全

保育舍的设施卫生安全工作包括：修理栏位、饲料槽、保温箱，检查每个饮水器是否通水，检查加药器是否能正常工作，检查所有的电器、电线是否有损坏，检查窗户是否可以正常关闭。

### 3. 保育舍温度

栏板、料槽组装好后，将舍内的温度保持在保育猪适宜的温度范围（28～30℃），然后准备进猪。

# 二、分群与调教

### 1. 分群

刚断奶的仔猪一般要在原来的圈舍内停留 1 周左右再转入保育舍，在分群时按照尽量维持原窝同圈、大小体重相近的原则进行。个体太小和太弱的仔猪单独分群饲养，这样有利于仔猪情绪稳定，减轻混群产生紧张不安的刺激，减少因相互咬斗而造成的伤害，有利于仔猪生长发育。同时做好仔猪的调教工作，刚断奶转群的仔猪因为从产房到保育舍新的环境中，其采食、睡觉、饮水、排泄尚未形成固定位置，如果栏内安装料槽和自动饮水器，其采食和饮水经调教会很快适应。

### 2. 调教

仔猪赶进保育舍时，前期饲养员要调教仔猪区分睡卧区和排泄区。假如有仔猪在睡卧区排泄，要及时把仔猪赶到排泄区并把粪便清洗干净。饲养员每次在清扫卫生时，要及时清除休息区的粪便和脏物，同时留一小部分粪便于排泄区，经过 3～5 天的调教，仔猪就可形成固定的睡卧区和排泄区，这样可保持圈舍的清洁与卫生。

## 三、饲养与管理

### 1. 保育猪的喂料

保育猪是以自由采食为主，不同日龄喂给不同的饲料。饲养员应在记录表上填好各种料开始饲喂的日期，保持料槽都有饲料。当仔猪进入保育舍后，先用代乳料饲喂 1 周左右，也就是不改变原饲料，以减少饲料变化而引起应激反应，然后逐渐过渡到保育料。最好采用渐进性方式过渡（即第一次换料 25%，第二次换料 50%，第三次换料 75%，第四次换料 100%，每次持续 3 天左右）。饲料要妥善保管，以保证到喂料时饲料新鲜。为保证饲料新鲜和预防角落饲料发霉，需注意要等料槽中的饲料吃完后再加料，且每隔 5 天清洗一次料槽。

### 2. 保育猪的饮水

水是猪每天食物中最重要的营养，仔猪刚转群到保育舍时，最好供给温开水，前 3 天，每头保育猪可饮水 1kg，4 天后饮水量会直线上升，至 10kg 体重时日饮水量可增加到 1.5～2kg。饮水不足，会使猪的采食量降低，直接影响到日粮的营养吸收，猪的生长速率会降低 20%。高温季节，保证猪的充分饮水尤为重要，天气太热时，仔猪将会因抢饮水器而咬架，有些保育猪还会占着饮水器降温，使别的保育猪不便喝水，有的猪还喜欢吃几口饲料又去喝一些水，往来频繁。所以如果一栏内有 10 头以上的猪，应安装 2 个饮水器，按 50cm 距离分开装，以利仔猪随时都可饮水。仔猪断乳后为了缓解各种应激因素，通常在饮水中添加葡萄糖、钾盐、钠盐等电解质或维生素、抗生素等药物，以提高保育猪的抵抗力，降低感染率。选择电解质、维生素要考虑其水溶性，并确保维生素 C 和维生素 B 的供应。

### 3. 保育舍的密度

在一定圈舍面积条件下，密度越高，群体越大，越容易引起拥挤和饲料利用率降低。但在冬春寒冷季节，若饲养密度和群体过小，会造成小环境温度偏低，影响保育猪生长。规模化猪场要求保育舍每圈饲养保育猪 15～20 头，最多不超过 25 头。圈舍采用漏缝或半漏缝地板，每头保育猪占圈舍面积为 0.3～0.5m$^2$。密度高，则有害气体氨气、硫化氢等的浓度会过大，空气质量相对较差，猪容易发生呼吸道疾病，因而保证空气质量是控制呼吸道疾病的关键。

## 四、温度与湿度的控制措施

### 1. 保温措施

冬季应正确运用保温设备，做好保育猪特别是刚断乳 10 天内的仔猪的保温。保温设备有多种形式，安装电加热预埋水管系统和 250～300W 红外线灯泡，地面预埋低温电热丝等，这些方法均耗电量大、维修难度也大。采用沼气做成较理想的保温设备，利用沼气热能，通过热水管，因地制宜为保育猪提供清洗方便、耐用、节能、恒温、价廉、环保的保温板，应该是猪场保温节能发展的方向。

### 2. 通风措施

氨气、硫化氢等污浊气体含量过高会使猪肺炎的发病率升高。通风是消除保育舍内有害气体含量和增加新鲜空气含量的有效措施。但过量的通风会使保育舍内的温度急骤下降，这对保育猪也不适宜。生产中，保温和换气应采用较为灵活的调节方式，两者兼顾。高温则多换气，低温则先保温再换气。

### 3. 适宜的温度和相对湿度

保育舍环境温度对保育猪影响很大。据有关资料查证：寒冷气候下，保育猪肾上激素分泌量会大幅上升，免疫力下降，生长滞缓，而且下痢、胃肠炎、肺炎等的发生率也随之增加。生产中，当保育舍温度低于 20℃时，应给予适当升温。

要使保育猪正常生长发育，必须创造一个良好、舒适的生活环境。保育猪最适宜的环境温度：21～30 日龄为 28～30℃，31～40 日龄为 27～28℃，41～60 日龄为 26℃，以后温度为 24～26℃。最适宜的相对湿度为 65%～75%。保育舍内要安装温湿度计，随时了解室内的温度和相对湿度。

总之，根据舍内的温度、相对湿度及环境的状况，应及时开启或关闭门窗及卷帘。

## 五、疾病的预防

### 1. 清洁卫生

每天都要及时打扫高床上保育猪的粪便，冲走高床下的粪便。保育栏高床要保持干燥，不允许用水冲洗，湿冷的保育栏极易引起仔猪下痢，走道也尽量少用水冲洗，保持整个环境的干燥和卫生。如有潮湿，可洒些白灰。刚断奶的保育猪高床下可减少冲洗粪便的次数，即使是夏天也要注意保持干燥。

### 2. 消毒

在消毒前首先将圈舍彻底清扫干净，包括猪舍门口、猪舍内外走道等。所有猪和人经过的地方每天应进行彻底清扫。消毒包括环境消毒和带猪消毒，要严格执行卫生消毒制度，平时猪舍门口的消毒池内放入火碱水，每周更换 2 次，冬天为了防止结冰冻结，可以使用干的生石灰进行消毒。转舍饲养猪要经过"缓冲间"消毒。带猪消毒可以用高锰酸钾、过氧乙酸、威岛、菌毒消或百毒杀等交替使用。猪舍进行喷雾消毒，每周至少 1 次，发现疫情时每天 1 次。注意消毒前先将猪舍清扫干净，冬季趁天气晴朗暖和的时间进行消毒，防止给保育猪造成大的应激，同时消毒药要交替使用，以避免产生耐药性。

### 3. 保健

刚转到保育舍的保育猪一般采食量较小,甚至一些保育猪刚断奶时根本不采食,所以在饲料中加药保健达不到理想的效果,饮水投药则可以避免这些问题,而达到较好的效果。保育第一周在每吨水中加入支原净 60g＋优质多维 500g＋葡萄糖 1kg 或加入加康(氟苯尼考 10%＋免疫增强剂等)300g＋多维 500g＋葡萄糖 1kg,可有效地预防呼吸道疾病的发生。要做好冬季猪舍内醋酸的熏蒸工作,降低猪舍内 pH,以防止不耐酸致病微生物的入侵。驱虫主要包括蛔虫、疥螨、虱、线虫等体内外寄生虫,驱虫时间以 35～40 日龄为宜。体内寄生虫用阿维菌素按每千克体重 0.2mg 或左旋咪唑按每千克体重 10mg 计算量拌料,于早晨喂服,隔天早晨再喂一次。体外寄生虫用 12.5%的双甲脒乳剂兑水喷洒猪体。注意驱虫后要将排出的粪便彻底清除并做妥当处理,防止粪便中的虫体或虫卵造成二次污染。

### 4. 疫苗免疫与接种

各种疫苗的免疫注射是保育舍最重要的工作之一,注射过程中,一定要先固定好保育猪,然后在准确的部位注射。不同类的疫苗同时注射时,要分左右两边注射,不可打飞针。每栏保育猪要挂上免疫卡,记录转栏日期、注射疫苗情况,免疫卡随猪群移动而移动。此外,不同日龄的猪群不能随意调换,以防引起免疫工作混乱。在保育舍内不要接种过多的疫苗,主要是接种猪瘟、猪伪狂犬病以及口蹄疫疫苗等。对出现过敏反应的猪将其放在空圈内,防止其他保育猪挤压和踩踏,经过一段时间即可慢慢恢复常态。若出现严重的过敏反应,则肌注肾上腺激素进行紧急抢救。

### 5. 日常观察和记录

保育舍内的饲养员除了做好每天的卫生清扫、清粪、冲圈外,还要仔细观察每头猪的饮食、饮水、体温、呼吸、粪便和尿液的颜色、精神状态等。辅助兽医做好疫苗免疫、疾病治疗和 70 日龄称重等常规工作,对饲料消耗情况、死亡猪的数量及耳号做好相关的记录和上报工作。对病弱保育猪最好隔离饲养,单独治疗,一方面可保证病弱保育猪的特殊护理需要,另一方面可以防止疾病的互相感染与传播。

【任务总结】

任务总结如表 3-10 所示。

表 3-10　任务总结表

| | 内容 | 要点 |
|---|---|---|
| 知识 | 断奶仔猪的营养提供 | 1. 断奶仔猪的营养需求<br>2. 日粮配制 |
| | 防止僵猪产生 | 1. 僵猪产生的原因<br>2. 防止僵猪产生的措施<br>3. 解僵方法 |
| | 降低断奶仔猪的死亡 | 1. 供给充足的饮水<br>2. 减少断奶仔猪腹泻<br>3. 断奶仔猪的网床培育 |

续表

| 内容 | | 要点 |
|---|---|---|
| 技能 | 进猪前的各项准备工作 | 1. 保育舍消毒<br>2. 保育舍设施卫生安全<br>3. 保育舍温度 |
| | 分群与调教 | 1. 分群<br>2. 调教 |
| | 饲养与管理 | 1. 保育猪的喂料<br>2. 保育猪的饮水<br>3. 保育舍的密度 |
| | 温度与湿度的控制措施 | 1. 保温措施<br>2. 通风措施<br>3. 适宜的温度和湿度 |
| | 疾病的预防 | 1. 清洁卫生<br>2. 消毒<br>3. 保健<br>4. 疫苗免疫与接种<br>5. 日常观察和记录 |

### 课后自测

**一、填空题**

1. 保育猪是以（　　　）为主，不同日龄喂给不同的饲料。

2. 规模化猪场要求保育舍每圈饲养仔猪（　　　）头，最多不超过（　　　）头。

3. 保育猪最适宜的环境温度：21～30 日龄为（　　　）℃，31～40 日龄为（　　　）℃，41～60 日龄为 26 ℃，以后温度为 24～26 ℃。最适宜的相对湿度为 65%～75%。保育舍内要安装温湿度计，随时了解室内的温度和相对湿度。

4. 保育猪的喂料最好采用渐进性过渡方式，即第一次换料（　　　），第二次换料（　　　），第三次换料 75%，第四次换料 100%，每次时间 3 天左右。

**二、简答题**

1. 如何给断乳仔猪分群?

2. 如何对断乳仔猪调教?

## 任务 *3.8*　种猪的选择

**【任务描述】**

一个猪场能够周而复始地进行生产，需要不断有新的种猪投入生产。选择生产力强、繁殖力高的种猪是一项非常重要的工作，将影响到猪场的经济效益和生产的持续性。

**【任务目标】**

（1）掌握种公猪、种母猪的评定方法。

（2）了解猪的选配方法。

（3）能够根据选择标准在各个阶段选择种猪。

🌳　知　　识　▰▰▰▰▰▰▰▰▰▰▰▰▰▰▰▰▰▰▰▰▰▰

种猪的品质评定一般在 2 月龄、6 月龄和 24～36 月龄（初配和初产后）3 个阶段进行，采用分阶段独立评分法，用百分制计分。也可根据个体体型外貌、生长发育、生产性能等分项目进行评定。

# 一、种公猪的评定方法

种公猪的质量直接影响着整个猪群生产素质，优秀公猪配种的母猪数量较多，公猪对后代的遗传影响是显著的。只有对种公猪进行综合评定，才能挑选出优良种公猪。

（一）种公猪的外貌评定

1. 整体评定

在评定猪的整体时，需将猪赶至一个平坦、干净且光线良好的场地上，保持与被选猪一定距离，对猪的整体结构、健康状态、生殖器官、品种特征等进行感官鉴定。

总体要求：猪的体质结实、结构匀称，各部结合良好；头部清秀，毛色、耳型符合品种要求，眼亮有神，反应灵敏，具有本品种典型的雄性特征；体躯长，背腰平直或呈弓形，肋骨开张良好，腹部容积大而充实，腹底呈直线；大腿丰满，臀部发育良好，尾根附着要高，四肢端正，骨骼结实，着地稳健，步态轻快；被毛短、稀而富有光泽，皮薄而富有弹性；阴囊和睾丸发育良好。

2. 关键部位评定

头具有本品种的典型特征；种公猪的头颈粗壮短厚，雄性特征明显；头中等大小，额部稍宽，嘴鼻长短适中，上下腭吻合良好，光滑整洁，口角较深，无肥腮，颈长中等；皮肤以细薄为好；肩宽而平坦，肩胛骨角度适中，肌肉附着良好，肩背结合良好；胸宽且深，发育良好；前胸肌肉丰满，鬐甲平宽无凹陷；背腰平直宽广，不能有凹背或凸背；腹部大而不下垂，欣窝明显，种公猪切忌草肚垂腹；臀部宽广，肌肉丰满，大腿丰厚，肌肉结实，载肉量多，四肢高而端正，肢势正确，肢蹄结实，系部有力，无内外八字形，无卧系、蹄裂现象。

种公猪生殖器官应发育良好，睾丸左右对称，大小匀称，轮廓明显，没有单睾、隐睾或赫尔尼亚，包皮适中，包皮无积尿。

3. 记录评分

经过上述鉴定后，依据猪品种的外貌评定标准，对供测猪进行外貌评分，并将鉴定结果做好记录。记录评分表如表 3-11 所示。

表 3-11　猪外貌鉴定评分表

猪号＿＿＿＿＿＿＿＿　　品种＿＿＿＿＿＿＿＿　　年龄＿＿＿＿＿＿＿＿　　性别＿＿＿＿＿＿＿＿

体重＿＿＿＿＿＿＿＿　　体长＿＿＿＿＿＿＿＿　　体高＿＿＿＿＿＿＿＿　　胸围＿＿＿＿＿＿＿＿

腿臀围＿＿＿＿＿＿＿＿　　营养状况＿＿＿＿＿＿＿＿　　等级＿＿＿＿＿＿＿＿

| 序号 | 鉴定项目 | 评语 | 标准评分 | 实得分 |
|------|----------|------|----------|--------|
| 1 | 一般外貌 | | 25 | |
| 2 | 头颈 | | 5 | |
| 3 | 前躯 | | 15 | |
| 4 | 中躯 | | 20 | |
| 5 | 后躯 | | 20 | |
| 6 | 乳房、生殖器 | | 5 | |
| 7 | 肢蹄 | | 10 | |
| | 合计 | | 100 | |

4. 定级

根据评定结果，参照表 3-12 确定等级。

表 3-12　猪外貌鉴定等级表（分）

| 等级 ＼ 性别 | 特等 | 一等 | 二等 | 三等 |
|--------------|------|------|------|------|
| 公猪 | ≥90 | ≥85 | ≥80 | ≥70 |
| 母猪 | ≥90 | ≥80 | ≥70 | ≥60 |

鉴定地点＿＿＿＿＿＿＿＿　　鉴定员＿＿＿＿＿＿＿＿　　鉴定日期＿＿＿＿＿＿＿＿

（二）个体生长发育的评定

猪的生长发育与生产性能和体质外形密切相关，特别与生产性能关系极大。一般来说，生长发育快的猪，育肥期日增重多，饲料报酬高。对个体生长发育的评定，一般采取定期称重和测量体尺。测定时期一般在断奶、6 月龄和 24 月龄（成年）3 个时期进行。断奶时只测体重，后两个时期加测体长等。

测定项目包括以下几种。

（1）体重，指测定时称取猪的活重。在早饲前空腹称重，计量单位用 kg 表示。

（2）体长，从两耳根连线的中点，沿背线至尾根的长度，计量单位为 cm。测量时要求猪下颌、颈部和胸部呈一条直线，用软尺测量。

（3）体高，从鬐甲最高点至地面的垂直距离，计量单位为 cm。用测杖或硬尺测量。

（4）胸围，用以表示猪胸部发育状况，用软尺沿肩胛后角绕胸一周的周径。测量时，皮尺要紧贴体表，勿过松过紧，以将被毛压贴于体表为度。

（5）腿臀围，从左侧膝关节前缘，经肛门绕至右侧膝关节前缘的距离，用皮尺量取。腿臀围反映了猪后腿和臀部发育状况，它与胴体后腿比例有关，在瘦肉型猪选育中颇受重视。

（三）个体生产性能的评定

生产性能是猪最重要的经济性状，包括繁殖性能、肥育性能、胴体性状。

1. 繁殖性能

（1）产仔数。总产仔数包括死胎、木乃伊胎和畸形胎在内的出生时仔猪的总头数。产活仔猪数指出生时存活的仔猪数，包括衰弱即将死亡的仔猪在内。产仔数的遗传力较低，平均在 0.10 左右，主要受环境条件的影响。母猪的年龄、胎次、营养状况、排卵数、卵子成活率、配种时间和配种方法、种公猪的精液品质和管理方法等因素都直接影响产仔数。

（2）初生重。仔猪的初生重包括初生个体重和初生窝重两个方面。仔猪初生个体重指在出生后 12h 以内，未吃初乳前测定的体重，通常只测出生时存活仔猪的体重。全窝仔猪总重量为初生窝重（不包括死胎在内）。仔猪的初生重的遗传力为 0.10 左右，初生窝重的遗传力为 0.24~0.42。

2. 肥育性能

（1）平均日增重。平均日增重通常指整个育肥期间猪（种猪为断奶或测定开始到 180 日龄）平均每天体重的增长量，或用达到一定目标体重（100kg）的日龄来表示。目前多用 20~90kg 或 25~90kg 期间平均每天的增重来表示。品种类型、营养水平和管理方法直接影响日增重。日增重与单位增重所消耗的饲料量无论是在表型相关上，还是在遗传相关上均呈强负相关。也就是说日增重越高，则每单位所消耗的饲料量越少。因此，在选种实践中，对日增重性状的选择，必将带来饲料利用率的改进。

（2）饲料利用率。一般指生长育肥期内育肥猪每增加 1kg 活重的饲料消耗量，即消耗饲料（kg）/增长活重（kg）之比值，亦称料重比。饲料利用率属中等的遗传力，为 0.3~0.48。

（3）采食量。猪的采食量是度量食欲的性状。在不限食条件下，猪的平均日采食饲料量称为饲料采食能力或随意采食量，是近年来猪育种方案中日益受到重视的性状。

$$采食量＝育肥期饲料消耗量÷育肥天数$$

采食量难以准确测量，但通过控制采食量可以控制脂肪沉积。

3. 胴体性状

猪的胴体性状主要有屠宰率、胴体瘦肉率、背膘厚、眼肌面积、胴体长等。然而，这些性状受猪的品种、年龄和发育阶段所影响。所以，研究这些性状的遗传和对这些性状的选择，都必须在相对稳定的环境条件下，对相同的生长育肥阶段来进行此项研究工作。

（1）屠宰率。

宰前重：育肥猪达到适宜屠宰体重后，经 24h 的停食（不停水）休息，称得的空腹活重为宰前重。

胴体重：育肥猪经放血、去毛，切除头（寰枕关节处）、蹄（前肢腕关节，后肢跗关节以下）和尾后，开膛除去内脏（保留肾脏和板油）的躯体重量为胴体重。

屠宰率指胴体重占宰前重的百分率。屠宰率高的说明产肉量高，一般屠宰率应不低于 70%，高可达 80%。

$$屠宰率（\%）=（胴体重÷宰前重）\times 100\%$$

（2）胴体瘦肉率。胴体瘦肉率指将左半胴体进行组织剥离，分为骨骼、皮肤、肌肉和脂肪 4 种组织。瘦肉量和脂肪量占 4 种组织总量的百分率即是胴体瘦肉率和脂肪率。公式为

$$胴体瘦肉率（\%）=瘦肉量÷（瘦肉量+脂肪量+皮重+骨重）\times 100\%$$

$$胴体脂肪率（\%）=脂肪量÷（瘦肉量+脂肪量+皮重+骨重）\times 100\%$$

（3）背膘厚。采用胴体测定时，一般在第六胸椎和第七胸椎接合处测定垂直于背部的皮下脂肪层厚度，不包括皮厚。平均背膘厚共测定 3 点：肩部最厚处，胸腰椎结合处，腰荐椎结合处，最后以 3 个部位平均值表示。而活体测定，用超声波测膘仪（A 超或 B 超）活体测量，一般在距离背中线 4～6cm 处，取肩胛骨后缘、最后肋骨和髋结节（腰角）前缘 3 点的平均值，如果只测一点，以最后肋骨处最容易准确触摸，测值最准确。背膘厚度的遗传力较高，为 0.4～0.7。

（4）眼肌面积。

眼肌面积：眼肌面积是指胴体胸腰椎结合处背最长肌的横截面面积。于最后肋骨处垂直切断背最长肌（简称眼肌），用硫酸纸描下眼肌断面，用求积仪求之；也可用游标卡尺度量眼肌的最大厚度和宽度，按下列公式计算：

$$眼肌面积（cm^2）=眼肌厚度（cm）\times 眼肌宽度（cm）\times 0.7$$

优良品种的眼肌面积可达 34～36cm$^2$。眼肌面积的遗传力为 0.4～0.7，增加眼肌面积将同时增加胴体瘦肉率，降低背膘厚和提高饲料利用率。眼肌是胴体中最有价值的部位，因此，它是评定胴体产肉能力的重要指标。

（5）胴体长。胴体长分体斜长和体直长两种。从耻骨联合前缘中心点至第一肋骨与胸骨接合处中心点的长度（在吊挂时测量），称为胴体斜长；从耻骨联合前缘中心点至第一颈椎底部前缘的长度，则称为胴体直长。胴体长与胴体瘦肉率呈正相关。所以该性状是反映胴体品质的重要指标之一。

## 二、种母猪的评定方法

1. 种母猪的外貌评定

（1）整体评定。种母猪评定时，人与被评定个体间应保持一定距离，从正面、侧面和后面进行系列地观测和评定，再根据观测所得到的总体印象进行综合分析并评定优劣。评定时，种母猪个体应具有本品种的典型特征，外貌与毛色符合本品种要求，体质结实，身体匀称，眼亮有神，腹宽大不下垂，骨骼结实，四肢结构合理、强健有力、蹄系结实；皮肤柔软、强韧、均匀光滑、富有弹性。乳房和乳头是母猪的重要特征表现，要求具有该品种所应有的乳头数，且排列整齐；外生殖器发育正常。

（2）关键部位评定。头颈结合良好，与整个体躯的比例匀称。头具有本品种的典型

特征；额部稍宽，嘴鼻长短适中，上下腭吻合良好，口角较深，腮、颈长中等。头形轻小的母猪多数母性良好，固宜选择头颈清秀的个体留作种用。

肩部宽平、肩胛角度适中、丰满，与颈结合良好，平滑而不露痕迹。鬐甲平宽无凹陷。胸部宽、深和开阔。胸宽则胸部发达，内脏器官发育好，相关机能旺盛，食欲较强。背部要宽、平、直且长。背部窄、凸起以及凹背都不好。腰部宜宽、平、直且强壮，长度适中，肌肉充实。胸侧要宽平、强壮、长而深，外观平整、平滑。肋骨开张而圆弓，外形无皱纹。腹部大而不下垂、不卷缩。母猪腹部大小适中、结实而有弹性，切忌背腰单薄和乳房拖地。臀和大腿是最主要的产肉部位，总体要求宽广而丰满。后躯宽阔的母猪，骨盆腔发达，便于保胎多产，减少难产。尾巴长短因品种不同而要求不同，一般不宜过飞节，超过飞节是晚熟的特征。

四肢正直，长短适中、左右距离大、无内外八字形等不正常肢势，行走时前后两肢在一条直线上，不宜左右摆动。

种母猪有效乳头数不少于12个，无假乳头、瞎乳头、副乳头或凹乳头。乳头分布均匀，前后间隔稍远，左右间隔要宽，最后一对乳头要分开，以免哺乳时过于拥挤。乳头总体对称排列或平行排列。阴户充盈，发育良好，外阴过小预示生殖器发育不好和内分泌功能不强，容易造成繁殖障碍。

（3）评分、定级。参考公猪的评分、定级表，对母猪外貌进行评分、定级。

### 2. 个体生长发育的评定

种母猪个体生长发育的评定可参照种公猪的评定方法，但指标要求可适当降低，可以不测定饲料转化率，只测定生长速率和背膘厚。

### 3. 个体生产性能的评定

母猪的个体繁殖性能评定除产仔数、初生重外，还应包括泌乳力、断奶性状。

（1）泌乳力。母猪泌乳力的高低直接影响哺乳仔猪的生长发育状况，属重要的繁殖性状之一。现在常用仔猪20日龄的全窝重量来代表，包括寄养过来的仔猪在内，但寄养出去的仔猪体重不得计入。泌乳力的遗传力较低，为0.1左右。

（2）断奶性状。断奶性状包括断奶个体重、断奶窝重、断奶头数等。断奶个体重指断奶时仔猪的个体重量。断奶窝重是断奶时全窝仔猪的总重量，包括寄养仔猪在内。断奶个体重的遗传力低于断奶窝重的遗传力。在实践中一般把断奶窝重作为选择性状，它与初生产仔数、仔猪初生重、断奶仔猪数、断奶成活率、哺乳期增重和断奶个体重等性状都呈显著正相关，是评定母猪繁殖性能的一个最好指标。

母猪肥育性能、胴体性状的评定可参考种公猪的评定方法。

## 三、种猪的选配

选配是在选种的基础上，进一步有目的、有计划地组织种公猪、种母猪双方的交配。其目的是使优秀的个体间获得更多更好的交配机会，促使有益基因结合起来，产生大量品质优良的后代，以巩固和加强选种的效果，不断提高猪群的品质。所以，选配是选种的继续，选种是选配的基础。两者相互促进，又互为基础。在家畜育种工作中，选种和选配是改良现有家畜品种、创造新种群的基本手段之一。

（一）选配原则

为了制定好选配计划，做好选配工作，选配必须遵循以下原则。

（1）目的明确。无目的地选配达不到预定的目的，必须根据选育的目标确定选配的方法和配偶对。其总的目标是通过选配实现加强其优良品质，克服其缺点。

（2）尽量选择亲和力好的种公猪、种母猪交配。亲和力指能否产生优良的后代。在制定配种计划时，须对猪群过去交配的结果进行分析，在此基础上找出能产生优良后代的组合，并继续保持这种交配组合，对于种公猪，还应增选具有相同品质的种母猪与之交配。

（3）种公猪的品质（等级）要高于种母猪。在猪群中，种公猪在遗传上对后代群更有改良作用。为使猪群得到更大的遗传改进，所选配组合中种公猪的等级和品质都应高于种母猪，起码也要与种公猪、种母猪等级相同，不能用低于种母猪等级的种公猪与它交配。对猪群中鉴定出特级、一级种公猪应该充分使用，充分发挥它们的作用，对二级、三级种公猪则控制使用。

（4）具有相同缺点或相反缺点的种公猪、种母猪不能选配。具有相同缺点的种公猪、种母猪交配，实质上是缺点的同质选配。其结果是使缺点加深，使之固定，给品种改良带来困难。同样，具有相反缺点的种公猪、种母猪，例如，用凹背与凸背交配，结果是既不能改变凹背的缺点，也不能纠正凸背的缺陷，欲使凹凸背的缺点得到纠正，须用背腰平直的个体与之交配。

（5）注意年龄选配。交配种公猪、种母猪双方首先是健康的，年龄上最好是壮年公猪、壮年母猪交配。幼年配老年等配偶组合，其效果最差，应该避免。

（二）选配方法

1. 个体选配

就个体选配而言，选配的方法分为品质选配和亲缘选配。

（1）品质选配。品质指猪的体质、体型、生物学特性、生产性能、产品品质等可以观察的表型性状。品质选配即根据交配双方的品质对比而决定的配偶组合，所以，品质选配又称为"表型选配"。品质选配又根据交配双方品质的同异，区分为同质选配和异质选配。

① 同质选配。同质选配是选择表型相同的种公猪、种母猪交配的方法。例如用日增重大的种公猪配日增重大的种母猪等。同质选配主要是使亲本的优良性状加深、稳定和巩固，使之稳定地遗传。在选配实践中，当猪群中出现符合选配目标的优良性状或理想个体时，可以采用同质选配，让具有这种优点的种公猪、种母猪交配，用以产生具有该优良性状的后代，使优良性状得以固定，稳定地遗传，实现品种的选育目标。

② 异质选配。异质选配是选择表型或类型不相同的种公猪、种母猪进行交配。异质又有两方面：一是交配双方具有不同的优异性状，例如，用生长快的种公猪与产仔性能优异的种母猪交配；二是同一性状而表型值有高低之分的种公猪、种母猪交配，例如，

日增重高的种公猪配日增重低的种母猪。异质选配的主要作用在于综合种公猪、种母猪双方的优良性状，丰富后代的遗传基础，创造新的类型，并提高后代的适应性和生活力。

同质和异质选配是个体选配中最常用的方法，有时两者并用，有时交替使用。在同一猪群，一般在选育初期阶段使用异质选配，其目的是通过异质选配将种公猪、种母猪不同的优点综合在一起，创造出新的类型。当猪群内理想的新类型出现后，则转为同质选配，用以固定理想性状，实现选配目标。就不同的猪群而言，育种群一般以同质选配为主，这样可以增加群内优秀个体数量，保持猪群的优良特性。而一般繁殖群则多采用异质选配，它既可以促进新类型出现，同时又能保持猪群良好的适应性和生活力。此外，品质选配一般只就一个或两个主要表型品质而言，其具体的实施，要服从于选配目标的要求。

（2）亲缘选配。根据交配的种公猪、种母猪之间有无亲缘关系和亲缘关系远近所确定的选配组合，称为亲缘选配，若交配双方到共同祖先的总世代数不超过 6 个世代，称为近亲交配，简称"近交"。

近交是一种选配的基本方法。近交在猪的选配过程中采用可以纯化猪群的遗传结构。随着近交世代的增进，猪群的杂合子基因型频率逐代下降，纯合子基因型频率逐代上升，从而提高猪群的遗传纯度，提高其同质型，使猪群的遗传性状趋于稳定。近交在猪的品系建立过程中的使用，可使品系的特征迅速固定，加速品系的建立。对于因品种混杂而造成退化的品种，实行近交还可以在纯化遗传结构的基础上，使品种的性能得以恢复，从而复壮品种。此外，近交提高了有害基因纯合而暴露的机会，因此可以有目的地安排近交，用以暴露猪群的有害基因，从而达到淘汰携带有害基因的种猪个体，降低猪群内有害基因频率，提高猪群的遗传品质。

近交也具有不利的一面，即近交衰退。所谓近交衰退，是指近交后代繁殖性能下降，生活力、适应力下降，生长发育受到抑制，生产性能降低，猪群内遗传缺陷的个体数增加等一系列不良表现。为了充分发挥近交的有利作用，防止近交衰退现象的发生，在运用近交时，必须有明确的近交目的，反对无目的地近交，同时要灵活地运用各种近交形式，掌握好近交程度，不要一开始就用高度的近交。

2. 选配计划

选配计划应根据猪场的具体情况、任务和要求而编制，必须了解和掌握猪群现有的生产水平、需要改进的性状、参加选配的每头种猪的个体品质等基本情况，本着"好的维持，差的重选"的原则，安排配偶组合。要尽量扩大优秀种公猪的利用范围，为其多择配偶。选配计划表主要内容及格式如表 3-13 所示。

表 3-13　猪的选配计划表

| 母猪号 | 品种 | 预期配种时间 | 主要特征 | 与配公猪 | | | | | 选配方式 |
| --- | --- | --- | --- | --- | --- | --- | --- | --- | --- |
| | | | | 主要特征 | 主配 | | 候补 | | |
| | | | | | 猪号 | 品种 | 猪号 | 品种 | |
| | | | | | | | | | |
| | | | | | | | | | |

技　　能

在育种工作中，选择性能优秀的公猪、母猪作种用，生产下一代的过程，称为选种，即对种猪的选择。选种是提高生产性能的一项重要措施。通过连续不断地选择优良个体，不仅可以使现有猪群中部分优良个体的较高生产水平成为将来全群的平均生产水平，还可能出现一些超过目前最优水平的特殊个体，为选种提供新的遗传信息，最终使整个猪群乃至整个品种的质量不断提高。

# 一、种猪的选择方法

种猪的选种方法主要有个体选择、系谱选择、同胞选择、后裔选择和综合指数选择等。

## 1. 个体选择

个体选择是根据猪本身的外形和性状的表型值进行的选择。这种选种方法不仅简单易行，并且无论正反方向选择，都能取得明显的遗传进展，主要用于个体的外形评定、生长发育和生产性能的测定。因为只是对表型值进行选择，所以个体选择效果的好坏与被选择性状的遗传力关系极为密切。只有遗传力高的性状，个体选择才能取得良好效果，遗传力低的性状如果进行个体表型值选择，收效甚微。

## 2. 系谱选择

系谱选择就是根据个体的双亲以及其他有亲缘关系的祖先的表型值进行的选择。系谱选择的效率并不太高。因为个体亲本或祖先很多性状的表型与后代的表型之间的相关性并不太大，尤其是亲缘关系较远的祖先，其资料的可参考性就较小。但系谱选择在选择遗传可能型，特别是在判断是否为有害基因携带者方面效果良好。

## 3. 同胞选择（同胞测验）

同胞选择就是根据全同胞或半同胞的某性状平均表型值进行选择，这种选择方法能够在被选个体留作种用之前，即可根据其全同胞的肥育性能和胴体品质的测定材料做出判断，缩短了世代间隔。对于一些不能从公猪本身测得的性状，如产仔数、泌乳力等，可借助于全同胞或半同胞姐妹的成绩作为选种的依据。

## 4. 后裔选择

后裔选择又叫后裔测定，就是在相同的条件下，对一些种猪后裔记录成绩进行比较，按其各自后裔的平均成绩，确定种猪的选留和淘汰。

后裔测定成绩是种猪优秀性状遗传性能的活证据，所以它是评定家猪种用价值很可靠的一种方法。

但后裔测定改良速率较慢，因此后裔测定仅在如下的情况下采用：被选性状的遗传力低或是一些限性性状；被测公猪所涉及的母猪数量非常大时，或采用人工授精的公猪。

5. 综合指数选择

综合指数选择是指将多个性状的表型值综合成一个使个体间可以相互比较的选择指数，然后根据选择指数进行选种的方法。这种方法比较全面地考虑了各种遗传和环境因素，同时考虑到育种效益问题，因此，能较全面地反映一头种猪的种用价值，指数制定也较为简单，选择可以一次完成。

## 二、不同阶段种猪的选择

### （一）断奶时期选择

仔猪断奶时，本身的表现不明显，也无生产性能的表现。因此，该阶段选种是根据亲代的种用价值、同窝仔猪的整齐程度、个体的生长发育、体质外形和有无遗传缺陷等进行窝选。

根据亲代性能虽不及根据后备种猪本身选择的准确性高，但在断奶阶段仔猪本身尚未表现出生产性能，其亲代的生产性能的好坏，可以在一定程度上反映出仔猪遗传品质的优劣。所以，亲代的生产成绩是断奶阶段选择后备种猪的重要依据。具体的实施是将不同窝仔猪的系谱资料进行比较，在双亲性能优异的窝中选留，甚至还可以全窝（必须淘汰少数发育不良的个体）留种。

断奶时根据本身选择的主要依据是个体的生长发育和外貌。具体的要求是：在同窝仔猪中，将断奶时体重大、身腰较长、体格健壮、发育良好、生殖器官正常、乳头 6～7 对以上且排列均匀的仔猪留种。

### （二）4 月龄阶段选择

该阶段采用个体表型选择，以个体的生长发育和外形状态为依据，主要目的在于淘汰发育不良的个体，以减轻饲养太多后备种猪的经济负担。将从断奶至 4 月龄期间，体重或日增重达不到选育标准、体型结构不符合选育目标的个体予以淘汰。

### （三）6 月龄阶段选择

6 月龄是猪生长发育的转折点，该阶段生长发育状况与肥育性能的关系大，因而它是选种的重要阶段。这时的选种就要求综合考察，严格淘汰。除了以本身性能和外形表现为依据外，这个时期的选种还应参考同胞的成绩。选留个体必须符合品种特征的要求：结构匀称，身体各部位发育良好，体躯长，四肢强健，体质结实；背腰结合良好，腿臀丰满；健康，无传染病；性征表现明显。公猪还要求性机能旺盛，睾丸发育匀称，母猪要求阴户和乳头发育良好。

### （四）配种阶段选择

后备种猪一般在 8 月龄左右配种，此时淘汰的对象主要是生长发育慢而达不到选育指标的个体，以及因有繁殖疾患不能作种用的个体。选留的个体配种参与繁殖。

（五）初产母猪和初配公猪的选择

1. 初产母猪的选择

初产母猪的选择主要依据是个体本身的繁殖力的高低。首先将其所产仔猪中有畸形、脐疝、隐睾等遗传疾患及毛色、耳型等不符合育种要求的种猪淘汰，然后按母猪初产的繁殖成绩选择。

2. 初配公猪选择

此时对公猪选择的依据是同胞姐妹的繁殖成绩和自身的性能及配种成绩。选择时，将其同胞姐妹繁殖成绩突出，自身性机能旺盛、配种成绩优良的公猪留作种用。

后备公猪即青年公猪，是猪场的后备力量。从仔猪育成阶段到初次配种前，是后备公猪的培育阶段。后备公猪的培育目的是使后备公猪发育良好，体格健壮，形成发达且机能完善的消化系统、血液循环系统和生殖器官，以及结实的骨骼、适度的肌肉和脂肪组织。过高的日增重、过度发达的肌肉和大量的脂肪沉积都会影响后备猪的繁殖性能。

【任务总结】

任务总结如表 3-14 所示。

表 3-14　任务总结表

| 内容 | | 要点 |
| --- | --- | --- |
| 知识 | 种公猪的评定方法 | 1. 种公猪的外貌评定<br>2. 个体生长发育的评定<br>3. 个体生产性能的评定 |
| | 种母猪的评定方法 | 1. 种母猪的外貌评定<br>2. 个体生长发育的评定<br>3. 个体生产性能的评定 |
| | 种猪的选配 | 1. 选配原则<br>2. 选配方法 |
| 技能 | 种猪的选择方法 | 1. 个体选择<br>2. 系谱选择<br>3. 同胞选择<br>4. 后裔选择<br>5. 综合指数选择 |
| | 不同阶段种猪的选择 | 1. 断奶时期选择<br>2. 4 月龄阶段选择<br>3. 6 月龄阶段选择<br>4. 配种阶段选择<br>5. 初产母猪和初配公猪的选择 |

🧩 **课后自测**

## 一、填空题

1．种猪的品质评定一般在（　　　）、（　　　）和 24～36 月龄（　　　）3 个阶段进行评定。

2．猪的胴体性状主要有（　　　）、胴体瘦肉率、（　　　）、（　　　）、胴体长等。

3．育肥猪达到适宜屠宰体重后，经 24h 的停食（　　　）休息，称得的空腹活重为（　　　）。

4．胴体重：育肥猪经放血、去毛、切除头（　　　）、蹄（　　　）和尾后，开膛除去（　　　）、（　　　）的躯体重量为胴体重。

5．优良品种的眼肌面积可达（　　　）cm$^2$。

6．种母猪有效乳头数不少于 12 个，无假乳头、（　　　）、副乳头或凹乳头。

## 二、名词解释

1．后备猪培育　2．体重　3．体长　4．体高　5．胸围　6．腿臀围　7．饲料利用率　8．眼肌面积

## 三、选择题

1．种猪选择时所依据的生长发育性状有（　　　）。

　　A．初生重　　　　　B．泌乳力　　　　　C．生长速率　　　D．胸围

2．"公的好，母的好，后代错不了"指的是（　　　）选配方法。

　　A．异质　　　　　　B．同质　　　　　　C．亲缘　　　　　D．近交

# 任务 3.9　猪的引种规划与调运方法

## 【任务描述】

一天，场长对李涛说："现在我们猪场将引进一批种猪，你对引种有什么了解和看法？"

## 【任务目标】

（1）了解引种的目的。

（2）正确确定引种的时间、体重、数量和引种猪场。

（3）正确完成运输种猪、引种前本猪场准备、引种后的短期饲养管理的操作。

🌳 **知　识**

引种是规模化猪场扩充优良血统、加快育种进展、提高生产效率、增加经济效益的一种手段和方法。为了达到优质、高产、高效的目的，规模化猪场经常要从国内质量较好的种猪场及国外一些育种公司引进种猪。尤其是新建的猪场，在选购种猪时应选择高生产性能和健康水平的种猪。

## 一、引种的目的

国内种猪市场上外来瘦肉型品种类型主要有：纯种猪、二元杂种猪及配套系猪等，引种时主要考虑本场的生产目的即生产种猪还是育肥猪，是新建场还是更新血缘，不同的目的，引进猪的品种类型、数量各不相同。

### 1. 生产种猪

生产种猪一般需引进纯种猪，如大约克夏猪、长白猪、杜洛克猪，可生产销售纯种猪或生产二元杂种猪。

### 2. 生产育肥猪

对于生产育肥猪，小规模养殖户可直接引进二元杂种母猪，配套杜洛克公猪或二元杂种公猪繁殖三元或四元育肥猪；大规模猪场可同时引入纯种猪及二元母猪。纯种猪用于杂交生产二元母猪，可补充二元母猪的更新需求，避免重复引种。二元杂种猪可直接用于生产育肥猪，也可直接引入纯种猪进行二元杂交，二元猪群扩繁后再生产育肥猪，这种模式的优点一是投资成本低，二是保证所有二元猪品种纯正，三是猪群整齐度高；缺点是见效慢，大批量生产周期长。

## 二、引种的时间、体重和数量

### 1. 时间

一般猪场都会确定在气候较适宜的春秋季引种。但因为季节对种猪的价格有所影响，许多猪场会选择在冬季 12 月至次年 2 月份或夏季 6 月下旬引种，因为这时种猪价格便宜，体重也较大。但冬夏季节里，应该正确掌握装车时间、装猪密度。冬季应在 11:00～14: 00 装车，并注意装置棚布，防寒保温，以防感冒。夏季应在早、晚气温稍低时装车，并给上车的猪只喷水降温。

### 2. 体重

建议种公猪最好选 70kg 以上的，种母猪要 50kg 以上的，这样的种猪虽然价格高些，但乳房、外阴、睾丸等第二性征已充分发育，有利于选到好的种猪。体重过大的种猪很可能是别人挑剩下的猪，而且影响引种后免疫计划。

### 3. 数量

猪场要更新血缘可引进少量种公猪、种母猪，达到增加或更新血缘的目的即可。如果新建场也不要按生产规模全部购入，引种数量为该场总规模的 1/5～1/4 较适宜。引进种公猪时要考虑有足够的血统及数量，防止种母猪发情时没有适配的种公猪。

## 三、引种时猪场的选择

引种时，可选择适度规模、信誉度高，有《种畜生产经营许可证》《兽医卫生合格证》

《营业执照》，并在有效期内，有足够的供种能力，且技术水平较高的饲养场。

选择饲养场应先进行了解或咨询，再到饲养场与销售人员了解情况，切忌盲目考察，以免只看到表面现象，有可能你看到的猪只是一些"模特猪"。尽量从一家猪场选购，所选饲养场的种猪病原谱要窄或与自己猪场的病原谱相仿，否则会因为猪的病原谱的不同增加引进猪适应与混群后的生物安全风险。

## 四、选择种猪时的注意事项

（1）选种时注意公猪、母猪的血缘关系（搞杂交除外）。纯繁时，与配公猪、母猪尽量不要有血缘关系。引种数量较大时，每个品种公猪血统不少于5个，且公母比例、血缘分布适中。

（2）选择的种猪应符合本品种特征，全身无明显缺陷，种猪肢蹄、体尺、发育、乳头评分良好；对母猪的外阴、乳头、腹线，公猪的睾丸、包皮、性欲要重点观察。值得注意的是，选择母猪时，那些"体型优美"者往往繁殖力会不高。

（3）种公猪选择。种公猪要求活泼好动，睾丸发育匀称，包皮没有较多积尿，成年公猪最好选择见到母猪能主动爬跨；猪嘴分泌大量白沫、性欲旺盛的公猪。

（4）母猪的选择。种母猪生殖器官要求发育良好，阴户不能过小和上翘，应选择阴户较大且松弛下垂的个体，有效乳头应不低于6对，分布均匀对称。

（5）如选择的种猪是测定猪群的，要选择育种值高的特级猪（可能价格也高）。选种时要心中有标准，切忌进行比较，容易选"花眼"。对父本的选择要严格一些。

（6）要求供种场提供该场免疫程序及所购买种猪的免疫接种情况，并注明各种疫苗注射的日期。种公猪最好能经测定后出售，并附测定资料和种猪三代系谱。

（7）所选种猪必须经本场兽医临床检查无猪瘟、萎鼻、布氏杆菌病等病症，并有兽医检疫部门出具的检疫合格证明。

（8）最好由有多年实践经验的养猪专业人员进行选种。

## 五、运输时的注意事项

运输方式一般有汽车运输、空中运输、铁路运输等，常见的为汽车运输。种猪运输时要有运输经验的专业人员押车。

（1）运输前应准备好《动物运载工具消毒证明》《出县境动物检疫合格证明》《五号病非疫区证明》《种猪免疫卡》、种猪的系谱、发票、对方场的免疫程序、购种合同、饲料配方，个别省市还需要引种方畜牧部门出具的《引种证明》。

（2）最好不使用运输商品猪的车辆装运种猪。在运载种猪前应使用高效消毒水对车辆和用具进行2次以上的严格消毒，最好能空置1天后装猪。在装猪前用刺激性较小的消毒水（如双链季铵盐络合碘）彻底消毒一次，并开具消毒证。

（3）在运输过程中应想方设法减少种猪应激和肢蹄损伤，避免在运输途中死亡和感染疫病。要求供种场提前2h对准备运输的种猪停止投喂饲料，赶猪上车时不能赶得太急，注意保护种猪的肢蹄，装猪结束后应固定好车门。

（4）长途运输的车辆，车厢最好铺上垫料，冬天可铺上稻草、稻壳、锯末，夏天铺上细沙，以降低种猪肢蹄损伤的可能性。所装载猪只的数量不要过多，装得太密会引起挤压而导致种猪死亡。运载种猪的车厢应隔成若干个栏圈，安排 4~6 头猪为一个栏圈，隔栏最好用光滑的钢管制成，避免刮伤种猪。达到性成熟的公猪应单独隔开，并喷洒带有较浓气味的消毒水（如复合酚等）或者与母猪混装，以免公猪之间相互打架。

（5）长途运输的种猪，应对每头种猪按 1mL/10kg 注射长效抗生素，以防止猪群途中感染细菌性疾病。对于临床表现特别兴奋的种猪，可注射适量氯丙嗪等镇静针剂。

（6）长途运输的运猪车应尽量走高速公路，避免堵车。每辆车应配备 2 名驾驶员交替开车，行驶过程应尽量避免急刹车。应注意选择没有停放其他运载相关动物车辆的地点就餐，绝不能与其他装运猪只的车辆一起停放。随车应准备一些必要的工具和药品，如绳子、铁丝、钳子、抗生素、镇痛退热药以及镇静剂等。

（7）冬季要注意防寒保暖，可采取在车外覆盖帆布、车内铺垫稻草等措施；夏天要重视防暑降温，尽量避免在酷热的中午装猪，可在早晨和傍晚装运，同时车顶覆盖遮阳网。途中应注意经常给猪饮水，有条件时可准备西瓜等解暑的水果供种猪采食，防止种猪中暑，并寻找可靠水源为种猪淋水降温，一般日淋水 3~6 次。

（8）运猪车辆应备有汽车帆布，若遇到暴风雨时，应将帆布遮于车顶上面，防止暴风雨袭击种猪，车厢两边的篷布应挂起，以便通风散热。

（9）长途运输可先配制一些电解质溶液，在路上供种猪饮用。运输途中要适时停歇，检查有无发病猪只。

（10）应经常注意观察猪群，如出现呼吸急促、体温升高等异常情况，应及时采取有效的措施，可注射抗生素和镇痛退热针剂，并用温度较低的清水冲洗猪身降温，必要时可采用耳尖放血疗法。

## 六、引种前本猪场的准备

尽可能在隔离舍饲养引进的种猪，但隔离舍必须保证干净，最好是从来没有装过猪，或者应把隔离舍彻底清洗、消毒、晾干后再进行引种。

猪场要有活动场所，最好是土地面。引进的种猪每天应进行适当的运动，保证肢蹄的健壮。进猪前饮水器及主管道的存水应放干净，并且保证圈舍冬暖夏凉。准备一些药物及饲料，药物以抗生素为主（如痢菌净、支原净、阿莫西林、土霉素、爱乐新、氟苯尼考等），以预防由于环境及运输应激原因致使猪产生的呼吸系统及消化系统的疾病。最好从原饲养场购买一些全价料或预混料，保证有 1 周的过渡期。有条件的猪场还可准备一些青绿多汁饲料，如胡萝卜、白菜等。引种前猪场应设置卸猪台或卸猪架，或者堆一堆与车高度相同的细沙，以方便卸猪。

## 七、引种后的短期饲养与管理

这一阶段非常关键，主要任务是使种猪尽快适应环境及恢复体能，为完成下一步的配种任务做准备。

（1）卸车时应防止损伤种猪，卸完后不要急于赶入圈舍，应在原地休息 30min，用围布按大小、品种、公母缓慢轰入猪栏。一般每栏饲养 4~5 头，公猪体重在 70kg 以上也可每栏饲养 3～4 头，但体重过大或有爬跨行为的公猪应使用单栏饲养。

（2）分栏完成后，应对猪只进行消毒，喷一些有气味的药物（如来苏儿、空气清洁剂），并有专人看护 12h 以上，防止猪只打斗。

（3）到场后 12h 内不给种猪饲喂饲料，保证清洁充足的饮水，饮水中最好加一些电解质。饲喂饲料要逐渐加量，3～5 天后恢复正常喂量，并且在饲料中加一些抗生素（如支原净、阿莫西林），冬春季节更为重要，要连续投药 10 天左右。个别生病猪要及时进行治疗。

（4）种猪依据体重、品种、饲喂各阶段的种猪料，不能饲喂育肥猪料或妊娠母猪料，体重达 90kg 以后要限制饲喂，并且在饲料中加入一些青绿饲料（如胡萝卜、苜蓿草粉）。

（5）种猪体重达 90kg 以后，要保证每头种猪每天 2h 的自由运动时间（赶到运动场），提高其体质，促进发情。

（6）夏季饲养后备母猪可在饲料中加适量的生物素和维生素 C、小苏打，防止热应激。

（7）适应期（7～15 天）过后，应先对种猪进行驱虫，并按免疫程序进行免疫接种（必要时做抗体水平监测）。

（8）种猪达 6 月龄左右时，应查看系谱做好配种方案，并且开始调教后备公猪。对一些影响繁殖的疾病，如无疫苗保护可在新引后备种猪运动场上堆放原猪群粪便。

总之，健康无病的群体决定着整个猪场的安全。猪场引种工作是一个系统的工程，在这个过程中应该注意的事项繁多复杂。我们要在猪群健康时有忧患意识，多想一想哪些是应该做的或者是还没有做到的，从而减少出问题时的后悔与损失。只有做好了引种工作中的每一个细节，才能保证所引的种猪以及本场的猪群在混群后健康生长，并使整个猪群发挥最好的生产性能，为猪场创造更高的经济效益。

 技 能 ▰▰▰▰▰▰▰▰▰▰▰▰▰▰▰

顺利地完成引种任务。

【任务总结】

任务总结如表 3-15 所示。

表 3-15　任务总结表

| | 内容 | 要点 |
|---|---|---|
| 知识 | 引种规划与调运 | 1. 引种的目的<br>2. 引种的时间、体重和数量<br>3. 引种时猪场的选择<br>4. 选择种猪时的注意事项<br>5. 运输时的注意事项<br>6. 引种前本猪场的准备<br>7. 引种后的短期饲养与管理 |
| 技能 | 顺利地完成引种任务 | 按各步骤规则进行正确操作，认真仔细 |

**课后自测**

## 一、填空题

1. 引种的目的有（　　　）、（　　　）。

2. 引种数量为本场总规模的（　　　）较适宜。

3. 引种时猪场要选择适度规模、信誉度高，有（　　　）、（　　　）、《营业执照》，并在有效期内，有足够的供种能力，且技术水平较高的饲养场。

## 二、简答题

1. 种猪运输时的注意事项有哪些？

2. 引种前本猪场的准备工作有哪些？

3. 引种后的短期饲养管理要点有哪些？

# 项目 4

# 管理现代化养猪场

**情景描述**

　　李涛经过一段时间的猪场养殖实践，被任命为副场长。李场长对他说：你现在是管理人员了，要学会用猪场生产数据进行管理，我们场购买了一套猪场管理软件，你研究一下，作为一个管理者应该知道生产的成本，确保猪场经营有序。

**学习目标**

　　**能力目标：** 能填写各类生产记录、经营记录表格，能操作各种猪场生产管理软件对猪场生产数据进行有效管理，能通过各类报表与技术指标的对比发现问题，掌握饲料成本的管理与控制。

　　**知识目标：** 了解猪场成本构成和费用种类。

　　**素质目标：** 认识猪场生产数据管理的重要性，操作严谨认真，思维开放，能够分析问题、解决问题。

# 任务 *4.1* 猪场生产数据的管理

**【任务描述】**

　　猪场生产数据是一个猪场的灵魂。记录并保存下来的数据能提醒我们猪场发生了什么，为什么发生，并且能告诉我们，对于疫情、生长迟缓、母猪繁殖力低下、猪群种质下降、生产成本增加等问题，如何做才能预防和控制这些情况的发生和蔓延。如母猪的繁殖力（产仔数、育成数、年产窝数、年育成仔猪数等）、公猪的繁殖力、育肥猪的肥育能力（生长速率、耗料增重比）等数据都能反映猪场的经营状态，从而总结经验、取长补短，使养猪的技术和经济效益不断向更高的目标迈进。

**【任务目标】**

　　（1）了解猪场生产数据的种类。

　　（2）能填写猪场各种生产记录、经济记录和日志。

 知　识

## 一、猪场生产数据的种类

　　猪场生产数据一般通过盘存、登记的方法获得，记录形式有如下几种。

　　1. 生产记录

　　生产记录可提供各种生产数据，如场内猪只个体的出生、死亡、配种情况，以及饲料和水的配给情况。这些数据是猪场内部管理的基础，在猪场管理职能中是最重要的元素。

　　2. 经济记录

　　经济记录指场内资金的收支账目。

　　3. 日志

　　日志是对猪场内部发生的所有事情的如实记录，让员工了解所发生的事情和所采取的措施。应该每天填写日志，并确认它的完整性和及时性。

## 二、猪场各类记录卡

　　1. 母猪繁殖性能记录卡

　　（1）母猪-仔猪摘要卡（表4-1），主要反映母猪配种、分娩时间和产仔性能。

表 4-1 母猪-仔猪摘要卡

母猪耳号＿＿＿＿＿＿＿＿＿ 父亲耳号＿＿＿＿＿＿＿＿＿ 母亲耳号＿＿＿＿＿＿＿＿＿

| 胎次 | 配种日期 | 预产期 | 分娩日期 | 产活仔数 | 死胎数 | 活产窝重 | 3 日活仔数 | 28 日活仔数 | 28 日仔猪窝重 | 断奶日期 |
|---|---|---|---|---|---|---|---|---|---|---|
|  |  |  |  |  |  |  |  |  |  |  |
|  |  |  |  |  |  |  |  |  |  |  |
|  |  |  |  |  |  |  |  |  |  |  |
|  |  |  |  |  |  |  |  |  |  |  |
|  |  |  |  |  |  |  |  |  |  |  |
|  |  |  |  |  |  |  |  |  |  |  |
|  |  |  |  |  |  |  |  |  |  |  |

（2）母猪-仔猪卡 1（表 4-2），主要反映仔猪数量及成活情况。

表 4-2 母猪-仔猪卡 1

父亲耳号＿＿＿＿＿＿＿＿＿＿ 父亲品种＿＿＿＿＿＿＿＿＿＿＿＿＿＿＿＿＿＿＿＿＿＿

母亲耳号＿＿＿＿＿＿＿＿＿＿ 母亲品种＿＿＿＿＿＿＿＿＿＿＿＿＿＿＿＿＿＿＿＿＿＿

分娩日期＿＿＿＿＿＿＿＿＿＿ 产活仔数/死胎数＿＿＿＿＿＿／＿＿＿＿ 活产窝重＿＿＿＿＿＿＿＿＿＿

3 日活仔数＿＿＿＿＿＿＿＿＿ 寄入仔猪数＿＿＿＿＿＿＿＿＿＿ 寄入日期＿＿＿＿＿＿＿＿＿

寄出仔猪数＿＿＿＿＿＿＿＿＿ 寄出日期＿＿＿＿＿＿＿＿＿＿

28 日仔猪个体重＿＿＿＿＿＿ 28 日仔猪窝重＿＿＿＿＿＿＿＿ 断奶日期＿＿＿＿＿＿＿＿＿

断奶后第一次配种日期＿＿＿＿＿ 断奶后第二次配种日期＿＿＿＿＿＿＿＿＿＿＿

| 仔猪耳号 | 性别 | 仔猪乳头数 | 健康记录 |
|---|---|---|---|
|  |  |  |  |
|  |  |  |  |
|  |  |  |  |
|  |  |  |  |
|  |  |  |  |
|  |  |  |  |
|  |  |  |  |
|  |  |  |  |
|  |  |  |  |
|  |  |  |  |
|  |  |  |  |
|  |  |  |  |
|  |  |  |  |

备注：仔猪断奶前必须编号。

（3）母猪-仔猪卡 2（表 4-3），主要反映母猪带仔情况。

表 4-3 母猪-仔猪卡 2

预产期_____

父亲耳号_____ 父亲品种_____

母亲耳号_____ 母亲品种_____

分娩日期_____ 产活仔数_____ 死胎数_____ 木乃伊胎数_____

产活窝重_____ 寄入仔猪数_____ 寄出仔猪数_____

断奶日期_____ 断奶仔猪数_____

| 仔猪耳号 | 性别 | 乳头数 | 出生重 | 寄入日期 | 寄出日期 |
|---|---|---|---|---|---|
|  |  |  |  |  |  |
|  |  |  |  |  |  |
|  |  |  |  |  |  |
|  |  |  |  |  |  |
|  |  |  |  |  |  |
|  |  |  |  |  |  |
|  |  |  |  |  |  |
|  |  |  |  |  |  |
|  |  |  |  |  |  |
|  |  |  |  |  |  |
|  |  |  |  |  |  |
|  |  |  |  |  |  |
|  |  |  |  |  |  |

2. 生产记录卡

（1）月份生产记录卡（表 4-4），主要反映猪场每月配种、分娩、断奶和出售的情况。

表 4-4 月份生产记录卡

| 月份 | 平均母猪数 | 配种母猪数 | 返情母猪数 | 分娩母猪数 | 断奶母猪数 | 总产活仔数 | 总死胎数 | 总断奶仔猪数 | 平均窝产仔数 | 平均窝断奶仔猪数 | 出售或转群总数 |
|---|---|---|---|---|---|---|---|---|---|---|---|
| 1 |  |  |  |  |  |  |  |  |  |  |  |
| 2 |  |  |  |  |  |  |  |  |  |  |  |
| 3 |  |  |  |  |  |  |  |  |  |  |  |
| 4 |  |  |  |  |  |  |  |  |  |  |  |
| 5 |  |  |  |  |  |  |  |  |  |  |  |
| 6 |  |  |  |  |  |  |  |  |  |  |  |
| 7 |  |  |  |  |  |  |  |  |  |  |  |
| 8 |  |  |  |  |  |  |  |  |  |  |  |
| 9 |  |  |  |  |  |  |  |  |  |  |  |
| 10 |  |  |  |  |  |  |  |  |  |  |  |
| 11 |  |  |  |  |  |  |  |  |  |  |  |
| 12 |  |  |  |  |  |  |  |  |  |  |  |
| 年度累计 |  |  |  |  |  |  |  |  |  |  |  |

（2）年度生产记录卡（表 4-5），主要反映年内母猪存栏数及母猪配种、怀孕、生产情况。

表 4-5　年度生产记录卡

| 年份 | 2013 | 2014 | 2015 | 2016 | 2017 | 2018 |
|---|---|---|---|---|---|---|
| 平均母猪数 | | | | | | |
| 总配种母猪数 | | | | | | |
| 返情母猪总数 | | | | | | |
| 总分娩胎数 | | | | | | |
| 总断奶母猪数 | | | | | | |
| 总产活仔数 | | | | | | |
| 总死胎数 | | | | | | |
| 总断奶仔猪数 | | | | | | |
| 平均窝产仔数 | | | | | | |
| 平均窝断奶仔猪数 | | | | | | |
| 出售或转群总数 | | | | | | |

（3）猪舍周记录卡（表 4-6），主要反映每周猪场母猪分娩、仔猪生长、死亡及转群、出售等情况。

表 4-6　猪舍周记录卡

周次＿＿＿＿＿＿＿＿＿＿

| 时间 | 母猪 | | | | 仔猪 | | | 死亡情况 | | 出售或转群数 |
|---|---|---|---|---|---|---|---|---|---|---|
| | 第一次配种 | 第二次配种 | 分娩 | 断奶 | 产活 | 死产 | 断奶 | 出生/哺乳 | 公/母 | |
| 周一 | | | | | | | | | | |
| 周二 | | | | | | | | | | |
| 周三 | | | | | | | | | | |
| 周四 | | | | | | | | | | |
| 周五 | | | | | | | | | | |
| 周六 | | | | | | | | | | |
| 周日 | | | | | | | | | | |
| 总计 | | | | | | | | | | |

3. 繁殖记录卡

（1）配种记录卡（表 4-7），主要反映每只母猪配种及与配公猪的情况。

表 4-7　配种记录卡

| 母猪耳号 | 与配公猪 | | 断奶日期 | 第一次配种日期 | 第二次配种日期 | 预产期 | 配种后 30 天妊娠检查 | 备注 |
|---|---|---|---|---|---|---|---|---|
| | 1 | 2 | | | | | | |
| | | | | | | | | |
| | | | | | | | | |
| | | | | | | | | |
| | | | | | | | | |
| | | | | | | | | |
| | | | | | | | | |
| | | | | | | | | |
| | | | | | | | | |
| | | | | | | | | |
| | | | | | | | | |
| | | | | | | | | |
| | | | | | | | | |
| | | | | | | | | |
| | | | | | | | | |
| | | | | | | | | |
| | | | | | | | | |

（2）后备母猪记录卡（表 4-8），主要反映后备母猪发情、配种及淘汰情况。

表 4-8　后备母猪记录卡

| 日期 | 转入后备母猪耳号 | 首次与公猪接触日期 | 第一次发情日期 | 第二次发情日期 | 配种日期 | 与配公猪 | | 后备母猪淘汰 | | 备注 |
|---|---|---|---|---|---|---|---|---|---|---|
| | | | | | | 1 | 2 | 淘汰日期 | 淘汰原因 | |
| | | | | | | | | | | |
| | | | | | | | | | | |
| | | | | | | | | | | |
| | | | | | | | | | | |
| | | | | | | | | | | |
| | | | | | | | | | | |
| | | | | | | | | | | |
| | | | | | | | | | | |
| | | | | | | | | | | |
| | | | | | | | | | | |
| | | | | | | | | | | |
| | | | | | | | | | | |
| | | | | | | | | | | |
| | | | | | | | | | | |
| | | | | | | | | | | |

## 4. 生长舍记录卡

生长舍记录卡（表4-9），主要反映生长育成阶段猪的生长、转群及出售情况。

**表 4-9　生长舍记录卡**

年份＿＿＿＿＿＿＿＿＿＿＿＿＿＿＿　月份＿＿＿＿＿＿＿＿＿＿＿＿＿＿＿＿＿＿

| 日期 | 转入数 | 平均体重 | 死亡数 | 转出数 | 转出总重 | 出售价格/<br>（元/100kg） | 净收入 | 备注 |
|------|--------|----------|--------|--------|----------|------------------------|--------|------|
|  |  |  |  |  |  |  |  |  |
|  |  |  |  |  |  |  |  |  |
|  |  |  |  |  |  |  |  |  |
|  |  |  |  |  |  |  |  |  |
|  |  |  |  |  |  |  |  |  |
|  |  |  |  |  |  |  |  |  |
|  |  |  |  |  |  |  |  |  |
|  |  |  |  |  |  |  |  |  |
|  |  |  |  |  |  |  |  |  |
|  |  |  |  |  |  |  |  |  |
|  |  |  |  |  |  |  |  |  |
| 月度总计 |  |  |  |  |  |  |  |  |

## 5. 种猪管理卡

（1）母猪管理卡（表4-10），主要反映母猪每胎的配种、分娩情况，以及母猪的疾病情况。

（2）公猪配种记录卡（表4-11），主要反映与配母猪的产仔情况。

## 6. 猪场盘存卡

（1）日盘存卡（表4-12），主要反映猪场每日生产公、母猪头数以及母猪哺乳、断奶的情况。

（2）猪舍周记录卡（表 4-13），主要反映每周母猪生产情况、仔猪生长情况以及猪只死亡情况。

（3）月度生产统计卡（表4-14），主要反映每月猪场存栏母猪数，母猪配种、分娩、断奶情况，产仔、仔猪死亡情况，以及转群、出售情况。

（4）年度盘存卡（表 4-15），主要反映每年平均存栏母猪、配种母猪、返情母猪、分娩母猪、断奶母猪、产活仔猪、死产仔猪、总断奶仔猪、平均窝产仔猪、平均窝断奶仔猪、出售/转出等的头数。

## 表4-10 母猪管理卡

母猪耳号＿＿＿＿＿＿ 品种＿＿＿＿＿＿ 父亲耳号＿＿＿＿＿＿ 母亲耳号＿＿＿＿＿＿

出生日期＿＿＿＿＿＿ 首次发情日期＿＿＿＿＿＿ 首次配种日期＿＿＿＿＿＿

**母猪配种记录卡**

| 断奶日期 | 第一次配种 | | 第二次配种 | | 母猪体况 |
|---|---|---|---|---|---|
| | 日期 | 公猪 | 日期 | 公猪 | |
| | | | | | |
| | | | | | |
| | | | | | |
| | | | | | |
| | | | | | |

**母猪健康记录**

| 日期 | 诊断 | 治疗 |
|---|---|---|
| | | |
| | | |
| | | |
| | | |
| | | |

淘汰日期： 淘汰原因：

**母猪生产记录**

| 胎次 | 仔猪出生情况 | | | 仔猪出生重 | | 断奶日龄 | 断奶仔猪数 | 仔猪断奶窝重 |
|---|---|---|---|---|---|---|---|---|
| | 活仔数 | 死胎数 | 木乃伊胎数 | 窝重 | 活仔重 | | | |
| | | | | | | | | |
| | | | | | | | | |
| | | | | | | | | |
| | | | | | | | | |

### 表 4-11 公猪配种记录卡

公猪品种＿＿＿＿＿＿＿　购买猪场＿＿＿＿＿＿＿　购买日期＿＿＿＿＿＿＿　父亲耳号＿＿＿＿＿＿＿

母亲耳号＿＿＿＿＿＿＿　出生日期＿＿＿＿＿＿＿　购买时体重＿＿＿＿＿＿　首次配种日期＿＿＿＿＿＿

| 日期 | 与配母猪 | 分娩情况 | | 日期 | 与配母猪 | 分娩情况 | |
|---|---|---|---|---|---|---|---|
| | | 产活仔数 | 死胎数 | | | 产活仔数 | 死胎数 |
| | | | | | | | |
| | | | | | | | |
| | | | | | | | |
| | | | | | | | |
| | | | | | | | |
| | | | | | | | |
| | | | | | | | |
| | | | | | | | |
| | | | | | | | |
| | | | | | | | |
| | | | | | | | |
| | | | | | | | |
| | | | | | | | |
| | | | | | | | |
| | | | | | | | |
| | | | | | | | |
| | | | | | | | |
| | | | | | | | |
| | | | | | | | |

| 配种总数： | 分娩总数： | 受孕率： |
|---|---|---|
| 总产活仔数： | 总死胎数： | 平均窝产活仔数： | 平均窝产死胎数： |

统计日期＿＿＿＿＿＿＿＿＿＿＿＿＿＿

### 表 4-12 日盘存卡

日期＿＿＿＿＿＿＿＿＿＿＿＿＿＿＿

| 公猪数 | 母猪数 | 哺乳情况 | | 断奶情况 | | 评价 |
|---|---|---|---|---|---|---|
| | | 哺乳窝数 | 哺乳仔猪数 | 断奶窝数 | 保育仔猪数 | |
| | | | | | | |
| | | | | | | |
| | | | | | | |
| | | | | | | |
| | | | | | | |
| | | | | | | |
| | | | | | | |
| | | | | | | |
| | | | | | | |

### 表 4-13　猪舍周记录卡

日期＿＿＿＿＿＿＿＿＿＿＿＿　周别＿＿＿＿＿＿＿＿＿＿＿＿＿

| 日期 | 母猪情况 | | | | 仔猪情况 | | | 死亡情况 | | 出售/转出数 |
|---|---|---|---|---|---|---|---|---|---|---|
| | 第一次配种数 | 重复配种数 | 分娩窝数 | 断奶窝数 | 产活仔数 | 死胎数 | 断奶仔猪数 | 哺乳仔猪/断奶仔猪数 | 母猪/公猪 | |
| 周一 | | | | | | | | | | |
| 周二 | | | | | | | | | | |
| 周三 | | | | | | | | | | |
| 周四 | | | | | | | | | | |
| 周五 | | | | | | | | | | |
| 周六 | | | | | | | | | | |
| 周日 | | | | | | | | | | |
| 一周总计 | | | | | | | | | | |
| 目标设计 | | | | | | | | | | |

### 表 4-14　月度生产统计卡

年度＿＿＿＿＿＿＿＿＿＿＿＿＿

| 月份 | 平均存栏母猪数 | 母猪配种数 | 母猪返情数 | 母猪分娩数 | 母猪断奶数 | 总产活仔数 | 总死胎数 | 总断奶仔猪数 | 平均窝产仔猪数 | 平均窝断奶仔猪数 | 出售/转出数 |
|---|---|---|---|---|---|---|---|---|---|---|---|
| 1 | | | | | | | | | | | |
| 2 | | | | | | | | | | | |
| 3 | | | | | | | | | | | |
| 4 | | | | | | | | | | | |
| 5 | | | | | | | | | | | |
| 6 | | | | | | | | | | | |
| 7 | | | | | | | | | | | |
| 8 | | | | | | | | | | | |
| 9 | | | | | | | | | | | |
| 10 | | | | | | | | | | | |
| 11 | | | | | | | | | | | |
| 12 | | | | | | | | | | | |
| 年度总计 | | | | | | | | | | | |

表 4-15 年度盘存卡

| 年份 | 2013 | 2014 | 2015 | 2016 | 2017 | 2018 |
|---|---|---|---|---|---|---|
| 平均存栏母猪数 | | | | | | |
| 母猪配种数 | | | | | | |
| 母猪返情数 | | | | | | |
| 母猪分娩数 | | | | | | |
| 母猪断奶数 | | | | | | |
| 总产活仔数 | | | | | | |
| 总死胎数 | | | | | | |
| 总断奶仔数 | | | | | | |
| 平均窝产仔数 | | | | | | |
| 平均窝断奶仔数 | | | | | | |
| 出售/转出数 | | | | | | |

 技 能

（1）熟悉各种生产数据卡片。

（2）填写各种生产数据卡片并进行分析。

【任务总结】

任务总结如表 4-16 所示。

表 4-16 任务总结表

| | 内容 | 要点 |
|---|---|---|
| 知识 | 猪场数据的种类 | 1. 生产记录<br>2. 经济记录<br>3. 日志 |
| | 猪场各类记录卡 | 1. 母猪繁殖性能记录卡<br>2. 生产记录卡<br>3. 繁殖记录卡<br>4. 生长舍记录卡<br>5. 种猪管理卡 |
| 技能 | 熟悉各种生产数据卡片 | 分析其反映的数据 |
| | 填写各种生产数据卡片并进行分析 | 实事求是，灵活思维 |

# 任务 4.2 猪场管理软件的应用

【任务描述】

随着社会的不断进步、科学技术的飞速发展以及中国养猪业规模化、集约化的不断推进，原来数据的手工记录和人工统计已显得落后和低效，不能满足现代化猪场的日常管理，许多猪场为了更好地提高现有的管理水平和工作效率，创造更多的经济效益和社会效益，已使用专用软件对猪场进行全方位管理。使用者利用专用软件可准确地录入生产、销售过程中产生的数据，然后对其统计分析，及时发现问题、解决问题。

**【任务目标】**

（1）了解中国猪场常用的管理软件。

（2）能够使用 GPS 猪场生产管理信息系统进行数据录入和分析。

中国猪场常用管理软件简介如下。

## 1．PigCHN

该软件是在吸收国际流行软件 PigWIN、PigChamp 的先进设计思路，紧密结合国内猪场的实际情况的基础上研制出来的。软件主要功能有种猪档案管理、商品猪群管理、性能分析与成本核算、问题诊断与工作安排、配种计划、生产预算和统计报表。该软件具有思路清晰、功能强大、操作简便等特点。

## 2．PigMAP

PigMAP 猪场管理软件适用于规模化、集约化的种猪场或商品猪场。该软件提供了丰富的猪场常用管理工具，包括生产管理系统、育种系统、财务管理系统、仓库管理系统、疾病诊断辅助系统和饲料配方系统。生产管理系统提供了灵活的、多样的数据统计功能。用户可按日、周、月、年或任意时间段统计出猪场的分娩率、返情率、窝产活仔数、胎龄结构、死亡率、耗料/（头·天）、料肉比、上市日龄等生产关键数据；能准确地预计下周应配、应产、应断奶母猪和低效率母猪的数量；并能随时统计出各栏舍的猪只存栏数及猪群转栏情况。育种管理系统能帮助用户选出亲缘系数最低的公猪或母猪进行配对，防止纯种品系间近亲繁殖。此外，系统也可以通过选择指数综合加权值进行计算，选出最优秀的后备种猪进行配种。财务管理系统能提供应收应付款管理情况、现金收支情况、银行往来账记录等。仓库管理系统能为用户提供物品进仓、出仓及存货记录。疾病诊断辅助系统可根据用户选出病猪的生长环境和患病表现症状，如天气、病猪五官的变化、粪便尿液的特征、皮肤的变化、呼吸、神经症状等，计算出各种疾病在该头猪身上的发病概率（分值越高，表示猪只患上该病的可能性越高），然后按照概率数值从大到小排出次序，用户就能轻易判断出猪患的是何种疾病，并根据系统所列出的处理方法做出处理。饲料配方系统能根据不同阶段的猪只营养需要和饲料的价格配制出性价比最高的饲料，使猪场在保证猪只良好生长的同时降低饲料成本。各个系统简洁易用、功能丰富。通过互联网用户还可方便、快捷地得到系统维护和升级的服务。

## 3．猪场超级管家

该软件基于规模化、规范化的现代化养殖模式，通过详细的种猪档案、生产记录、发病记录、免疫记录等信息的录入，可有效管理种猪档案，自动生成各类生产、销售、分析报表，并具有兽医管理、总经理（场长）查询、仓库管理等功能。软件的普及版适用于存栏 300 头母猪以下的猪场；软件的标准版适用于存栏 500 头母猪左右的猪场；软件的豪华版适用于有多个养猪分场或多个生产线、需要联网工作的大型养猪企业。

4. 农博士猪场管理系统

该软件采用先进的软件编程技术，系统贴近养猪生产实际，设计人性化，运行稳定、功能强大，可提供灵活的打印输出等功能（系统内挂接 Excel 表格）。该系统的主要模块有：生产管理、销售管理、种猪管理、饲料管理、药品管理、基础数据、期初数据等。能满足猪场"全进全出"管理模式与粗放饲养的业务需要。该软件实行猪群、饲料、兽药、存栏、调动、变动、分群一体化统一管理，利于猪场更好地控制库存、降低成本。该软件还有功能强大的种猪管理模块对种猪实行全程跟踪，可根据种猪配种情况自动生成种猪系谱，还可以自动生成各种报表。

5. GPS 猪场生产管理信息系统

该软件可采集生产过程中种猪配种、配种受胎情况检查、种猪分娩、断奶数据；生长猪转群、销售、购买、死淘和生产饲料使用数据；种猪、育肥猪的免疫数据；种猪育种测定数据等，进行各种分析，如生产统计分析：可根据生产数据统计并分析猪场生产情况，提供任意时间段统计分析和生产指导信息；生产成本分析：可按实际生产的消耗、销售、存栏、产出情况，系统提供猪只分群核算的基本成本分析数据，并帮助用户降低成本以获得最大效益；育种数据分析：可根据实际育种测定数据和生产数据，进行方差组分分析（计算测定性状的遗传力、重复力、遗传相关等）、多性状 BLUP 育种值和复合育种值（选择指数）等育种数据分析。该软件提供了 30 余种统计分析模型和从种猪性能排队到选留种猪近交情况分析等 24 种育种数据分析表，用户可直接应用于具体的育种工作中。此外，该软件还提供了数据与 Excel 和 HTML 文件格式的转换功能，方便用户使用自己的数据。

6. PigWIN

PigWIN 是面向养猪人员的一个用户界面友好和功能强大的管理软件。它主要有以下特点。

（1）功能模块化，允许用户根据自己的需要把各模块组成一个体系。

（2）数据输入更加简捷，能够自动把数据转化为图形，有助于生产人员及时发现问题。

（3）可以进行问题诊断，提供参考建议，从而更好地提高经济效益。

PigWIN 中文版的主要功能有：种猪管理（生产性能分析、母猪淘汰管理、猪群评价、掌上助理等）、生长猪管理（生产管理、生产性能分析、猪群评价、掌上助理等）、猪群报告（全群性能评价模块、母猪淘汰策略模块）、遗传分析（基因评估模块）、猪群比较、质量控制、呼吸道疾病监控和屠宰监测。

### 7. PigChamp

该软件是北美著名的猪场管理软件，20 世纪 80 年代早期由美国明尼苏达州立大学兽医学院开发。20 世纪 90 年代中期中国浙江金华种猪场（浙江加华种猪有限公司）、河北玉田种猪场和四川内江种猪场等猪场曾使用过该软件。

### 8. Herdsman

该软件是一个用于猪场数据收集、报表制作及数据管理的软件。它的主要功能有：报表、工作列表及图表制作，导入 PigChamp 及 PigWIN 数据，BLUP 场内育种值计算，场间生产数据对比（数据不进行共享），猪只所处位置查询，系谱管理，多代内的血统及近交计算，4 个繁殖性状（产活仔数、出生窝重、断奶活仔数和 21 日龄窝重）及 4 个生长性状（达到 105kg 的日龄、背膘厚度、眼肌面积、日增重）的 EBV（育种值指数）计算及分析，并将 EBV 整合成 4 个指数（母猪繁殖指数、母系指数、轮回指数、终端指数）等。

 技　能

GPS 猪场生产管理信息系统的应用。

GPS 猪场生产管理信息系统的启动与其他 Windows 系统的软件一样，可在"开始""程序""猪场管理"中双击"GPS 猪场管理系统"图标，系统即可启动。首次启动的系统将显示"GPS 介绍"表单，可以单击"继续"按钮继续执行程序（图 4-1）。这时系统给出"登录"表单，要进入系统必须录入登录名和口令（图 4-2），再单击"确定"按钮，系统将进入 GPS 系统主控屏幕。系统提供数据登记、生产统计、育种分析、系统管理等主要功能，可以通过单击相应的项目进行所需要完成的工作。

图 4-1　GPS 猪场管理系统表单

图 4-2　系统登录表单

（一）数据的登记方法

单击"数据登记"按钮，可以看到"数据登记"按钮的手指指向右侧，同时出现猪场生产流程图（图 4-3），单击相应的项目可以进入数据录入表单。这些数据可分为两类，个体逐一登记：用于登记有个体号猪的数据；群体按头数登记：用于登记没有个体号的猪或有个体号但不希望按个体逐一登记的生长发育期数据，也可以进行猪只档案修改。

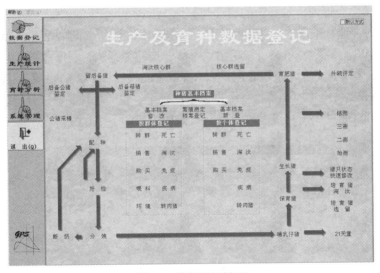

图 4-3　数据登记界面

图 4-4　数据处理功能按钮图

进入数据录入表单后，每个对话框界面的右上角显示如图 4-4 所示的标记，这些标记从左到右分别表示添加新数据、删除数据、返回和选择数据范围等功能。

1. 个体逐一登记

以生长测定始测数据登记为例（图 4-5），它分为 5 个区域：选定时间和场提示区、数据查询区、选定个体录入与修改区、数据列表区和个体基本信息区。

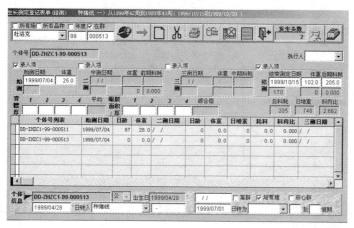

图 4-5　猪只生长测定登记表单

种猪历史档案登记表单（图 4-6）：用鼠标单击基本档案登记界面，即进入种猪历史档案登记表单界面，利用此表单可以进行种猪历史档案登记、购买的种猪档案登记和新出生个体基本信息登记（耳号、性别、出生日期、出生重、左乳数、右乳数、出生地、父系指数、母系指数）。

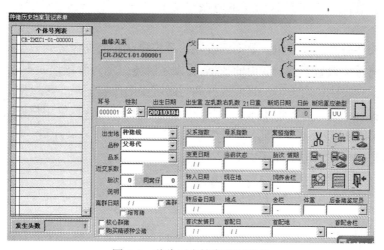

图 4-6　种猪历史档案登记表单

2. 群体头数登记

以猪只死亡数量登记为例，它分为 4 个区域：选定时间和场提示区、数据查询区、选定记录录入与修改区、数据列表区。猪只死亡登记表单如图 4-7 所示。

选定时间和场提示区：图中显示的含义是中华种猪一分场在 1999 年第 42（生产）周至 1999 年第 43（生产）周（或 1999 年 10 月 15 日至 1999 年 10 月 20 日）发生的数据。后备猪及种用期的种猪死亡可按个体号登记。

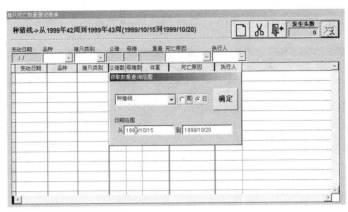

图 4-7　猪只死亡数量登记表单

数据查询区：在此界面可以完成要登记猪只个体号的查询，已经登记数据的删除、错误检查和登记数据的提取。

选定记录录入与修改区：在这里用户可以对当前记录进行新增、修改、删除等操作。

添加新记录按钮：单击此按钮可向当前表增加一条新记录。

删除选定记录按钮：单击此按钮可删除在"选定记录录入与修改区"的记录。

记录数显示：统计当前数据表中猪只数量。

数据登记/查询范围设置按钮：单击此处可选择要查询或输入数据的范围，弹出一个选择表单，在此可以选择数据发生地点和发生时间范围，时间范围可以是生产周或一个阶段。

保存数据并退出表单按钮：单击此按钮，系统将首先检查登记的数据是否有错误，如果没有就向系统数据库登记变更的数据，否则系统将提示修改错误或不进行数据登记。

登记数据列表区：用于显示当前选择和时间范围的所有记录，可以用鼠标单击任何一条记录系统就会在"选定记录录入与修改区"显示相应的数据供用户修改、删除。如新登记在种猪线 1999 年第 42 周因母猪压死的 12 头杜长大哺乳公仔猪，发生日期是 1999 年 10 月 18 日。数据登记式样如表 4-17 所示。

表 4-17　猪只死亡登记式样表

地点：种猪线

| 测定日期 | 品种品系 | 猪只类型 | 头数 | 死亡原因 |
|---|---|---|---|---|
| 1999 年 10 月 18 日 | 杜长大肉猪 | 哺乳公仔猪 | 12 | 母猪压死 |

猪只转群登记：主要用于登记从哺乳仔猪到育肥猪改变的猪舍和猪只类别。主要界面可输入发生时间、品种、品系、发生地点（转栏前地点）、猪只类别（转栏前猪只类别）、头数、转群体重、转群后猪只类别、去向猪舍以及执行人。

猪只销售登记：主要用于登记从哺乳仔猪到育肥猪的销售情况。主要界面可输入发生时间、品种、品系、发生地点、猪只类别、头数（可分公、母）、销售体重、价格、销售类型、淘汰销售的原因、客户名称、执行人（后备猪及种用期的种猪销售可按个体号登记）。

猪只购买登记：主要用于登记哺乳仔猪到育肥猪的购买情况。主要界面可输入发生时间、品种、品系、发生地点、猪只类别、头数（可分公、母）、购买体重、价格、购买类型、客户名称、执行人（后备猪及种用期的种猪购买可按个体号登记）。

猪只淘汰登记：主要用于登记哺乳仔猪到育肥猪的淘汰情况。主要界面可输入发生时间、品种、品系、发生地点、猪只类别、头数（可分公、母）、淘汰类型、执行人（后备猪及种用期的种猪淘汰可按个体号登记）。

猪只免疫登记：主要用于登记哺乳仔猪到育肥猪的免疫情况。主要界面可输入发生时间、品种、品系、发生地点、猪只类别、头数（可分公、母）、疫苗名称、疫苗批号、每头计量（头份）、执行人（后备猪及种用期的种猪免疫可按个体号登记）。

猪只疾病登记：主要用于登记哺乳仔猪到育肥猪的疾病情况。主要界面可输入发生时间、品种、品系、发生地点、猪只类别、头数（可分公、母）、疾病名称、执行人（后备猪及种用期的种猪疾病可按个体号登记）。

饲料消耗登记：主要界面可输入发生时间、发生地点、品种、品系、猪只类别、饲料类别、饲料用量（kg）、执行人。

3. 猪只档案修改

（1）猪只状态快速修改。有时，种猪虽然在出生后登记了个体号，但在随后的生长发育阶段中，为了减少采集和录入数据的工作量，仅按头数登记仔猪断奶、转群、死亡、淘汰、销售等，而每个个体的当前状态（保育猪、生长猪或育肥猪，离群与否）没有逐头登记，因此，如果需要使系统中的猪只状态与实际日龄相符，提取种猪个体号表单（图 4-8）即是针对这一情况而设。

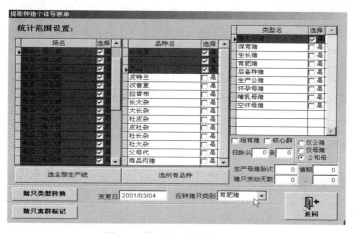

图 4-8　提取种猪个体号表单

（2）基本档案修改。用鼠标单击基本档案修改，系统显示修改页面（图 4-9），在此窗口可进行登记个体号猪只的各种生产数据的查询、修改（或增添）。

（二）生产统计方法

单击"生产统计"按钮，可以看到"生产统计"按钮的手指指向右侧，同时出现生产统计分析思维方式图（图 4-10）。

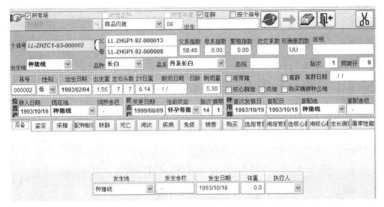

图 4-9　基本档案修改界面

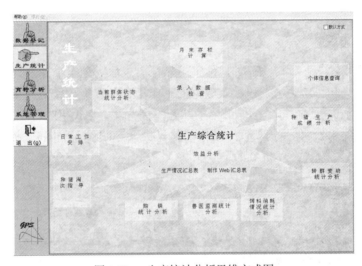

图 4-10　生产统计分析思维方式图

### 1. 综合统计分析

图 4-11　月末存栏猪数
统计计算对话框

综合统计分析是对猪场生产、销售总体数据进行分析、比较，需要每月计算猪只盘点情况，然后才能进行综合统计分析。首先单击"月末存栏计算"显示如图 4-11 的对话框，设置要计算存栏数的财务年度、月份。然后单击 [图标] 进行统计计算。生产综合统计分析表单如图 4-12 所示。

生产实绩（一）如表 4-18 所示，主要反映生产中种猪繁殖和成活率方面的数据，统计项目有：配种母猪数、复情母猪数、流产母猪数、母猪分娩胎数、配种分娩率、产活仔数、胎产活仔数、断奶母猪数、仔猪断奶转栏数、胎断奶仔数、断奶猪转栏率、保育猪转栏数、保育猪转栏率、生长猪转栏数、生长猪转栏率。

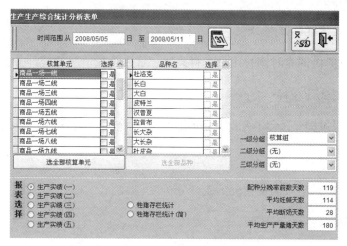

图 4-12　生产综合统计分析表单

**表 4-18　生产实绩（一）**

| 统计分析组 | 配种母猪数/头 | 复情母猪数/头 | 流产母猪数/头 | 母猪分娩胎数/头 | 配种分娩率/% | 产活仔数/头 | 胎产活仔数/头 | 断奶母猪数/头 | 仔猪断奶转栏数/头 | 胎断奶仔猪数/头 | 断奶猪转栏率/% | 保育猪转栏数/头 | 保育猪转栏率/% | 生长猪转栏数/头 | 生长猪转栏率/% |
|---|---|---|---|---|---|---|---|---|---|---|---|---|---|---|---|
| 商品一组 | 51 | 6 | 1 | 29 | 71.74 | 271 | 9.34 | 33 | 251 | 7.61 | 95.20 | 214 | 99.34 | 133 | 100 |
| 总计 | 51 | 6 | 1 | 29 | 71.74 | 271 | 9.34 | 33 | 251 | 7.61 | 95.20 | 214 | 99.34 | 133 | 100 |

生产实绩（二）表主要反映的是猪只上市的情况，统计项目有：选留培育猪数、选留后备公猪数、选留后备母猪数、场内转销数、种猪淘汰数、销售不合格肉猪数、销售合格猪苗数、上市合格中猪数、上市合格大猪数、上市种猪数、育成合格率、综合成活率等（表格显示略）。

生产实绩（三）表主要反映各个年度的生产、销售情况，统计项目有：期初种猪存栏数（种公猪＋种母猪）、新配种猪数、种猪更新率、种猪死淘数、平均存栏种母猪数、分娩胎数、产活仔数、断奶仔猪数、猪只上市数、产胎数/年，每头母猪产活仔数/年，每头母猪断奶仔猪数/年，每头母猪总产猪数/年（表格显示略）。

生产实绩（四）表主要反映生产中种猪繁殖和成活率方面的数据，它包括本年的累计统计数据（表格显示略）。

2. 种猪生产成绩分析

在这里，可进行场间、品种间的横向对比分析；年度、季节、胎次等纵向对比分析；不同配种方式间的比较分析，也可以检查配种员的配种情况。

3. 转群变动统计分析

在这里，可提供猪只转出、转入；培育猪选留与淘汰；种猪转肉猪、核心群的选留与淘汰等统计分析表。

### 4. 饲料消耗情况统计分析

在这里，可提供饲养时饲料用量、料肉比、日采食量情况的统计分析表。

### 5. 兽医监测统计分析

在这里，可提供饲养过程中死亡、无价淘汰、有价淘汰、疾病和免疫情况的统计分析表。

### 6. 购销统计分析

在这里，可提供猪只购销情况的统计分析表。

### 7. 当前群体状态统计分析

场内当前群体状态分析包括：猪只存栏总表、公猪存栏结构表、母猪存栏结构表、母猪存栏详细结构表以及各阶段猪的猪耳号列表。

### 8. 日常工作安排

日常工作安排是用户进行场内日常监督工作的重要部分，在此可以安排所有的猪群管理工作。

### 9. 个体信息查询

在此用户可以依个体号查询各类种猪的生产数据和育种数据。

（三）育种分析方法

单击"育种分析"按钮，可以看到"育种分析"按钮的手指指向右侧，同时出现育种分析思维方式图（图 4-13）。按图示流程即可以完成复杂的选种、选配工作，无须理解复杂的计算方法和选种原理，育种者可以将更多的精力放在准确的数据采集和现场选种选配上，多种报表输出可满足种猪管理与销售的需要，育种检测可分析遗传进展和交配组合效果，充分体现种猪联合育种的思想。

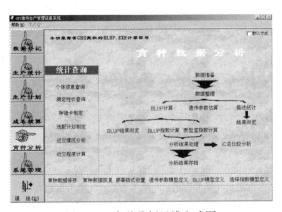

图 4-13　育种分析思维方式图

特别要提出，这里可以进行选配计划的制定。通常，选出遗传上优秀的种猪只是完成了育种工作的一半，另一半就是选配。操作方法是在左侧公猪个体号中提取可以配种的公猪个体，在右侧母猪个体号中提取可以配种的母猪个体，在最大允许血缘相关系数框输入可以允许的最大与配公母猪间的亲缘相关系数，单击"计算血缘关系"按钮，计算选定个体间的亲缘相关，单击"输出建议表"按钮，输出可以配种的公猪、母猪个体号（图 4-14）。

（四）系统管理

系统管理（图 4-15）主要是介绍 GPS 系统的系统基本定义、系统安全维护、系统间通信和代码维护等。

图 4-14　选配咨询界面

图 4-15　系统管理界面

系统基本定义是指，用户在使用该系统进行自己数据登记前必须根据各场情况首先定义好一组代码参数。这些定义包括控制登录进入系统的用户定义、控制用户场舍安排情况的公司定义、控制用户饲养的猪只品种品系定义、控制用户在饲养过程中猪只变动情况的猪只类型定义和用户使用系统时的各种生产年度、生产周、财务月情况等的设置。

系统常用代码是用户在使用系统时可能需要修改、添加或删除系统使用的部分代码，可根据各个猪场的情况定义一组代码参数。它们的设置方法基本与系统基本定义中的年度设置相同。

系统安全包括系统数据备份保存、系统数据恢复、网络客户数据保存、网络主机数据读入、系统自检、数据删除、临时文件清理和系统初始化。

高级修改是系统提供用户用于特殊情况下的操作，如个体号修改、猪只盘存登记、猪只反盘存计算。

**【任务总结】**

任务总结如表 4-19 所示。

表 4-19　任务总结表

| 内容 | | 要点 |
|---|---|---|
| 知识 | 中国猪场常用管理软件 | 1. PigCHN<br>2. PigMAP<br>3. 猪场超级管家<br>4. 农博士猪场管理系统<br>5. GPS 猪场生产管理信息系统<br>6. PigWIN<br>7. PigChamp<br>8. Herdsman |
| 技能 | GPS 猪场生产管理信息系统的应用 | 数据的准确性，操作与分析能力的熟练性 |

**课后自测**

**填空题**

中国猪场常用管理软件有（　　　　）、PigMAP、猪场超级管家、农博士猪场管理系统、（　　　　）、PigWIN。

# 任务 *4.3* 猪场的生产成本及控制

**【任务描述】**

从企业的角度看，经营猪场的最终目的是盈利。所以在猪场的经营管理过程中，不但要通过先进技术、设备和管理使猪只的生产性能得到充分发挥，而且要高度重视生产成本的管理，尽可能控制和降低成本，从而实现更多的利润。

**【任务目标】**

（1）掌握猪场生产成本的类别。

（2）掌握生产成本的计算方法并能进行盈亏核算。

（3）了解控制生产成本的方法。

（4）能够对猪场生产成本进行调研和分析。

知　识

# 一、生产成本核算

养猪生产中的各项消耗，有的直接与产品生产有关，这种开支叫直接生产成本，如饲养人员的工资和福利费用、饲料费用、猪舍的折旧费用等；另外还有一些间接费用，即管理费用（如场长等管理人员的工资和各项管理费用等）、销售费用（销售人员费用、广告宣传费用等）、财务费用（利息等）。

（一）生产成本的类别

（1）劳务费用，指直接从事养猪生产的饲养人员的工资和福利费用。

（2）饲料费用，指饲养各类猪群直接消耗的各种精饲料、粗饲料、动物性饲料、矿物质饲料、维生素、微量元素等的费用。

（3）燃料费用和电费。

（4）医药费用，指猪群直接消耗的药品和疫苗费用。

（5）固定资产折旧费用。

（6）固定资产维修费用。

（7）低值易耗品费用，指当年报销的低值工具和劳保用品的价值。

（8）其他直接费用，指不能直接列入以上各项的直接费用，如接待费用等。

（9）管理费用，指非直接生产费用，即共同生产费用，如管理人员的工资及其他管理费用。

（10）财务费用，主要指贷款产生的利息费用。

（二）生产成本

根据生产成本类别核算出各类猪群的生产成本后，需计算出各猪群头数、活重、增重、主副产品产量等数据，再计算出各猪群的饲养成本和产品成本。在养猪生产中，一般要计算猪群的饲养日成本、增重成本、活重成本和主产品成本等，计算公式如下：

$$猪群饲养日成本 = 猪群饲养费用 / 猪群饲养头日数$$

（注：饲养头日数是指累计的日饲养头数，一头猪饲养一天为一个头日数。计算某猪群饲养头日数可以将该猪群每天存栏相加即可得出。）

$$断乳仔猪活重单位成本 = 断乳仔猪群饲养费用 / 断乳仔猪总活重$$

$$育肥猪单位增重成本 = （育肥猪群饲养费用 - 副产品价值）/ 育肥猪群总增重$$

$$主产品单位成本 = （各猪群的饲养费 - 副产品价值）/ 各猪群主产品总产量$$

养猪生产中断乳仔猪和育肥猪为主产品，副产品一般为粪肥、自产饲料等。

（三）盈亏核算

$$总利润（或亏损）= 销售收入 - 生产成本 - 销售费用 - 税金 ± 营业外收支净额$$

## 二、生产成本控制

要想提高经济效益，增加利润，一方面要提高母猪单产和育肥猪增长速率等技术指标，另一方面要严格管理，通过报表数据对照技术参数及时发现问题，降低各项费用，防止跑冒滴漏，尽可能降低成本。

（一）猪场主要技术参数

猪场主要技术参数见项目1。

（二）岗位管理制度的完善

为有效控制生产成本，要加强财务管理和物资管理，完善财会人员和仓库管理人员的岗位制度，严防跑冒滴漏；应建立进销存账，由专人负责，物资凭单进出仓，要货单相符，不准弄虚作假。生产必需品如药物、饲料、生产工具等要每月制定计划上报，各生产区（组）需根据实际需要领取，不得浪费。

1. 财会人员岗位责任制度

（1）严格执行公司制定的各项财务制度，遵守财务人员守则，把好现金收支手续关，凡未经领导签名批准的一切费用，不予支付。

（2）认真掌握库存现金管理制度，确保现金流的安全。

（3）做到日清月结，及时记账、用计算机登记归档。

（4）按时发放工资。

（5）负责出栏猪、淘汰猪等的销售工作。

（6）配合后勤主管、生产管理人员进行物资采购工作。

（7）协助生产管理人员的财务查询工作。

（8）负责财务系统的安全维护，有责任保障各种生产与财务数据的安全性与保密性。

2. 仓库管理员岗位责任制度

（1）物资进库时要计量，办理验收手续。

（2）物资出库时要办理出库手续。

（3）所有物资要分门别类地堆放，做到整齐有序、安全、稳固。

（4）每月盘点一次，如账物不符的，要马上查明原因，分清职责，若失职造成损失，需追究责任。

（5）协助出纳员及其他管理人员工作。

（6）协助生产线管理人员做好药物保管、发放工作。

（7）协助猪场销售工作。

（三）规模猪场的饲料成本控制

对规模猪场来说，饲料成本一般占总生产成本的65%～75%，饲料成本比例过低，说明其他成本过高，支出结构不合理；饲料成本比例过高，说明存在饲料采购价格偏高、饲料加工损耗过高和饲养过程中浪费的可能性。饲料成本一般由采购成本、运输成本、仓储成本、加工成本和机会成本构成。饲料采购成本是指饲料的购买价格，它是影响养猪成本的重要因素；运输成本包括原料从供应商仓库到猪场仓库的运输费用、运输途中的损耗和搬运费用等；仓储成本包括饲料仓库的折旧费用、维修费用和原料储存损耗等；加工成本包括加工机械折旧费用、维修费用、水电费用、加工组人员工资及福利费用等；机会成本是由于饲料大量储存，造成资金占用成本或因资金占用而造成其他投资机会的损失。

采购、验收和保管是3个独立的岗位，不能相互兼任。小型猪场，仓库管理员可由加工人员兼任。

### 1. 原料采购环节的管理和控制

（1）编制采购计划。采购员应根据库存情况及时编制采购计划，开具采购通知单，注明需采购原料的品名、价格、数量、产地、供应商名称等，采购通知单一式三联。采购计划经猪场负责人批准后，交仓库保管一联，财务部门留存一联，采购员留存一联。

（2）掌握市场信息，适时采购、合理库存。目前饲料市场价格信息通畅，可以通过网络、报纸及时了解饲料价格，随时掌握市场动态。小型猪场可以选择价廉质优、服务周到的几家供应商送货到场，以避免运输途中的损耗；饲料需求量大、资金充足的大型猪场，可以到产地组织货源，以降低采购成本。对受生长季节影响较大的玉米和价格易波动的豆粕、鱼粉等原料的采购要慎重。玉米在成熟季节采购价格低、水分高，不宜储存，但在淡季采购时价格偏高，因此要选择适当时机保证合理库存。豆粕、鱼粉等原料在价格高涨时要保持适当库存，价格回落时不要盲目扩大库存。因此在掌握市场动态的同时，要结合需求量和仓储量合理采购和储存。

### 2. 原料入库环节的管理和控制

原料应经过验收员验收合格后方可入库，仓库管理员应根据实际入库数量，核对采购通知单仓库联的有关项目后填写入库单，注明入库原料的品名、价格、数量、供应商名称等，由仓库管理员和验收人员在入库单上签字。入库单至少三联，按连续编号填写，一联仓库留存，一联报送财务部门，一联交予客户。仓库要设立材料台账，及时登记原料及成品料的收、发、存记录。入库的原料要按类别堆放，每类原料的堆放要整齐，便于月末盘点。

### 3. 原料加工环节的管理和控制

饲料加工人员要按照生产计划和规定的配合饲料型号进行加工，每类配合饲料都应有规定的原料投入比例，加工时要严格按配方比例投料。搬运及加工过程中散落的原料要及时清理并投入加工机械中。为加强猪场生产成本核算，生产的成品料要严格计量，一般每包成品料的重量定为50kg，误差不能超过1%。一种料型的饲料生产完工后，才能进行下一种料型的生产，不能混合生产，生产完工的成品料要按类别堆放。

### 4. 成品料出库环节的管理和控制

猪场要对饲养员的饲料领用进行定额管理，仓库对饲养组发出饲料要由仓库管理员先开出库单，注明饲养组名称、料型、重量，并由仓库管理员和饲养组长签字，出库单至少三联，按连续编号填写，一联仓库留存，一联报送财务部门，一联饲养组留存。

### 5. 原料及成品料盘存和有关报表编制

（1）饲料盘存及报表编制。月末，由猪场负责人会同财务人员及仓库管理人员对库存饲料进行实地盘存，由仓库管理员编制饲料盘存报表，注明月末各类原料及成品料库存的品名和数量，各方签字后交财务部门1份、仓库留存1份。

（2）原料入库汇总表的编制。月末，仓库管理人员根据本月入库原料的品名、数量、单价、金额、客户及入库时间，编制原料入库汇总表，连同原料入库单的财务联交财务部门入账。

（3）饲料出库汇总表的编制。月末，仓库管理员要根据本月饲料发出情况编制饲料出库汇总表，按饲养组登记本月发出各类成品料的汇总数量，并附出库单的财务联交财务部门入账。

（4）饲料生产报表的编制。月末，仓库管理人员还应编制饲料生产报表，生产报表应设有期初各类原料及成品料的库存数量、本月购入原料及加工生产成品料的数量、本月加工转出原料及成品料领用数量、月末原料及成品料盘存数量、本月加工损耗量、累计转入转出原料和成品料及损耗数量等要素，其中：原料加工转出数＝上月原料盘存数＋本月原料购入数－月末原料盘存数；本月加工生产成品料数＝本月各类原料加工转出数之和；本月加工损耗量＝上月成品料库存数＋本月加工生产成品料数－本月成品料实际库存数－本月成品料领用数；加工损耗率＝本月（累计）加工损耗量/本月（累计）加工生产成品料数。饲料生产报表由加工组长及保管员签字后交财务部门1份，仓库留存1份。

（5）饲料台账的登记。仓库管理人员在做好原料及成品料出、入库台账登记的同时，还要根据原料加工结转及盘存调整饲料台账，做到账实相符。

### 6. 财务程序和指标控制

（1）单据领取的控制。采购通知单、入库单及出库单必须在财务部门领取，实行登记备案制度，用后核销再重新领用。采购通知单、入库单及出库单在使用时应按顺序号。

（2）财务指标控制。猪场应按各饲养组的存栏数量和猪群的饲养阶段设定饲料使用定额，仓库按定额供料，月末由财务部门计算各饲养组的料肉比，年末根据核定的料肉比对饲养组进行奖惩；年末还要根据核定的加工损耗率对加工组进行奖惩。

（3）支付饲料款的控制。支付客户饲料款时，客户要向财务部门提供发票和入库单的客户联，二者缺一不可，发票应有猪场负责人、采购员和仓库管理员签字。同时，财务人员还应将采购员报送的采购通知单与发票和入库单核对，核对无误后才可办理付款手续。

技　能

1. 设计猪场生产成本构成表。

2. 对某猪场进行调研，填写生产成本构成表。

3. 对调研结果进行分析，提出改进意见或建议。

**【任务总结】**

任务总结如表 4-20 所示。

表 4-20　任务总结表

| | 内容 | 要点 |
|---|---|---|
| 知识 | 生产成本核算 | 1. 生产成本的类别<br>2. 生产成本<br>3. 盈亏核算 |
| | 生产成本控制 | 1. 猪场主要技术参数<br>2. 岗位管理制度的完善<br>3. 规模猪场的饲料成本控制 |
| 技能 | 设计猪场生产成本构成表 | 涵盖各个领域 |
| | 调研、填写生产成本构成表 | 注意沟通方式 |
| | 对调研结果进行分析 | 掌握生产成本的构成及控制，提出改进意见或建议 |

课后自测

**一、填空题**

1. 养猪生产中的各项消耗，有的直接与产品生产有关，这种开支叫（　　　）。

2. 猪群饲养日成本＝（　　　）。

3. 断乳仔猪活重单位成本＝（　　　）。

4. 育肥猪单位增重成本＝（　　　）/育肥猪群总增重。

5. 对规模猪场来说，饲料成本一般占总生产成本的（　　　）左右。

6. 入库单至少三联，按连续编号填写，一联（　　　），一联报送财务部门，一联交客户。

**二、名词解释**

饲料费用

# 参 考 文 献

李宝林，2001．猪生产［M］．北京：中国农业出版社．

李炳坦，2004．养猪生产技术手册［M］．北京：中国农业出版社．

李和国，2001．猪的生产与经营［M］．北京：中国农业出版社．

李立山，张周，2006．养猪与猪病防治［M］．北京．中国农业出版社．

李同洲，2005．科学养猪手册［M］．北京：中国农业大学出版社．

潘琦，2007．科学养猪大全［M］．北京：中国农业出版社．

王林云，2004．养猪词典［M］．北京：中国农业出版社．

王燕丽，李军，2016．猪生产技术［M］．北京：化学工业出版社．

魏刚才，2007．养殖场消毒技术［M］．北京：化学工业出版社．

吴学军，2005．猪的饲养与疾病防治［M］．北京：中国农业出版社．

杨公社，2004．绿色养猪新技术［M］．北京：中国农业出版社．

曾申明，刘彦，2005．猪繁殖实用技术［M］．北京：中国农业出版社．

张岫云，1988．农业建筑学［M］．北京：中国农业出版社．

张周，2001．家畜繁殖［M］．北京：中国农业出版社．

朱宽佑，潘琦，2007．养猪生产［M］．北京：中国农业大学出版社．